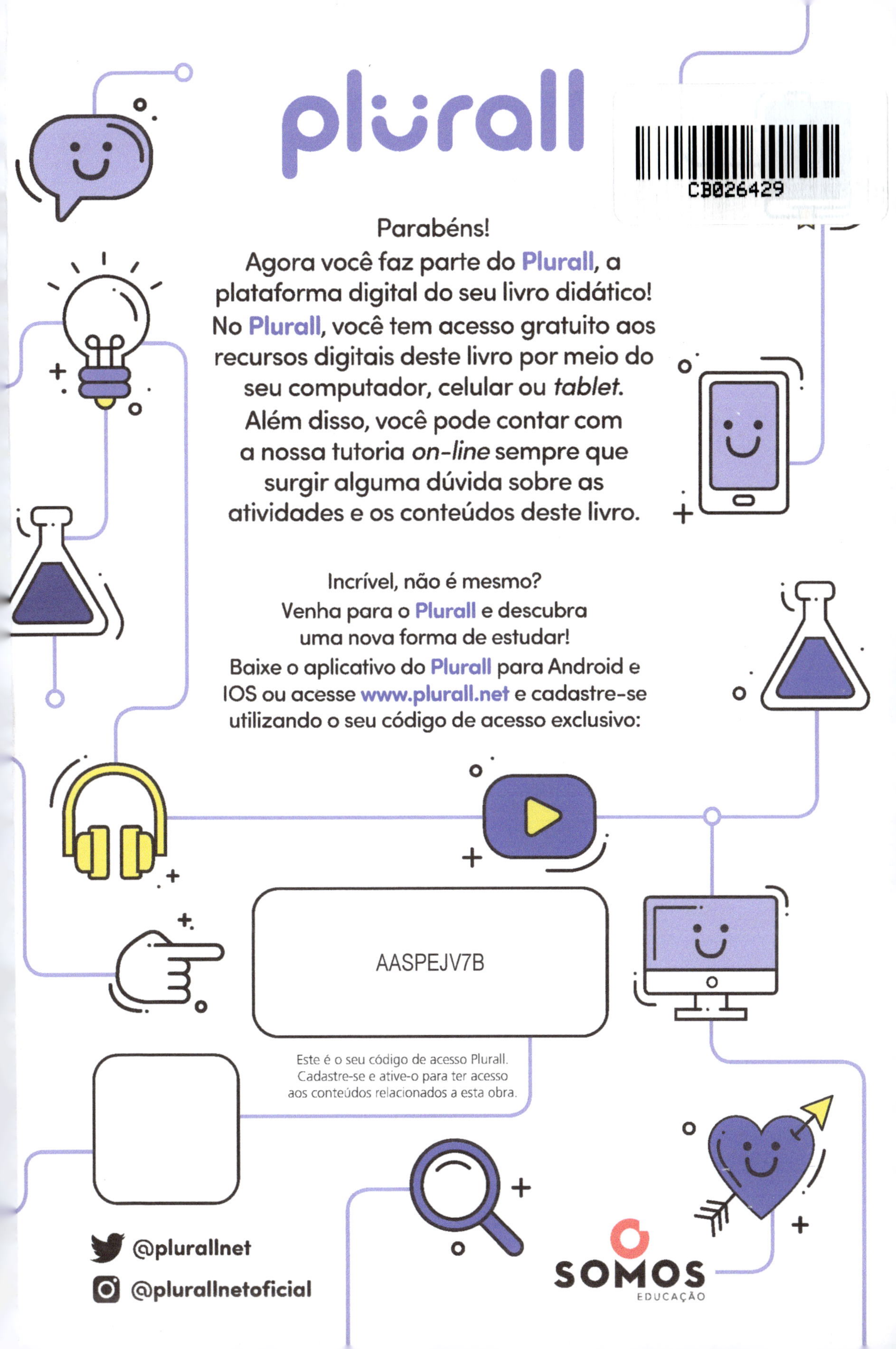

plurall
CB026429
Parabéns!
Agora você faz parte do Plurall, a plataforma digital do seu livro didático!
No Plurall, você tem acesso gratuito aos recursos digitais deste livro por meio do seu computador, celular ou tablet.
Além disso, você pode contar com a nossa tutoria on-line sempre que surgir alguma dúvida sobre as atividades e os conteúdos deste livro.
Incrível, não é mesmo?
Venha para o Plurall e descubra uma nova forma de estudar!
Baixe o aplicativo do Plurall para Android e IOS ou acesse www.plurall.net e cadastre-se utilizando o seu código de acesso exclusivo:
AASPEJV7B
Este é o seu código de acesso Plurall. Cadastre-se e ative-o para ter acesso aos conteúdos relacionados a esta obra.
@plurallnet
@plurallnetoficial
SOMOS
EDUCAÇÃO

GELSON IEZZI
OSVALDO DOLCE
CARLOS MURAKAMI

FUNDAMENTOS DE MATEMÁTICA ELEMENTAR

Logaritmos

407 exercícios propostos com resposta

323 questões de vestibulares com resposta

10ª edição | São Paulo – 2013

Copyright desta edição:
SARAIVA S.A. Livreiros Editores, São Paulo, 2013
Rua Henrique Schaumann, 270 – Pinheiros
05413-010 – São Paulo-SP
Fone: (0xx11) 3611-3308 – Fax vendas: (0xx11) 3611-3268
www.editorasaraiva.com.br

Dados Internacionais de Catalogação na Publicação (CIP)
(Câmara Brasileira do Livro, SP, Brasil)

Iezzi, Gelson

Fundamentos de matemática elementar, 2: logaritmos / Gelson Iezzi, Osvaldo Dolce, Carlos Murakami. – 10. ed. – São Paulo : Atual, 2013.

ISBN 978-85-357-1682-5 (aluno)
ISBN 978-85-357-1683-2 (professor)

1. Matemática (Ensino médio) 2. Matemática (Ensino médio) - Problemas e exercícios etc. 3. Matemática (Vestibular) - Testes I. Dolce, Osvaldo. II. Murakami, Carlos. III. Título. IV. Título: Logaritmos.

12-12851 CDD-510.7

Índice para catálogo sistemático:
1. Matemática : Ensino médio 510.7

Fundamentos de Matemática Elementar — vol. 2

Gerente editorial: Lauri Cericato
Editor: José Luiz Carvalho da Cruz
Editores-assistentes: Fernando Manenti Santos/Guilherme Reghin Gaspar/Juracy Vespucci
Auxiliares de serviços editoriais: Daniella Haidar Pacifico/Margarete Aparecida de Lima/Rafael Rabaçallo Ramos/Vanderlei Aparecido Orso
Digitação e cotejo de originais: Guilherme Reghin Gaspar/Elillyane Kaori Kamimura
Pesquisa iconográfica: Cristina Akisino (coord.)/Enio Rodrigo Lopes
Revisão: Pedro Cunha Jr. e Lilian Semenichin (coords.)/Rhennan Santos/Felipe Toledo/Luciana Azevedo/Patricia Cordeiro/Tatiana Malheiro/Eduardo Sigrist/Maura Loria/Elza Gasparotto/Aline Araújo/Fernanda Antunes
Gerente de arte: Nair de Medeiros Barbosa
Supervisor de arte: Antonio Roberto Bressan
Projeto gráfico: Carlos Magno
Capa: Homem de Melo & Tróia Design
Imagem de capa: Vetta/Getty Images
Diagramação: TPG
Assessoria de arte: Maria Paula Santo Siqueira
Encarregada de produção e arte: Grace Alves
Coordenadora de editoração eletrônica: Silvia Regina E. Almeida

Produção gráfica: Robson Cacau Alves
Impressão e acabamento: Forma Certa

729.185.010.002

SAC 0800-0117875
De 2ª a 6ª, das 8h30 às 19h30
www.editorasaraiva.com.br/contato

Rua Henrique Schaumann, 270 – Cerqueira César – São Paulo/SP – 05413-909

Apresentação

Fundamentos de Matemática Elementar é uma coleção elaborada com o objetivo de oferecer ao estudante uma visão global da Matemática, no ensino médio. Desenvolvendo os programas em geral adotados nas escolas, a coleção dirige-se aos vestibulandos, aos universitários que necessitam rever a Matemática elementar e também, como é óbvio, àqueles alunos de ensino médio cujo interesse se focaliza em adquirir uma formação mais consistente na área de Matemática.

No desenvolvimento dos capítulos dos livros de *Fundamentos* procuramos seguir uma ordem lógica na apresentação de conceitos e propriedades. Salvo algumas exceções bem conhecidas da Matemática elementar, as proposições e os teoremas estão sempre acompanhados das respectivas demonstrações.

Na estruturação das séries de exercícios, buscamos sempre uma ordenação crescente de dificuldade. Partimos de problemas simples e tentamos chegar a questões que envolvem outros assuntos já vistos, levando o estudante a uma revisão. A sequência do texto sugere uma dosagem para teoria e exercícios. Os exercícios resolvidos, apresentados em meio aos propostos, pretendem sempre dar explicação sobre alguma novidade que aparece. No final de cada volume, o aluno pode encontrar as respostas para os problemas propostos e assim ter seu reforço positivo ou partir à procura do erro cometido.

A última parte de cada volume é constituída por questões de vestibulares, selecionadas dos melhores vestibulares do país e com respostas. Essas questões podem ser usadas para uma revisão da matéria estudada.

Aproveitamos a oportunidade para agradecer ao professor dr. Hygino H. Domingues, autor dos textos de história da Matemática que contribuem muito para o enriquecimento da obra.

Neste volume, estudaremos funções exponenciais e logarítmicas, bem como suas aplicações na resolução de equações e inequações. Entretanto, sugerimos que seja feita uma revisão preliminar sobre os conceitos e as propriedades de potências e raízes.

Finalmente, como há sempre uma certa distância entre o anseio dos autores e o valor de sua obra, gostaríamos de receber dos colegas professores uma apreciação sobre este trabalho, notadamente os comentários críticos, os quais agradecemos.

Os autores

Sumário

CAPÍTULO I

Potências e raízes

I. Potência de expoente natural

1. Definição

Seja *a* um número real e *n* um número natural. Potência de base *a* e expoente *n* é o número a^n tal que:

$$\begin{cases} a^0 = 1, \text{ para } a \neq 0 \\ a^n = a^{n-1} \cdot a, \forall\, n, n \geqslant 1 \end{cases}$$

Dessa definição decorre que:

$$a^1 = a^0 \cdot a = 1 \cdot a = a$$
$$a^2 = a^1 \cdot a = a \cdot a$$
$$a^3 = a^2 \cdot a = (a \cdot a) \cdot a = a \cdot a \cdot a$$

e, de modo geral, para *p* natural e $p \geqslant 2$, temos que a^p é um produto de *p* fatores iguais a *a*.

2. Exemplos:

1º) $3^0 = 1$

2º) $(-2)^0 = 1$

3º) $5^1 = 5$

4º) $\left(\frac{1}{7}\right)^1 = \frac{1}{7}$

5º) $(-3)^1 = -3$

6º) $3^2 = 3 \cdot 3 = 9$

7º) $(-2)^3 = (-2)(-2)(-2) = -8$

8º) $\left(\frac{2}{3}\right)^4 = \frac{2}{3} \cdot \frac{2}{3} \cdot \frac{2}{3} \cdot \frac{2}{3} = \frac{16}{81}$

9º) $(-0,1)^5 = (-0,1)(-0,1)(-0,1)(-0,1)(-0,1) = -0{,}00001$

10º) $0^3 = 0 \cdot 0 \cdot 0 = 0$

11º) $0^1 = 0$

EXERCÍCIOS

1. Calcule:

a) $(-3)^2$ b) -3^2 c) -2^3 d) $-(-2)^3$

Solução

a) $(-3)^2 = (-3) \cdot (-3) = 9$

b) $-3^2 = -(3) \cdot (3) = -9$

c) $-2^3 = -(2)\,(2)\,(2) = -8$

d) $-(-2)^3 = -(-2)\,(-2)\,(-2) = 8$

2. Calcule:

a) $(-3)^3$ e) $\left(\frac{2}{3}\right)^3$ i) -2^2 m) 0^7

b) $(-2)^1$ f) $\left(-\frac{1}{3}\right)^4$ j) $-\left(-\frac{3}{2}\right)^3$ n) $(-4)^0$

c) 3^4 g) $\left(\frac{1}{2}\right)^3$ k) $(-1)^{10}$ o) -5^0

d) 1^7 h) $\left(\frac{2}{3}\right)^0$ l) $(-1)^{13}$ p) $-(-1)^{15}$

3. Propriedades

Se $a \in \mathbb{R}$, $b \in \mathbb{R}$, $m \in \mathbb{N}$ e $n \in \mathbb{N}$, com $a \neq 0$ ou $n \neq 0$, então valem as seguintes propriedades:

[P_1] $a^m \cdot a^n = a^{m+n}$

[P_2] $\dfrac{a^m}{a^n} = a^{m-n}$, $a \neq 0$ e $m \geqslant n$

[P_3] $(a \cdot b)^n = a^n \cdot b^n$, com $b \neq 0$ ou $n \neq 0$

[P_4] $\left(\dfrac{a}{b}\right)^n = \dfrac{a^n}{b^n}$, $b \neq 0$

[P_5] $(a^m)^n = a^{m \cdot n}$

Demonstração de P_1 (por indução sobre *n*)

Consideremos *m* fixo.

1º) A propriedade é verdadeira para $n = 0$, pois:

$$a^{m+0} = a^m = a^m \cdot 1 = a^m \cdot a^0$$

2º) Suponhamos que a propriedade seja verdadeira para $n = p$, isto é, $a^m \cdot a^p = a^{m+p}$, e mostremos que é verdadeira para $n = p + 1$, isto é, $a^m \cdot a^{p+1} = a^{m+p+1}$. De fato:

$$a^m \cdot a^{p+1} = a^m \cdot (a^p \cdot a) = (a^m \cdot a^p) \cdot a = a^{m+p} \cdot a = a^{m+p+1}$$

Demonstração de P_3 (por indução sobre *n*)

1º) A propriedade é verdadeira para $n = 0$, pois:

$$(a \cdot b)^0 = 1 = 1 \cdot 1 = a^0 \cdot b^0$$

2º) Suponhamos que a propriedade seja verdadeira para $n = p$, isto é, $(a \cdot b)^p = a^p \cdot b^p$, e mostremos que é verdadeira para $n = p + 1$, isto é, $(a \cdot b)^{p+1} = a^{p+1} \cdot b^{p+1}$. De fato:

$$(a \cdot b)^{p+1} = (a \cdot b)^p \cdot (a \cdot b) = (a^p \cdot b^p) \cdot (a \cdot b) = (a^p \cdot a) \cdot (b^p \cdot b) = a^{p+1} \cdot b^{p+1}$$

Demonstração de P_5 (por indução sobre *n*)

Consideremos *m* fixo.

1º) A propriedade é verdadeira para $n = 0$, pois:

$$(a^m)^0 = 1 = a^0 = a^{m \cdot 0}$$

2º) Supondo que a propriedade seja verdadeira para $n = p$, isto é, $(a^m)^p = a^{m \cdot p}$, mostremos que é verdadeira para $n = p + 1$, isto é, $(a^m)^{p+1} = a^{m \cdot (p+1)}$. De fato:

$$(a^m)^{p+1} = (a^m)^p \cdot (a^m) = a^{m \cdot p} \cdot a^m = a^{m \cdot p+m} = a^{m(p+1)}$$

As demonstrações das propriedades P_2 e P_4 ficam como exercícios.

As propriedades P_1 a P_5 têm grande aplicação nos cálculos com potências. A elas nos referiremos com o nome simplificado de **propriedades (P)** nos itens seguintes.

Nas "ampliações" que faremos logo a seguir do conceito de potência, procuraremos manter sempre válidas as propriedades (P), isto é, essas propriedades serão estendidas sucessivamente para potências de expoente inteiro, racional e real.

4. Na definição da potência a^n, a base *a* pode ser um número real positivo, nulo ou negativo.

Vejamos o que ocorre em cada um desses casos:

1º caso

$$a = 0 \Rightarrow 0^n = 0, \forall\, n \in \mathbb{N}, n \geqslant 1$$

2º caso

$$a > 0 \Rightarrow a^n > 0, \forall\, n \in \mathbb{N}$$

isto é, toda potência de base real positiva e expoente $n \in \mathbb{N}$ é um número real positivo.

3º caso

$$a < 0 \Rightarrow \begin{cases} a^{2n} > 0, \forall\, n \in \mathbb{N} \\ a^{2n+1} < 0, \forall\, n \in \mathbb{N} \end{cases}$$

isto é, toda potência de base negativa e expoente par é um número real positivo e toda potência de base negativa e expoente ímpar é um número real negativo.

EXERCÍCIOS

3. Se $n \in \mathbb{N}$, calcule o valor de $A = (-1)^{2n} - (-1)^{2n+3} + (-1)^{3n} - (-1)^{n}$.

4. Classifique em verdadeira (V) ou falsa (F) cada uma das sentenças abaixo:

a) $5^3 \cdot 5^2 = 5^6$

b) $3^6 : 3^2 = 3^3$

c) $2^3 \cdot 3 = 6^3$

d) $(2 + 3)^4 = 2^4 + 3^4$

e) $(5^3)^2 = 5^6$

f) $(-2)^6 = 2^6$

g) $\dfrac{2^7}{2^5} = (-2)^2$

h) $5^2 - 4^2 = 3^2$

5. Simplifique $(a^4 \cdot b^3)^3 \cdot (a^2 \cdot b)^2$.

Solução

$(a^4 \cdot b^3)^3 \cdot (a^2 \cdot b)^2 = (a^{4 \cdot 3} \cdot b^{3 \cdot 3}) \cdot (a^{2 \cdot 2} \cdot b^2) = a^{12} \cdot b^9 \cdot a^4 \cdot b^2 =$
$= a^{12+4} \cdot b^{9+2} = a^{16} \cdot b^{11}$

6. Simplifique as expressões, supondo $a \cdot b \neq 0$.

a) $(a^2 \cdot b^3)^2 \cdot (a^3 \cdot b^2)^3$

b) $\dfrac{(a^4 \cdot b^2)^3}{(a \cdot b^2)^2}$

c) $[(a^3 \cdot b^2)^2]^3$

d) $\left(\dfrac{a^4 \cdot b^3}{a^2 \cdot b}\right)^5$

e) $\dfrac{(a^2 \cdot b^3)^4 \cdot (a^3 \cdot b^4)^2}{(a^3 \cdot b^2)^3}$

7. Se *a* e *b* são número reais, então em que condições $(a + b)^2 = a^2 + b^2$?

8. Determine o menor número inteiro positivo *x* para que $2\,940x = M^3$, em que M é um número inteiro.

9. Determine o último algarismo (algarismo das unidades) do número $14^{(14^{14})}$.

II. Potência de expoente inteiro negativo

5. Definição

Dado um número real *a*, não nulo, e um número *n* natural, define-se a potência a^{-n} pela relação

$$a^{-n} = \frac{1}{a^n}$$

isto é, a potência de base real, não nula, e expoente inteiro negativo é definida como o inverso da correspondente potência de inteiro positivo.

6. Exemplos:

1º) $2^{-1} = \frac{1}{2^1} = \frac{1}{2}$

2º) $2^{-3} = \frac{1}{2^3} = \frac{1}{8}$

3º) $(-2)^{-3} = \frac{1}{(-2)^3} = \frac{1}{-8} = -\frac{1}{8}$

4º) $\left(-\frac{2}{3}\right)^{-2} = \frac{1}{\left(-\frac{2}{3}\right)^2} = \frac{1}{\frac{4}{9}} = \frac{9}{4}$

5º) $\left(-\frac{1}{2}\right)^{-5} = \frac{1}{\left(-\frac{1}{2}\right)^5} = \frac{1}{-\frac{1}{32}} = -32$

EXERCÍCIOS

10. Calcule o valor das expressões:

a) $\frac{2^{-1} - (-2)^2 + (-2)^{-1}}{2^2 - 2^{-2}}$

b) $\frac{3^2 - 3^{-2}}{3^2 + 3^{-2}}$

c) $\frac{\left(-\frac{1}{2}\right)^2 \cdot \left(\frac{1}{2}\right)^3}{\left[\left(-\frac{1}{2}\right)^2\right]^3}$

11. Calcule:

a) 3^{-1}

b) $(-2)^{-1}$

c) -3^{-1}

d) $-(-3)^{-1}$

e) 2^{-2}

f) $(-3)^{-2}$

g) -5^{-2}

h) $\left(\frac{1}{3}\right)^{-2}$

i) $\left(\frac{2}{3}\right)^{-1}$

j) $\left(-\frac{3}{2}\right)^{-3}$

k) $-\left(\frac{2}{5}\right)^{-2}$

l) $-\left(-\frac{2}{3}\right)^{-3}$

m) $(0,1)^{-2}$

n) $(0,25)^{-3}$

o) $(-0,5)^{-3}$

p) $(0,75)^{-2}$

q) $\frac{1}{2^{-3}}$

r) $\frac{1}{(0,2)^{-2}}$

s) $\frac{1}{(-3)^{-3}}$

t) $\frac{1}{(0,01)^{-2}}$

12. Remova os expoentes negativos e simplifique a expressão $\frac{x^{-1} + y^{-1}}{(xy)^{-1}}$, em que $x, y \in \mathbb{R}^*$.

7. Observações

1ª) Com a definição de potência de expoente inteiro negativo, a propriedade (P_2)

$$\frac{a^m}{a^n} = a^{m-n} \quad (a \neq 0)$$

passa a ter significado para $m < n$.

2ª) Se $a = 0$ e $n \in \mathbb{N}^*$, 0^{-n} é um símbolo sem significado.

8. Com as definições de potência de expoente natural e potência de expoente inteiro negativo, podemos estabelecer a seguinte definição:

Se $a \in \mathbb{R}$ e $n \in \mathbb{Z}$, então:

$$a^n = \begin{cases} 1 & \text{se } n = 0 \text{ e } a \neq 0 \\ a^{n-1} \cdot a & \text{se } n > 0 \\ \dfrac{1}{a^{-n}} & \text{se } n < 0 \text{ e } a \neq 0 \end{cases}$$

Estas potências têm as propriedades (P)

[P_1] $a^m \cdot a^n = a^{m+n}$

[P_2] $\dfrac{a^m}{a^n} = a^{m-n}$

[P_3] $(a \cdot b)^n = a^n \cdot b^n$

[P_4] $\left(\dfrac{a}{b}\right)^n = \dfrac{a^n}{b^n}$

[P_5] $(a^m)^n = a^{m \cdot n}$

em que $a \in \mathbb{R}^*$, $b \in \mathbb{R}^*$, $m \in \mathbb{Z}$ e $n \in \mathbb{Z}$.

EXERCÍCIOS

13. Classifique em verdadeira (V) ou falsa (F) cada uma das sentenças abaixo:

a) $(5^3)^{-2} = 5^{-6}$

b) $2^{-4} = -16$

c) $(\pi + 2)^{-2} = \pi^{-2} + 2^{-2}$

d) $3^{-4} \cdot 3^5 = \dfrac{1}{3}$

e) $\dfrac{7^{-2}}{7^{-5}} = 7^{-3}$

f) $\dfrac{5^2}{5^{-6}} = 5^8$

g) $2^{-1} - 3^{-1} = 6^{-1}$

h) $\pi^1 + \pi^{-1} = 1$

i) $(2^{-3})^{-2} = 2^6$

j) $3^2 \cdot 3^{-2} = 1$

14. Se $a \cdot b \neq 0$, simplifique $\dfrac{(a^3 \cdot b^{-2})^{-2}}{(a^{-4} \cdot b^3)^3}$.

Solução

$$\frac{(a^3 \cdot b^{-2})^{-2}}{(a^{-4} \cdot b^3)^3} = \frac{a^{3(-2)} \cdot b^{(-2) \cdot (-2)}}{a^{-4 \cdot 3} \cdot b^{3 \cdot 3}} = \frac{a^{-6} \cdot b^4}{a^{-12} \cdot b^9} = a^{-6-(-12)} \cdot b^{4-9} =$$

$$= a^6 \cdot b^{-5} = \frac{a^6}{b^5}$$

15. Se $a \cdot b \neq 0$, simplifique as expressões:

a) $(a^{-2} \cdot b^3)^{-2} \cdot (a^3 \cdot b^{-2})^3$

b) $\dfrac{(a^5 \cdot b^3)^2}{(a^{-4} \cdot b)^{-3}}$

c) $[(a^2 \cdot b^{-3})^2]^{-3}$

d) $\left(\dfrac{a^3 \cdot b^{-4}}{a^{-2} \cdot b^2}\right)^3$

e) $\dfrac{(a^3 \cdot b^{-2})^{-2} \cdot (a \cdot b^{-2})^3}{(a^{-1} \cdot b^2)^{-3}}$

f) $(a^{-1} + b^{-1}) \cdot (a + b)^{-1}$

g) $(a^{-2} - b^{-2}) \cdot (a^{-1} - b^{-1})^{-1}$

16. Se $n \in \mathbb{Z}$ e $a \in \mathbb{R}^*$, simplifique as expressões:

a) $(a^{2n+1} \cdot a^{1-n} \cdot a^{3-n})$

b) $\dfrac{a^{2n+3} \cdot a^{n-1}}{a^{2(n-1)}}$

c) $\dfrac{a^{2(n+1)} \cdot a^{3-n}}{a^{1-n}}$

d) $\dfrac{a^{n+4} - a^3 \cdot a^n}{a^4 \cdot a^n}$

III. Raiz enésima aritmética

9. Definição

Dados um número real $a \geqslant 0$ e um número natural *n*, $n \geqslant 1$, é demonstrável que existe sempre um número real positivo ou nulo *b* tal que $b^n = a$.

Ao número *b* chamaremos **raiz enésima aritmética** de *a* e indicaremos pelo símbolo $\sqrt[n]{a}$, em que *a* é chamado **radicando** e *n* é o **índice**.

Exemplos:

1º) $\sqrt[5]{32} = 2$ porque $2^5 = 32$

2º) $\sqrt[3]{8} = 2$ porque $2^3 = 8$

3º) $\sqrt{9} = 3$ porque $3^2 = 9$

4º) $\sqrt[7]{0} = 0$ porque $0^7 = 0$

5º) $\sqrt[6]{1} = 1$ porque $1^6 = 1$

10. Observações

1ª) Da definição decorre $\left(\sqrt[n]{a}\right)^n = a$, para todo $a \geqslant 0$.

2ª) Observemos na definição dada que:

$$\sqrt{36} = 6 \text{ e não } \sqrt{36} = \pm 6$$

$$\sqrt{\frac{9}{4}} = \frac{3}{2} \text{ e não } \sqrt{\frac{9}{4}} = \pm\frac{3}{2}$$

mas

$$-\sqrt[3]{8} = -2, \; -\sqrt{4} = -2, \; \pm\sqrt{9} = \pm 3$$

são sentenças verdadeiras em que o radical "não é causador" do sinal que o antecede.

3ª) Devemos estar atentos ao cálculo da raiz quadrada de um quadrado perfeito, pois:

$$\sqrt{a^2} = |a|$$

Exemplos:

1º) $\sqrt{(-5)^2} = |-5| = 5$ e não $\sqrt{(-5)^2} = -5$

2º) $\sqrt{x^2} = |x|$ e não $\sqrt{x^2} = x$

EXERCÍCIOS

17. Classifique em verdadeira (V) ou falsa (F) cada uma das sentenças abaixo:

a) $\sqrt[3]{27} = 3$

b) $\sqrt{4} = \pm 2$

c) $\sqrt[4]{1} = 1$

d) $-\sqrt{9} = -3$

e) $\sqrt[3]{\frac{1}{8}} = \frac{1}{2}$

f) $\sqrt[3]{0} = 0$

18. Classifique em verdadeira (V) ou falsa (F) cada uma das sentenças abaixo:

a) $\sqrt{x^4} = x^2, \forall x \in \mathbb{R}$

b) $\sqrt{x^{10}} = x^5, \forall x \in \mathbb{R}$

c) $\sqrt{x^6} = x^3, \forall x \in \mathbb{R}_+$

d) $\sqrt{(x-1)^2} = x - 1, \forall x \in \mathbb{R} \text{ e } x \geq 1$

e) $\sqrt{(x-3)^2} = 3 - x, \forall x \in \mathbb{R} \text{ e } x \leq 3$

19. Determine a raiz quadrada aritmética de $(x - 1)^2$.

Solução

$$\sqrt{(x-1)^2} = |x - 1| = \begin{cases} x - 1 & \text{se } x > 1 \\ 0 & \text{se } x = 1 \\ 1 - x & \text{se } x < 1 \end{cases}$$

20. Determine a raiz quadrada aritmética de:

a) $(x + 2)^2$ b) $(2x - 3)^2$ c) $x^2 - 6x + 9$ d) $4x^2 + 4x + 1$

11. Propriedades

Se $a \in \mathbb{R}_+$, $b \in \mathbb{R}_+$, $m \in \mathbb{Z}$, $n \in \mathbb{N}^*$ e $p \in \mathbb{N}^*$, temos:

[R$_1$] $\sqrt[n]{a^m} = \sqrt[n \cdot p]{a^{m \cdot p}}$, para $a \neq 0$ ou $m \neq 0$

[R$_2$] $\sqrt[n]{a \cdot b} = \sqrt[n]{a} \cdot \sqrt[n]{b}$

[R$_3$] $\sqrt[n]{\dfrac{a}{b}} = \dfrac{\sqrt[n]{a}}{\sqrt[n]{b}}$ $(b \neq 0)$

[R$_4$] $(\sqrt[n]{a})^m = \sqrt[n]{a^m}$, para $a \neq 0$ ou $m \neq 0$

[R$_5$] $\sqrt[p]{\sqrt[n]{a}} = \sqrt[pn]{a}$

Demonstração:

[R$_1$] $\sqrt[n]{a^m} = \sqrt[np]{a^{np}}$

Façamos $\sqrt[n]{a^m} = x$, então:

$x^{np} = (\sqrt[n]{a^m})^{np} = [(\sqrt[n]{a^m})^n]^p = [a^m]^p \Rightarrow x = \sqrt[np]{a^{mp}}$

[R$_2$] $\sqrt[n]{a} \cdot \sqrt[n]{b} = \sqrt[n]{ab}$

Façamos $x = \sqrt[n]{a} \cdot \sqrt[b]{b}$, então:

$x^n = (\sqrt[n]{a} \cdot \sqrt[n]{b})^n = (\sqrt[n]{a})^n \cdot (\sqrt[n]{b})^n = ab \Rightarrow x = \sqrt[n]{a \cdot b}$

[R$_4$] $(\sqrt[n]{a})^m = \sqrt[n]{a^m}$

Considerando *n* fixo e $m \geqslant 0$, provaremos por indução sobre *m*:

1º) A propriedade é verdadeira para $m = 0$, pois:

$$(\sqrt[n]{a})^0 = 1 = \sqrt[n]{1} = \sqrt[n]{a^0}$$

2º) Supondo a propriedade verdadeira para $m = p$, isto é, $(\sqrt[n]{a})^p = \sqrt[n]{a^p}$, provemos que é verdadeira para $m = p + 1$, isto é:

$$(\sqrt[n]{a})^{p+1} = \sqrt[n]{a^{p+1}}$$

De fato:

$$(\sqrt[n]{a})^{p+1} = (\sqrt[n]{a})^p \cdot \sqrt[n]{a} = \sqrt[n]{a^p} \cdot \sqrt[n]{a} = \sqrt[n]{a^p \cdot a} = \sqrt[n]{a^{p+1}}$$

Se $m < 0$, façamos $-m = q > 0$, então:

$$(\sqrt[n]{a})^m = \frac{1}{(\sqrt[n]{a})^q} = \frac{1}{\sqrt[n]{a^q}} = \frac{1}{\sqrt[n]{a^{-m}}} = \frac{1}{\sqrt[n]{\dfrac{1}{a^m}}} = \frac{1}{\dfrac{1}{\sqrt[n]{a^m}}} = \sqrt[n]{a^m}$$

[R_5] $\sqrt[p]{\sqrt[n]{a}} = \sqrt[pn]{a}$

Façamos $x = \sqrt[p]{\sqrt[n]{a}}$; então:

$$x^p = \left(\sqrt[p]{\sqrt[n]{a}}\right)^p = \sqrt[n]{a} \Rightarrow (x^p)^n = (\sqrt[n]{a})^n \Rightarrow x^{pn} = a \Rightarrow x = \sqrt[pn]{a}$$

A verificação da propriedade R_3 fica como exercício.

12. Observação

Notemos que, se $b \in \mathbb{R}$ e $n \in \mathbb{N}^*$, temos:

1º) para $b \geqslant 0$, $\quad b \cdot \sqrt[n]{a} = \sqrt[n]{a \cdot b^n}$

2º) para $b < 0$, $\quad b \cdot \sqrt[n]{a} = -\sqrt[n]{a \cdot |b|^n}$

isto é, o coeficiente (b) do radical (a menos do sinal) pode ser colocado no radicando com expoente igual ao índice do radical.

Exemplos:

1º) $2 \cdot \sqrt[3]{3} = \sqrt[3]{3 \cdot 2^3} = \sqrt[3]{24}$

2º) $-5\sqrt{2} = -\sqrt{2 \cdot 5^2} = -\sqrt{50}$

3º) $-2\sqrt[4]{2} = -\sqrt[4]{2 \cdot 2^4} = -\sqrt[4]{32}$

EXERCÍCIOS

21. Simplifique os radicais:

a) $\sqrt[3]{64}$ b) $\sqrt{576}$ c) $\sqrt{12}$ d) $\sqrt[3]{2^7}$

Solução

a) $\sqrt[3]{64} = \sqrt[3]{2^6} = 2^2 = 4$

b) $\sqrt{576} = \sqrt{2^6 \cdot 3^2} = \sqrt{2^6} \cdot \sqrt{3^2} = 2^3 \cdot 3 = 24$

c) $\sqrt{12} = \sqrt{2^2 \cdot 3} = \sqrt{2^2} \cdot \sqrt{3} = 2\sqrt{3}$

d) $\sqrt[3]{2^7} = \sqrt[3]{2^6 \cdot 2} = \sqrt[3]{2^6} \cdot \sqrt[3]{2} = 2^2 \cdot \sqrt[3]{2} = 4\sqrt[3]{2}$

22. Simplifique os radicais:

a) $\sqrt{144}$ c) $\sqrt[3]{729}$ e) $\sqrt[4]{625}$ g) $\sqrt{128}$ i) $\sqrt[4]{512}$

b) $\sqrt{324}$ d) $\sqrt{196}$ f) $\sqrt{18}$ h) $\sqrt[3]{72}$

23. Simplifique as expressões:

a) $\sqrt{8} + \sqrt{32} + \sqrt{72} - \sqrt{50}$

b) $5\sqrt{108} + 2\sqrt{243} - \sqrt{27} + 2\sqrt{12}$

c) $\sqrt{20} - \sqrt{24} + \sqrt{125} - \sqrt{54}$

d) $\sqrt{2000} + \sqrt{200} + \sqrt{20} + \sqrt{2}$

e) $\sqrt[3]{128} - \sqrt[3]{250} + \sqrt[3]{54} - \sqrt[3]{16}$

f) $\sqrt[3]{375} - \sqrt[3]{24} + \sqrt[3]{81} - \sqrt[3]{192}$

g) $a\sqrt[3]{ab^4} + b\sqrt[3]{a^4b} + \sqrt[3]{a^4b^4} - 3ab\sqrt[3]{ab}$

24. Simplifique:

a) $\sqrt{81x^3}$ b) $\sqrt{45x^3y^2}$ c) $\sqrt{12x^4y^5}$ d) $\sqrt{8x^2}$

25. Reduza ao mesmo índice $\sqrt{3}$, $\sqrt[3]{2}$ e $\sqrt[4]{5}$.

Solução

O mínimo múltiplo comum entre 2, 3 e 4 é 12; então, reduzindo ao índice 12, temos:

$\sqrt{3} = \sqrt[12]{3^6}$, $\sqrt[3]{2} = \sqrt[12]{2^4}$ e $\sqrt[4]{5} = \sqrt[12]{5^3}$

26. Reduza ao mesmo índice:

a) $\sqrt{2}, \sqrt[3]{5}, \sqrt[5]{3}$

b) $\sqrt{3}, \sqrt[3]{4}, \sqrt[4]{2}, \sqrt[6]{5}$

c) $\sqrt[3]{2^2}, \sqrt{3}, \sqrt[4]{5^3}$

d) $\sqrt[3]{3^2}, \sqrt{2^3}, \sqrt[5]{5^4}, \sqrt[6]{2^5}$

27. Efetue as operações indicadas com as raízes:

a) $\sqrt{3} \cdot \sqrt{12}$

b) $\sqrt[3]{24} : \sqrt[3]{3}$

c) $\sqrt{\frac{3}{2}} : \sqrt{\frac{1}{2}}$

d) $\sqrt{3} \cdot \sqrt[3]{2}$

e) $\sqrt[3]{4} : \sqrt[4]{2}$

f) $\sqrt[3]{\frac{5}{2}} : \sqrt[5]{\frac{1}{2}}$

Solução

a) $\sqrt{3} \cdot \sqrt{12} = \sqrt{3 \cdot 12} = \sqrt{36} = 6$

b) $\sqrt[3]{24} : \sqrt[3]{3} = \dfrac{\sqrt[3]{24}}{\sqrt[3]{3}} = \sqrt[3]{\dfrac{24}{3}} = \sqrt[3]{8} = 2$

c) $\sqrt{\dfrac{3}{2}} : \sqrt{\dfrac{1}{2}} = \sqrt{\dfrac{3}{2}} \cdot \sqrt{2} = \sqrt{\dfrac{3}{2} \cdot 2} = \sqrt{3}$

d) $\sqrt{3} \cdot \sqrt[3]{2} = \sqrt[6]{3^3} \cdot \sqrt[6]{2^2} = \sqrt[6]{3^3 \cdot 2^2} = \sqrt[6]{108}$

e) $\sqrt[3]{4} : \sqrt[4]{2} = \sqrt[12]{(2^2)^4} : \sqrt[12]{2^3} = \dfrac{\sqrt[12]{2^8}}{\sqrt[12]{2^3}} = \sqrt[12]{\dfrac{2^8}{2^3}} = \sqrt[12]{2^5} = \sqrt[12]{32}$

f) $\sqrt[3]{\dfrac{5}{2}} : \sqrt[5]{\dfrac{1}{2}} = \sqrt[15]{\dfrac{5^5}{2^5}} : \sqrt[15]{\dfrac{1}{2^3}} = \sqrt[15]{\dfrac{5^5}{2^5} : \dfrac{1}{2^3}} = \sqrt[15]{\dfrac{5^5}{2^2}}$

28. Efetue as operações indicadas com as raízes:

a) $\sqrt{2} \cdot \sqrt{18}$

b) $\sqrt{2} \cdot \sqrt{15} \cdot \sqrt{30}$

c) $\sqrt[3]{2} \cdot \sqrt[3]{6} \cdot \sqrt[3]{18}$

d) $\sqrt{2} \cdot \sqrt{6}$

e) $\sqrt{6} \cdot \sqrt{12}$

f) $\sqrt[3]{4} \cdot \sqrt[3]{6}$

g) $\sqrt{6} : \sqrt{3}$

h) $\sqrt{24} : \sqrt{6}$

i) $\sqrt[3]{10} : \sqrt[3]{2}$

j) $\sqrt{2} \cdot \sqrt[3]{2}$

k) $\sqrt[3]{3} \cdot \sqrt[4]{2} \cdot \sqrt{5}$

l) $\sqrt[3]{3} : \sqrt{2}$

m) $\sqrt{2} : \sqrt[3]{2}$

n) $\dfrac{\sqrt{2} \cdot \sqrt[3]{2}}{\sqrt[4]{2}}$

o) $\dfrac{\sqrt[4]{5} \cdot \sqrt[3]{6}}{\sqrt{15}}$

29. Efetue as operações:

a) $(\sqrt{12} - 2\sqrt{27} + 3\sqrt{75}) \cdot \sqrt{3}$

b) $(3 + \sqrt{2}) \cdot (5 - 3\sqrt{2})$

c) $(5 - 2\sqrt{3})^2$

Solução

a) $\sqrt{12} \cdot \sqrt{3} - 2\sqrt{27} \cdot \sqrt{3} + 3\sqrt{75} \cdot \sqrt{3} = \sqrt{36} - 2\sqrt{81} + 3 \cdot \sqrt{225} =$
$= 6 - 2 \cdot 9 + 3 \cdot 15 = 33$

b) $(3 + \sqrt{2}) \cdot (5 - 3\sqrt{2}) = 15 - 9\sqrt{2} + 5\sqrt{2} - 6 = 9 - 4\sqrt{2}$

c) $(5 - 2\sqrt{3})^2 = 25 - 20\sqrt{3} + 12 = 37 - 20\sqrt{3}$

30. Efetue as operações:

a) $2\sqrt{3} \cdot (3\sqrt{5} - 2\sqrt{20} - \sqrt{45})$
b) $(\sqrt{20} - \sqrt{45} + 3\sqrt{125}) : 2\sqrt{5}$
c) $(6 + \sqrt{2}) \cdot (5 - \sqrt{2})$
d) $(3 + \sqrt{5}) \cdot (7 - \sqrt{5})$
e) $(\sqrt{2} + 3) \cdot (\sqrt{2} - 4)$
f) $(2\sqrt{3} + 3\sqrt{2}) \cdot (5\sqrt{3} - 2\sqrt{2})$
g) $(2\sqrt{5} - 4\sqrt{7}) \cdot (\sqrt{5} + 2\sqrt{7})$
h) $(3 + \sqrt{2})^2$
i) $(4 - \sqrt{5})^2$
j) $(2 + 3\sqrt{7})^2$
k) $(1 - \sqrt{2})^4$

31. Efetue:

a) $(4\sqrt{8} - 2\sqrt{18}) : \sqrt[3]{2}$
b) $(3\sqrt{12} + 2\sqrt{48}) : \sqrt[4]{3}$
c) $(3\sqrt{18} + 2\sqrt{8} + 3\sqrt{32} - \sqrt{50}) \cdot \sqrt[4]{2}$
d) $(\sqrt{8} + \sqrt[3]{12} + \sqrt[4]{4}) : \sqrt{2}$

32. Efetue:

a) $\sqrt{\sqrt{2} - 1} \cdot \sqrt{\sqrt{2} + 1}$
b) $\sqrt{7 + \sqrt{24}} \cdot \sqrt{7 - \sqrt{24}}$
c) $\sqrt{5 + 2\sqrt{6}} \cdot \sqrt{5 - 2\sqrt{6}}$
d) $\sqrt{2} \cdot \sqrt{2 + \sqrt{2}} \cdot \sqrt{2 + \sqrt{2 + \sqrt{2}}} \cdot \sqrt{2 - \sqrt{2 + \sqrt{2}}}$

33. Simplifique:

a) $\sqrt{a + \sqrt{b}} \cdot \sqrt{a - \sqrt{b}} \cdot \sqrt{a^2 - b}$
b) $(2\sqrt{x \cdot y} + x\sqrt{y} + y\sqrt{x}) : \sqrt{xy}$
c) $\left(a \cdot \sqrt{\dfrac{a}{b}} + 2\sqrt{ab} + b \cdot \sqrt{\dfrac{b}{a}}\right) \cdot \sqrt{ab}$
d) $\sqrt{p + \sqrt{p^2 - 1}} \cdot \sqrt{p - \sqrt{p^2 - 1}}$
e) $\sqrt[3]{x + \sqrt{x^2 - y^3}} \cdot \sqrt[3]{x - \sqrt{x^2 - y^3}}$

34. Simplifique as raízes:

a) $\sqrt[3]{\sqrt{64}}$ b) $\sqrt{\sqrt[3]{16}}$ c) $\sqrt{a\sqrt[3]{a\sqrt{a}}}$

35. Racionalize os denominadores das frações:

a) $\frac{1}{\sqrt{3}}$ b) $\frac{1}{\sqrt[3]{2}}$ c) $\frac{5}{3 - \sqrt{7}}$ d) $\frac{1}{1 + \sqrt{2} - \sqrt{3}}$

Solução

a) $\frac{1}{\sqrt{3}} = \frac{1}{\sqrt{3}} \cdot \frac{\sqrt{3}}{\sqrt{3}} = \frac{\sqrt{3}}{3}$

b) $\frac{1}{\sqrt[3]{2}} = \frac{1}{\sqrt[3]{2}} \cdot \frac{\sqrt[3]{2^2}}{\sqrt[3]{2^2}} = \frac{\sqrt[3]{4}}{2}$

c) $\frac{5}{3 - \sqrt{7}} = \frac{5}{3 - \sqrt{7}} \cdot \frac{3 + \sqrt{7}}{3 + \sqrt{7}} = \frac{5(3 + \sqrt{7})}{2}$

d) $\frac{1}{1 + \sqrt{2} - \sqrt{3}} = \frac{1}{(1 + \sqrt{2}) - \sqrt{3}} \cdot \frac{(1 + \sqrt{2}) + \sqrt{3}}{(1 + \sqrt{2}) + \sqrt{3}} = \frac{1 + \sqrt{2} + \sqrt{3}}{3 + 2\sqrt{2} - 3} =$

$= \frac{1 + \sqrt{2} + \sqrt{3}}{2\sqrt{2}} \cdot \frac{\sqrt{2}}{\sqrt{2}} = \frac{(1 + \sqrt{2} + \sqrt{3}) \cdot \sqrt{2}}{4}$

36. Racionalize o denominador de cada fração:

a) $\frac{3}{\sqrt{2}}$ g) $\frac{2}{\sqrt[3]{3}}$ m) $\frac{1}{3\sqrt{2} - \sqrt{3}}$

b) $\frac{4}{\sqrt{5}}$ h) $\frac{3}{\sqrt[4]{2}}$ n) $\frac{4}{2\sqrt{5} - 3\sqrt{2}}$

c) $\frac{3}{\sqrt{6}}$ i) $\frac{1}{2 + \sqrt{3}}$ o) $\frac{1}{2 + \sqrt{3} + \sqrt{5}}$

d) $\frac{10}{3\sqrt{5}}$ j) $\frac{1}{\sqrt{3} - \sqrt{2}}$ p) $\frac{5}{2 - \sqrt{5} + \sqrt{2}}$

e) $\frac{4}{2\sqrt{3}}$ k) $\frac{2}{3 + 2\sqrt{2}}$ q) $\frac{3}{\sqrt{3} - \sqrt{2} + 1}$

f) $\frac{1}{\sqrt[3]{4}}$ l) $\frac{6}{5 - 3\sqrt{2}}$ r) $\frac{\sqrt[3]{9} - 1}{\sqrt[3]{3} - 1}$

37. Determine o valor da expressão $\dfrac{\sqrt[3]{4} - 1}{\sqrt[3]{2} - 1}$.

38. Simplifique:

a) $\sqrt{\dfrac{2 + \sqrt{3}}{2 - \sqrt{3}}} + \sqrt{\dfrac{2 - \sqrt{3}}{2 + \sqrt{3}}}$

b) $\dfrac{2 + \sqrt{3}}{\sqrt{2} + \sqrt{2 + \sqrt{3}}} + \dfrac{2 - \sqrt{3}}{\sqrt{2} - \sqrt{2 - \sqrt{3}}}$

c) $\dfrac{\sqrt{48} + \sqrt{27} - \sqrt{125}}{\sqrt{12} + \sqrt{108} - \sqrt{180}}$

d) $\sqrt{\dfrac{3 - 2\sqrt{2}}{17 - 12\sqrt{2}}} - \sqrt{\dfrac{3 + 2\sqrt{2}}{17 + 12\sqrt{2}}}$

39. Simplifique a expressão:

$$\frac{x + \sqrt{x^2 - 1}}{x - \sqrt{x^2 - 1}} - \frac{x - \sqrt{x^2 - 1}}{x + \sqrt{x^2 - 1}}$$

40. Simplifique a expressão $\dfrac{2a\sqrt{1 + x^2}}{x + \sqrt{1 + x^2}}$, sabendo que $x = \dfrac{1}{2}\left(\sqrt{\dfrac{a}{b}} - \sqrt{\dfrac{b}{a}}\right)$, $(0 < b < a)$.

41. Mostre que $\sqrt[3]{9\left(\sqrt[3]{2} - 1\right)} = 1 - \sqrt[3]{2} + \sqrt[3]{4}$.

42. Mostre que $\dfrac{3}{\sqrt{7 - 2\sqrt{10}}} + \dfrac{4}{\sqrt{8 + 4\sqrt{3}}} = \dfrac{1}{\sqrt{11 - 2\sqrt{30}}}$.

43. Calcule o valor de $x = \sqrt{2 + \sqrt{2 + \sqrt{2 + \sqrt{2 + \ldots}}}}$

44. Qual o valor que se obtém ao subtrair $\dfrac{5}{8 - 3\sqrt{7}}$ de $\dfrac{12}{\sqrt{7} + 3}$?

IV. Potência de expoente racional

13. Definição

Dados $a \in \mathbb{R}_+^*$ e $\dfrac{p}{q} \in \mathbb{Q}$ ($p \in \mathbb{Z}$ e $q \in \mathbb{N}^*$), define-se potência de base *a* e expoente $\dfrac{p}{q}$ pela relação:

$$a^{\frac{p}{q}} = \sqrt[q]{a^p}$$

Se $a = 0$ e $\frac{p}{q} > 0$, adotamos a seguinte definição especial:

$$0^{\frac{p}{q}} = 0$$

Exemplos:

1º) $3^{\frac{1}{2}} = \sqrt{3}$

2º) $2^{\frac{1}{3}} = \sqrt[3]{2}$

3º) $7^{-\frac{2}{3}} = \sqrt[3]{7^{-2}} = \sqrt[3]{\frac{1}{49}}$

4º) $\left(\frac{2}{3}\right)^{-\frac{1}{3}} = \sqrt[3]{\left(\frac{2}{3}\right)^{-1}} = \sqrt[3]{\frac{3}{2}}$

14. Observações

1ª) O símbolo $0^{\frac{p}{q}}$ com $\frac{p}{q} < 0$ não tem significado, pois $\frac{p}{q} \in \mathbb{Q}$ e $q \in \mathbb{N}^* \Rightarrow$ $\Rightarrow p < 0 \Rightarrow 0^p$ não tem significado.

2ª) Toda potência de base positiva e expoente racional é um número real positivo:

$$a > 0 \Rightarrow a^{\frac{p}{q}} = \sqrt[q]{a^p} > 0$$

EXERCÍCIOS

45. Expresse na forma de potência de expoente racional os seguintes radicais:

a) $\sqrt{5}$

b) $\sqrt[3]{4}$

c) $\sqrt[4]{27}$

d) $\sqrt{\sqrt{2}}$

e) $\sqrt[4]{\sqrt[3]{5}}$

f) $(\sqrt[3]{2^2})^2$

g) $\frac{1}{\sqrt{2}}$

h) $\frac{1}{\sqrt[3]{9}}$

i) $\left(\frac{1}{\sqrt[4]{8}}\right)^2$

46. Calcule, substituindo as potências de expoente racional pelos correspondentes radicais:

a) $8^{\frac{1}{3}}$

b) $64^{-\frac{1}{2}}$

c) $(0{,}25)^{-\frac{1}{2}}$

d) $\left(\frac{9}{4}\right)^{\frac{1}{2}}$

e) $\left(\frac{1}{32}\right)^{-\frac{1}{5}}$

f) $27^{-\frac{2}{3}}$

g) $\left(\frac{1}{16}\right)^{\frac{3}{4}}$

h) $(0{,}81)^{-\frac{1}{2}}$

i) $(0{,}01)^{-0{,}5}$

15. Propriedades

As propriedades (P) verificam-se para as potências de expoente racional.

Se $a \in \mathbb{R}_+^*$, $b \in \mathbb{R}_+^*$, $\frac{p}{q} \in \mathbb{Q}$ e $\frac{r}{s} \in \mathbb{Q}$, então valem as seguintes propriedades:

[P₁] $a^{\frac{p}{q}} \cdot a^{\frac{r}{s}} = a^{\frac{p}{q} + \frac{r}{s}}$

[P₂] $\dfrac{a^{\frac{p}{q}}}{a^{\frac{r}{s}}} = a^{\frac{p}{q} - \frac{r}{s}}$

[P₃] $(a \cdot b)^{\frac{p}{q}} = a^{\frac{p}{q}} \cdot b^{\frac{p}{q}}$

[P₄] $\left(\dfrac{a}{b}\right)^{\frac{p}{q}} = \dfrac{a^{\frac{p}{q}}}{b^{\frac{p}{q}}}$

[P₅] $\left(a^{\frac{p}{q}}\right)^{\frac{r}{s}} = a^{\frac{p}{q} \cdot \frac{r}{s}}$

Demonstrações:

[P₁] $a^{\frac{p}{q}} \cdot a^{\frac{r}{s}} = \sqrt[q]{a^p} \cdot \sqrt[s]{a^r} = \sqrt[qs]{a^{ps}} \cdot \sqrt[qs]{a^{rq}} = \sqrt[qs]{a^{ps} \cdot a^{rq}} = \sqrt[qs]{a^{ps + rq}} =$
$= a^{\frac{ps + rq}{qs}} = a^{\frac{p}{q} + \frac{r}{s}}$

[P₃] $(a \cdot b)^{\frac{p}{q}} = \sqrt[q]{(a \cdot b)^p} = \sqrt[q]{a^p \cdot b^p} = \sqrt[q]{a^p} \cdot \sqrt[q]{b^p} = a^{\frac{p}{q}} \cdot b^{\frac{p}{q}}$

[P₅] $\left(a^{\frac{p}{q}}\right)^{\frac{r}{s}} = \sqrt[s]{\left(a^{\frac{p}{q}}\right)^r} = \sqrt[s]{\left(\sqrt[q]{a^p}\right)^r} = \sqrt[s]{\sqrt[q]{a^{pr}}} = \sqrt[q \cdot s]{a^{p \cdot r}} = a^{p \cdot \frac{r}{s} \cdot \frac{1}{s}} = a^{\frac{p}{q} \cdot \frac{r}{s}}$

Deixamos a demonstração das propriedades P_2 e P_4 como exercício.

EXERCÍCIOS

47. Simplifique, fazendo uso das propriedades (P):

a) $16^{\frac{3}{4}}$ b) $27^{-\frac{4}{3}}$ c) $(81^2)^{\frac{1}{4}}$

Solução

a) $16^{\frac{3}{4}} = (2^4)^{\frac{3}{4}} = 2^3 = 8$

b) $27^{-\frac{4}{3}} = (3^3)^{-\frac{4}{3}} = 3^{-4} = \dfrac{1}{81}$

c) $(81^2)^{\frac{1}{4}} = [(3^4)^2]^{\frac{1}{4}} = 3^2 = 9$

48. Simplifique fazendo uso das propriedades (P):

a) $9^{\frac{3}{2}}$

b) $8^{\frac{4}{3}}$

c) $\left(\dfrac{1}{4}\right)^{-\frac{1}{2}}$

d) $64^{-\frac{2}{3}}$

e) $81^{-0,25}$

f) $256^{\frac{5}{4}}$

g) $1\,024^{\frac{1}{10}}$

h) $\left(16^{\frac{5}{4}}\right)^{\frac{2}{5}}$

i) $(32^2)^{-0,4}$

j) $\left(343^{-2}\right)^{\frac{1}{3}}$

k) $\left(243^{-2}\right)^{-\frac{2}{5}}$

l) $\left(216^{2}\right)^{\frac{1}{3}}$

49. Simplifique:

a) $2^{\frac{2}{3}} \cdot 2^{-\frac{1}{5}} \cdot 2^{\frac{4}{5}}$

b) $3^{-\frac{1}{3}} \cdot 3^{\frac{1}{5}} \cdot 3^{\frac{1}{2}}$

c) $\dfrac{5^{-\frac{1}{2}} \cdot 5^{\frac{1}{3}}}{5^{\frac{2}{5}} \cdot 5^{-\frac{3}{2}}}$

d) $\dfrac{3^{\frac{1}{2}} \cdot 3^{-\frac{2}{3}}}{3^{\frac{1}{5}} \cdot 3^{\frac{1}{8}} \cdot 3^{\frac{1}{60}}}$

e) $\dfrac{3^{\frac{1}{2}} + 3^{-\frac{2}{3}}}{3^{\frac{1}{2}} \cdot 3^{-\frac{2}{3}}}$

f) $\left(27^{\frac{2}{3}} - 27^{-\frac{2}{3}}\right) \cdot \left(16^{\frac{3}{4}} - 16^{-\frac{3}{4}}\right)$

g) $\left(125^{\frac{2}{3}} + 16^{\frac{1}{2}} + 343^{\frac{1}{3}}\right)^{\frac{1}{2}}$

50. Determine o valor da expressão $\left(0{,}064^{\frac{1}{3}}\right) \cdot \left(0{,}0625^{\frac{1}{4}}\right)$.

51. Determine o valor da expressão $5x^0 + 3x^{\frac{3}{4}} + 4x^{-\frac{1}{2}}$, para $x = 16$.

52. Determine o valor da expressão $\dfrac{2}{3} \cdot 8^{\frac{2}{3}} - \dfrac{2}{3} \cdot 8^{-\frac{2}{3}}$.

53. Simplifique, supondo $a > 0$ e $b > 0$:

a) $\left(\sqrt[n+3]{\sqrt[n-1]{a^2} \cdot \sqrt[n+1]{a^{-1}}}\right)^{n^2-1}$

b) $a^{\frac{5}{6}} \cdot b^{\frac{1}{2}} \cdot \sqrt[3]{a^{-\frac{1}{2}} \cdot b^{-1}} \cdot \sqrt{a^{-1} \cdot b^{\frac{2}{3}}}$

c) $\left(a^{\frac{2}{3}} + 2^{\frac{1}{3}}\right) \cdot \left(a\sqrt[3]{a} - \sqrt[3]{2a^2} + \sqrt[3]{4}\right)$

d) $\dfrac{b - a}{a + b} \cdot \left[a^{\frac{1}{2}} \cdot \left(a^{\frac{1}{2}} - b^{\frac{1}{2}}\right)^{-1} - \left(\dfrac{a^{\frac{1}{2}} + b^{\frac{1}{2}}}{b^{\frac{1}{2}}}\right)^{-1}\right]$

e) $\sqrt{\left[\dfrac{1}{2}\left(\dfrac{a}{b}\right)^{-\frac{1}{2}} - \dfrac{1}{2}\left(\dfrac{b}{a}\right)^{-\frac{1}{2}}\right]^{-2} + 1}$

f) $\left[\left(a\sqrt{a} + b\sqrt{b}\right) \cdot \left(\sqrt{a} + \sqrt{b}\right)^{-1} + 3\sqrt{ab}\right]^{\frac{1}{2}}$

54. Se $a > 0$, mostre que:

$$\frac{1}{a^{\frac{1}{4}} + a^{\frac{1}{8}} + 1} + \frac{1}{a^{\frac{1}{4}} - a^{\frac{1}{8}} + 1} - \frac{2 \cdot \left(a^{\frac{1}{4}} - 1\right)}{a^{\frac{1}{2}} - a^{\frac{1}{4}} + 1} = \frac{4}{a + \sqrt{a} + 1}$$

V. Potência de expoente irracional

16. Dados um número real $a > 0$ e um número irracional α, podemos construir, com base nas potências de expoente racional, um único número real positivo a^α que é a potência de base *a* e expoente irracional α.

Seja, por exemplo, a potência $3^{\sqrt{2}}$. Sabendo quais são os valores racionais aproximados por falta ou por excesso de $\sqrt{2}$, obtemos em correspondência os valores aproximados por falta ou por excesso de $3^{\sqrt{2}}$ (potências de base 3 e expoente racional, já definidas):

A_1	A_2	B_1	B_2
1	2	3^1	3^2
1,4	1,5	$3^{1,4}$	$3^{1,5}$
1,41	1,42	$3^{1,41}$	$3^{1,42}$
1,414	1,415	$3^{1,414}$	$3^{1,415}$
1,4142	1,4143	$3^{1,4142}$	$3^{1,4143}$

$\rightarrow \sqrt{2} \leftarrow$ $\qquad$ $\rightarrow 3^{\sqrt{2}} \leftarrow$

17. Definição

Seja $a \in \mathbb{R}$, $a > 0$ e α um número irracional; consideremos os conjuntos

$$A_1 = \{r \in \mathbb{Q} \mid r < \alpha\} \quad \text{e} \quad A_2 = \{s \in \mathbb{Q} \mid s > \alpha\}$$

Notemos que:

a) todo número de A_1 é menor que qualquer número de A_2.

b) existem dois racionais *r* e s tais que $r < \alpha < s$ e a diferença $s - r$ é menor que qualquer número positivo e arbitrário.

Em correspondência aos conjuntos A_1 e A_2, consideremos os conjuntos

$$B_1 = \{a^r \mid r \in A_1\}$$

e

$$B_2 = \{a^s \mid s \in A_2\}$$

Se $a > 1$, demonstra-se (*) que:

a) todo número de B_1 é menor que qualquer número de B_2.

b) existem dois números a^r e a^s tais que a diferença $a^s - a^r$ é menor que qualquer número positivo e arbitrário.

Nessas condições, dizemos que a^r e a^s são aproximações por falta e por excesso, respectivamente, de a^α e que B_1 e B_2 são classes que definem a^α.

Se $0 < a < 1$, tudo acontece de forma análoga.

Exemplos de potências com expoente irracional:

$$2^{\sqrt{2}},\ 4^{\sqrt{3}},\ 5^{\pi},\ \left(\frac{2}{3}\right)^{1+\sqrt{2}},\ (7)^{-\sqrt{2}},\ (\sqrt{2})^{\sqrt{3}}$$

18. Seja $a = 0$ e α é irracional e positivo, daremos a seguinte definição especial:

$$\boxed{0^\alpha = 0}$$

19. Observações

1ª) Se $a = 1$, então $1^\alpha = 1$, $\forall\ \alpha$ irracional.

2ª) Se $a < 0$ e α é irracional e positivo, então o símbolo a^α não tem significado. Exemplos: $(-2)^{\sqrt{2}}$, $(-5)^{\sqrt{3}}$ e $(-\sqrt{2})^{\sqrt{3}}$ não têm significado.

3ª) Se α é irracional e negativo ($\alpha < 0$), então 0^α não tem significado.

4ª) Para as potências de expoente irracional são válidas as propriedades (P).

(*) A demonstração está nas páginas 28, 29 e 30.

EXERCÍCIO

55. Simplifique:

a) $3 \cdot 2^{\sqrt{3}} \cdot 2^{-\sqrt{3}}$

b) $\left(2^{\sqrt[3]{3}}\right)^{\sqrt[3]{2}}$

c) $\left(4^{\sqrt{2}}\right)^{-\sqrt{3}}$

d) $\left(3^{\sqrt{2}-1}\right)^{\sqrt{2}+1}$

e) $2^{1+\sqrt{3}} \cdot 4^{-\sqrt{12}}$

f) $9^{\sqrt{2}} : 3^{\sqrt{8}}$

g) $\left(5^{\sqrt{2}+\sqrt{3}} : 25^{\sqrt{2}-\sqrt{3}}\right)^{\sqrt{3}}$

h) $\left(4^{\sqrt{5}} : 8^{\sqrt{20}}\right)^{-\frac{1}{\sqrt{5}}}$

i) $\left(\dfrac{2^{\sqrt{27}} \cdot 8^{\sqrt{75}}}{4^{\sqrt{48}}}\right)^{\frac{\sqrt{3}}{2}}$

VI. Potência de expoente real

20. Considerando que foram definidas anteriormente as potências de base *a* ($a \in \mathbb{R}_+^*$) e expoente *b* (*b* racional ou irracional), então já está definida a potência a^b com $a \in \mathbb{R}_+^*$ e $b \in \mathbb{R}$.

21. Observações

1ª) Toda potência de base real e positiva e expoente real é um número positivo.

$$a > 0 \Rightarrow a^b > 0$$

2ª) Para as potências de expoente real são válidas as propriedades (P), isto é:

[P$_1$] $a^b \cdot a^c = a^{b+c}$ $\quad(a \in \mathbb{R}_+^*, b \in \mathbb{R} \text{ e } c \in \mathbb{R})$

[P$_2$] $\dfrac{a^b}{a^c} = a^{b-c}$ $\quad(a \in \mathbb{R}_+^*, b \in \mathbb{R} \text{ e } c \in \mathbb{R})$

[P$_3$] $(a \cdot b)^c = a^c \cdot b^c$ $\quad(a \in \mathbb{R}_+^*, b \in \mathbb{R}_+^* \text{ e } c \in \mathbb{R})$

[P$_4$] $\left(\dfrac{a}{b}\right)^c = \dfrac{a^c}{b^c}$ $\quad(a \in \mathbb{R}_+^*, b \in \mathbb{R}_+^* \text{ e } c \in \mathbb{R})$

[P$_5$] $(a^b)^c = a^{b \cdot c}$ $\quad(a \in \mathbb{R}_+^*, b \in \mathbb{R} \text{ e } c \in \mathbb{R})$

EXERCÍCIOS

56. Simplifique a expressão $\frac{2^{n+4} - 2 \cdot 2^n}{2 \cdot 2^{n+3}}$, $\forall$ n, n $\in \mathbb{R}$.

57. Determine o valor da expressão $(2^n + 2^{n-1}) \cdot (3^n - 3^{n-1})$, para todo *n*.

58. Chamam-se **cosseno hiperbólico** de *x* e **seno hiperbólico** de *x*, e representam-se respectivamente por cosh x e senh x, os números:

$\cosh x = \frac{e^x + e^{-x}}{2}$ e $\operatorname{senh} x = \frac{e^x - e^{-x}}{2}$

Calcule $(\cosh x)^2 - (\operatorname{senh} x)^2$.

LEITURA

Stifel, Bürgi e a criação dos logaritmos

Hygino H. Domingues

Com efeito, em 1544 Stifel publicaria sua *Arithmetica integra*, o mais importante tratado de álgebra da Alemanha no século XVI. Nele aparece pela primeira vez no Ocidente o Triângulo Aritmético, ou triângulo de Pascal, até a 17ª linha, inclusive com destaque para a hoje chamada **relação de Stifel**. Na forma apresentada por Stifel, o Triângulo Aritmético, da terceira à sexta linha (a primeira e a segunda são 1 e 1 + 1), tem a forma a seguir:

1	2	1			
1	3	3	1		
1	4	6	4	1	
1	5	10	10	5	1

A figura fornece os coeficientes do desenvolvimento de $(a + b)^n$ para n = 2, 3, 4, 5. A relação de Stifel mostra como obter, no caso da figura, os termos intermediários do triângulo a partir da segunda linha: 1 + 2 = 3,

$2 + 1 = 3$, $1 + 3 = 4$, $3 + 3 = 6$, $3 + 1 = 4$, $1 + 4 = 5$, $4 + 6 = 10$, $6 + 4 = 10$, $4 + 1 = 5$. Diga-se de passagem, porém, que: (i) a introdução do triângulo aritmético, inclusive na forma em que é estudado hoje, se deu no século XIV, na obra de um algebrista chinês; (ii) Stifel redescobriu a relação conhecida pelo seu nome, mas não a demonstrou genericamente.

Na sequência de suas pesquisas, Stifel introduziu o embrião da ideia de logaritmo. Associando os termos da progressão geométrica $\left(\frac{1}{8}, \frac{1}{4}, \frac{1}{2}, 1, 2, 4, 8, 16, 32, 64\right)$, cuja razão é 2, aos termos respectivos da progressão aritmética $(-3, -2, -1, 0, 1, 2, 3, 4, 5, 6)$, cuja razão é 1, notou que ao produto (quociente) de dois termos quaisquer da primeira corresponde a soma (diferença) dos dois termos correspondentes da segunda. Por exemplo, como a 4 e 16 correspondem, respectivamente, 2 e 4, cuja soma é 6, então o produto de 4 por 16 é o correspondente de 6 na progressão geométrica, ou seja, 64. Observe que cada elemento da progressão aritmética é o logaritmo do termo da progressão geométrica ao qual está associado. Por exemplo, $\log_2 16 = 4$, pois $2^4 = 16$.

Mas, para que essa ideia fosse proveitosa, seria preciso construir uma progressão geométrica com termos muito próximos entre si para, com eventuais interpolações, tornar-se possível encontrar aproximações satisfatórias dos logaritmos dos números reais positivos.

O primeiro matemático a trabalhar nesse sentido foi o suíço Bürgi, homem eclético, que se dedicava à fabricação de relógios, mas que era versado em matemática e astronomia, haja vista que chegou a trabalhar com Kepler em Praga. Suas contribuições à criação dos logaritmos remontam no máximo a 1610.

Estimulado pelas ideias de Stifel, Bürgi considerou a progressão geométrica com primeiro termo igual a 10^8 (para evitar números decimais) e razão $q = 1{,}0001$ (isso fazia com que as potências de q fossem muito próximas umas das outras) e a progressão aritmética com primeiro termo igual a 0, razão 10 e último termo igual a 32 000. Então o logaritmo, segundo Bürgi, de 10^8 é 0 e o logaritmo do segundo termo que é $10^8 \cdot (1{,}0001) = 100\,010\,000$ é 10.

Aos termos da progressão geométrica Bürgi deu o nome de **números negros** e aos da progressão aritmética de **números vermelhos**. Aliás, na sua tábua (tabela) de logaritmos, impressa em Praga em 1620, os números aparecem nessas cores para distinguir uns dos outros. Como os números vermelhos apareciam nas primeiras linhas e primeiras colunas, então na verdade tratava-se de tábuas de antilogaritmos.

Vale esclarecer que os dez anos ou mais decorridos entre o término da obra de Bürgi sobre logaritmos e sua publicação, batizada com o título (aqui abreviado) de *Progress-Tabulen*, se devem a turbulências na Europa de então, como a Guerra dos Trinta Anos. Mas, devido a isso, Bürgi perdeu a prioridade da criação dos logaritmos para o escocês John Napier (1550-1617), que seis anos antes publicara um trabalho sobre o mesmo assunto, com uma abordagem geométrica — a de Bürgi era algébrica.

Pode parecer injusto, mas é assim que se assinalam as prioridades. Mesmo hoje com a produção científica em ritmo acelerado. No século XVI, poder-se-ia perguntar: Mas quem teve a ideia primeiro, Bürgi ou Napier? Hoje a velocidade de produção científica é muito maior, mas estão aí os periódicos científicos (inexistentes no século XVI) para dizer da prioridade.

CAPÍTULO II

Função exponencial

I. Definição

22. Dado um número real *a*, tal que $0 < a \neq 1$, chamamos **função exponencial** de base *a* a função *f* de $\mathbb{R}$ em $\mathbb{R}$ que associa a cada *x* real o número a^x.

Em símbolos: $f: \mathbb{R} \to \mathbb{R}$
$x \to a^x$

Exemplos de funções exponenciais em $\mathbb{R}$:

1º) $f(x) = 2^x$

2º) $g(x) = \left(\frac{1}{2}\right)^x$

3º) $h(x) = 3^x$

4º) $p(x) = 10^x$

5º) $r(x) = (\sqrt{2})^x$

II. Propriedades

1ª) Na função exponencial $f(x) = a^x$, temos:

$$x = 0 \Rightarrow f(0) = a^0 = 1$$

isto é, o par ordenado (0, 1) pertence à função para todo $a \in \mathbb{R}_+^* - \{1\}$. Isto significa que o gráfico cartesiano de toda função exponencial corta o eixo *y* no ponto de ordenada 1.

2ª) A função exponencial $f(x) = a^x$ é crescente (decrescente) se, e somente se, $a > 1$ $(0 < a < 1)$. Portanto, dados os reais x_1 e x_2, temos:

I) quando $a > 1$:

$$x_1 < x_2 \Rightarrow f(x_1) < f(x_2)$$

II) quando $0 < a < 1$:

$$x_1 < x_2 \Rightarrow f(x_1) > f(x_2)$$

A demonstração desta propriedade exige a sequência de lemas e teoremas apresentados nos itens 23 a 30.

3ª) A função exponencial $f(x) = a^x$, com $0 < a \neq 1$, é injetora, pois, dados x_1 e x_2 tais que $x_1 \neq x_2$ (por exemplo $x_1 < x_2$), vem:

I) se $a > 1$, temos: $f(x_1) < f(x_2)$;

II) se $0 < a < 1$, temos: $f(x_1) < f(x_2)$;

e, portanto, nos dois casos, $f(x_1) \neq f(x_2)$.

23. Lema 1

Sendo $a \in \mathbb{R}$, $a > 1$ e $n \in \mathbb{Z}$, temos:

$$a^n > 1 \text{ se, e somente se, } n > 0$$

Demonstração:

1ª parte

Provemos, por indução sobre *n*, a proposição

$n > 0 \Rightarrow a^n > 1$:

1º) é verdadeira para $n = 1$, pois $a^1 = a > 1$;

2º) suponhamos que a proposição seja verdadeira para $n = p$, isto é, $a^p > 1$, e provemos que é verdadeira para $n = p + 1$.

De fato, de $a > 1$, multiplicando ambos os membros dessa desigualdade por a^p e mantendo a desigualdade, pois a^p é positivo, temos:

$$a > 1 \Rightarrow a \cdot a^p > a^p \Rightarrow a^{p+1} > a^p > 1$$

2ª parte

Provemos, por redução ao absurdo, a proposição:

$$a^n > 1 \Rightarrow n > 0$$

Supondo $n \leqslant 0$, temos: $-n \geqslant 0$.

Notemos que $n = 0 \Rightarrow a^0 = 1$ e pela primeira parte $-n > 0 \Rightarrow a^{-n} > 1$; portanto:

$$-n \geqslant 0 \Rightarrow a^{-n} \geqslant 1$$

Multiplicando ambos os membros dessa desigualdade por a^n e mantendo o sentido da desigualdade, pois a^n é positivo, temos:

$$a^{-n} \geqslant 1 \Rightarrow a^n \cdot a^{-n} \geqslant a^n \Rightarrow 1 \geqslant a^n$$

o que é um absurdo, pois contraria a hipótese $a^n > 1$. Logo, $n > 0$.

24. Lema 2

Sendo $a \in \mathbb{R}$, $a > 1$ e $r \in \mathbb{Q}$, temos:

$$a^r > 1 \text{ se, e somente se, } r > 0$$

Demonstração:

1ª parte

Provemos a proposição

$$r > 0 \Rightarrow a^r > 1$$

Façamos $r = \dfrac{p}{q}$ com $p, q \in \mathbb{N}^*$; então:

$$a^r = a^{\frac{p}{q}}$$

Pelo lema 1, se $a = \left(a^{\frac{1}{q}}\right)^q > 1$ e $q > 0$, então $a^{\frac{1}{q}} > 1$. Ainda pelo mesmo lema, se $a^{\frac{1}{q}} > 1$ e $p > 0$, então $\left(a^{\frac{1}{q}}\right)^q > 1$, ou seja,

$$\left(a^{\frac{1}{q}}\right)^p = a^{\frac{p}{q}} = a^r > 1$$

2ª parte

Provemos agora a proposição

$$a^r > 1 \Rightarrow r > 0$$

Façamos $r = \dfrac{p}{q}$ com $p \in \mathbb{Z}$ e $q \in \mathbb{Z}^*$; então:

$$a^r = a^{\frac{p}{q}} = \left(a^{\frac{1}{q}}\right)^p$$

Supondo $q > 0$ e considerando que na 1ª parte provamos que $a^{\frac{1}{q}} > 1$, temos, pelo lema 1:

$$a^{\frac{1}{q}} > 1 \text{ e } \left(a^{\frac{1}{q}}\right)^p > 1 \Rightarrow p > 0$$

Logo: $q > 0$ e $p > 0 \Rightarrow r = \dfrac{p}{q} > 0.$

Supondo, agora, $q < 0$, isto é, $-q > 0$, pelo lema 1 temos:

$$a^{-\frac{1}{q}} > 1 \text{ e } \left(a^{\frac{1}{q}}\right)^p = \left(a^{-\frac{1}{q}}\right)^{-p} > 1 \Rightarrow -p > 0 \Rightarrow p < 0$$

Logo: $q < 0$ e $p < 0 \Rightarrow r = \dfrac{p}{q} > 0.$

25. Lema 3

Sendo $a \in \mathbb{R}$, $a > 1$, r e s racionais, temos:

$$a^s > a^r \text{ se, e somente se, } s > r$$

Demonstração:

$$a^s > a^r \Leftrightarrow a^s \cdot a^{-r} > a^r \cdot a^{-r} \Leftrightarrow a^{s-r} > 1 \overset{\text{(lema 2)}}{\Leftrightarrow} s - r > 0 \Leftrightarrow s > r$$

26. Lema 4

Sendo $a \in \mathbb{R}$, $a > 1$ e $\alpha \in \mathbb{R} - \mathbb{Q}$, temos:

$$a^\alpha > 1 \text{ se, e somente se, } \alpha > 0$$

Demonstração:

Sejam os dois conjuntos que definem o número irracional α,

$$A_1 = \{r \in \mathbb{Q} \mid r < \alpha\} \text{ e } A_2 = \{s \in \mathbb{Q} \mid s > \alpha\}$$

e em correspondência os conjuntos de potências de expoentes racionais que definem a^α,

$$B_1 = \{a^r \mid r \in A_1\} \text{ e } B_2 = \{a^s \mid s \in A_2\}$$

1ª parte

Provemos a proposição:

$\alpha > 0 \Rightarrow a^{\alpha} > 1$

Pela definição do número α irracional e positivo, existem $r \in A_1$ e $s \in A_2$ tal que $0 < r < \alpha < s$.

Pelo lema 2, como $a > 1$, $r > 0$ e $s > 0$, temos: $a^r > 1$ e $a^s > 1$.

Pelo lema 3, como $a > 1$ e $r < s$, temos: $1 < a^r < a^s$ e, agora, pela definição de potência de expoente irracional, vem:

$$1 < a^r < a^{\alpha} < a^s,$$

isto é,

$$a^{\alpha} > 1$$

2ª parte

Provemos, agora, por redução ao absurdo, a proposição:

$a^{\alpha} > 1 \Rightarrow \alpha > 0$

Suponhamos $\alpha < 0$, isto é, $-\alpha > 0$.

Pela primeira parte deste teorema, temos:

$$\left.\begin{array}{c} a > 1, -\alpha \in \mathbb{R} - \mathbb{Q} \\ -\alpha > 0 \end{array}\right\} \Rightarrow a^{-\alpha} > 1$$

Multiplicando ambos os membros da desigualdade obtida por $a^{\alpha} > 0$, vem:

$$a^{-\alpha} \cdot a^{\alpha} > a^{\alpha},$$

isto é,

$$1 > a^{\alpha},$$

o que contraria a hipótese; logo:

$$\alpha > 0$$

27. Teorema 1

Sendo $a \in \mathbb{R}$, $a > 1$, $x_1 \in \mathbb{R}$ e $x_2 \in \mathbb{R}$, temos:

$$a^b > 1 \text{ se, e somente se, } b > 0$$

Demonstração:

$$b \in \mathbb{R} \Leftrightarrow \begin{cases} b \in \mathbb{Q} \overset{\text{(lema 2)}}{\Leftrightarrow} (a^b > 1 \Leftrightarrow b > 0) \\ \text{ou} \\ b \in \mathbb{R} - \mathbb{Q} \overset{\text{(lema 4)}}{\Leftrightarrow} (a^b > 1 \Leftrightarrow b > 0) \end{cases}$$

28. Teorema 2

Sendo $a \in \mathbb{R}$, $a > 1$, $x_1 \in \mathbb{R}$ e $x_2 \in \mathbb{R}$, temos:

$$a^{x_1} > a^{x_2} \text{ se, e somente se, } x_1 > x_2$$

Demonstração:

$$a^{x_1} > a^{x_2} \Leftrightarrow \frac{a^{x_1}}{a^{x_2}} > 1 \Leftrightarrow a^{x_1 - x_2} > 1 \overset{\text{(teorema 1)}}{\Leftrightarrow} x_1 - x_2 > 0 \Leftrightarrow x_1 > x_2$$

29. Teorema 3

Sendo $a \in \mathbb{R}$, $0 < a < 1$ e $b \in \mathbb{R}$, temos:

$$a^b > 1 \text{ se, e somente se, } b < 0$$

Demonstração:

Se $0 < a < 1$, então $\frac{1}{a} > 1$.

Seja $c = \frac{1}{a} > 1$; pelo teorema 1, vem:

$$c^{-b} > 1 \Leftrightarrow -b > 0$$

Substituindo $c = \frac{1}{a}$, temos:

$$c^{-b} = \left(\frac{1}{a}\right)^{-b} = a^b > 1 \Leftrightarrow b < 0$$

30. Teorema 4

Sendo $a \in \mathbb{R}$, $0 < a < 1$, $x_1 \in \mathbb{R}$ e $x_2 \in \mathbb{R}$, temos:

$$a^{x_1} > a^{x_2} \text{ se, e somente se, } x_1 < x_2$$

Demonstração:

$$a^{x_1} > a^{x_2} \Leftrightarrow \frac{a^{x_1}}{a^{x_2}} > 1 \Leftrightarrow a^{x_1 - x_2} > 1 \overset{\text{(teorema 3)}}{\Leftrightarrow} x_1 - x_2 < 0 \Leftrightarrow x_1 < x_2$$

EXERCÍCIO

59. Determine o menor valor da expressão $\left(\frac{1}{2}\right)^{4x-x^2}$.

III. Imagem

31. Vimos anteriormente, no estudo de potências de expoente real, que, se $a \in \mathbb{R}_+^*$, então $a^x > 0$ para todo x real.

Afirmamos, então, que a imagem da função exponencial é:

$$\text{Im} = \mathbb{R}_+^*$$

IV. Gráfico

32. Com relação ao gráfico cartesiano da função $f(x) = a^x$, podemos dizer:

1º) a curva representativa está toda acima do eixo dos x, pois $y = a^x > 0$ para todo $x \in \mathbb{R}$;

2º) corta o eixo y no ponto de ordenada 1;

3º) se $a > 1$ é o gráfico de uma função crescente e se $0 < a < 1$ é o gráfico de uma função decrescente;

4º) toma um dos aspectos das figuras abaixo.

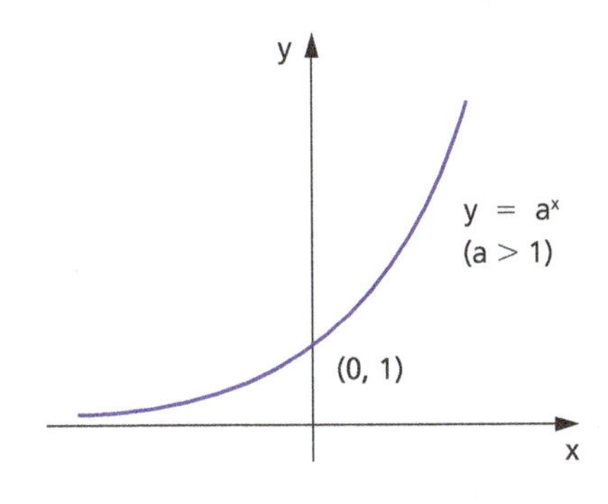

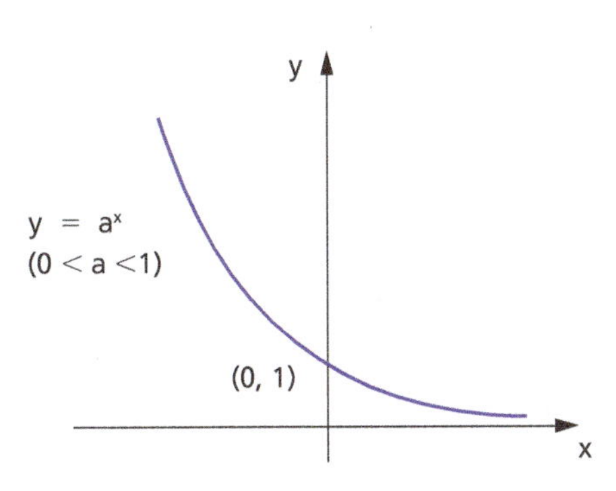

3. Exemplos:

1º) Construir o gráfico da função exponencial de base 2, $f(x) = 2^x$.

x	$y = 2^x$
−3	$\frac{1}{8}$
−2	$\frac{1}{4}$
−1	$\frac{1}{2}$
0	1
1	2
2	4
3	8

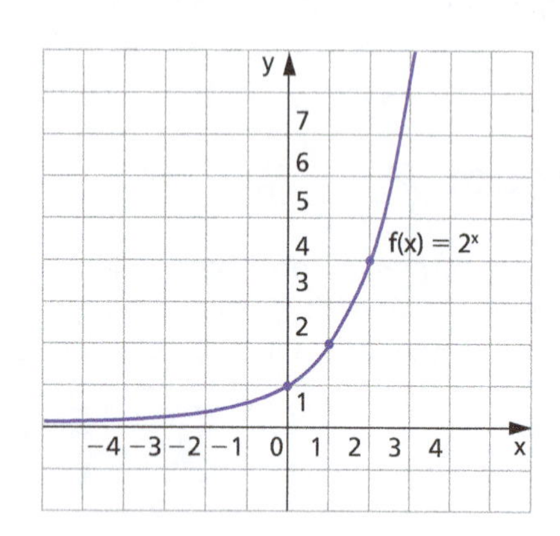

2º) Construir o gráfico da função exponencial de base $\frac{1}{2}$, $f(x) = \left(\frac{1}{2}\right)^x$.

x	$y = \left(\frac{1}{2}\right)^x$
−3	8
−2	4
−1	2
0	1
1	$\frac{1}{2}$
2	$\frac{1}{4}$
3	$\frac{1}{8}$

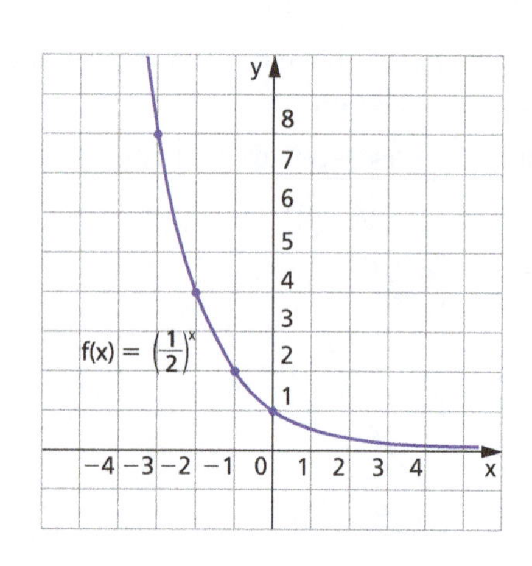

3º) Construir o gráfico da função exponencial de base e, $f(x) = e^x$.

Um número irracional importantíssimo para a análise matemática é indicado pela letra e e definido pela relação:

$$e = \lim_{x \to 0} (1 + x)^{\frac{1}{x}},\ x \in \mathbb{R}$$

A demonstração de que o citado limite existe será feita quando realizarmos o estudo de limites. A tabela abaixo sugere um valor para e (com quatro casas decimais): $e \cong 2,7183$.

x	1	0,1	0,01	0,001	0,0001	0,00001
$(1+x)^{\frac{1}{x}}$	$(1+1)^1=2$	$(1+0,1)^{10}=2,594$	$(1+0,01)^{100}=2,705$	2,717	2,7182	2,7183

x	e^x
−3	0,05
−2,5	0,08
−2	0,14
−1,5	0,22
−1	0,36
−0,5	0,60
0	1
0,5	1,65
1	2,72
1,5	4,48
2	7,39
2,5	12,18
3	20,80

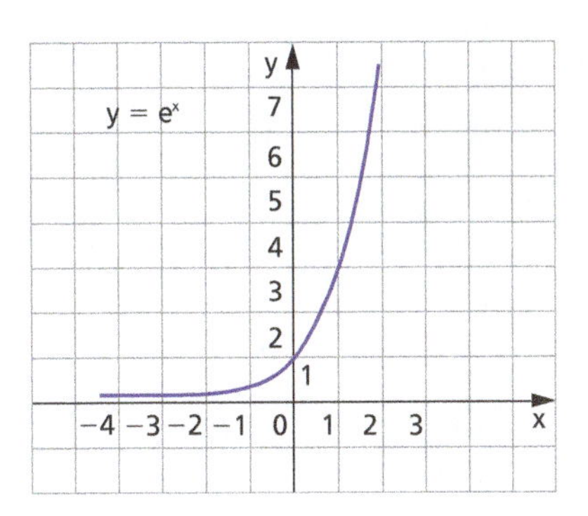

EXERCÍCIOS

60. Construa os gráficos cartesianos das seguintes funções exponenciais:

a) $y = 3^x$

b) $y = \left(\frac{1}{3}\right)^x$

c) $y = 4^x$

d) $y = 10^x$

e) $y = 10^{-x}$

f) $y = \left(\frac{1}{e}\right)^x$

61. Construa o gráfico cartesiano da função em $\mathbb{R}$ definida por $f(x) = 2^{2x-1}$.

Solução

Vamos contruir uma tabela da seguinte maneira: atribuímos valores a $2x - 1$, calculamos 2^{2x-1} e finalmente x.

x	$2x-1$	$y=2^{2x-1}$
-1	-3	$\frac{1}{8}$
$-\frac{1}{2}$	-2	$\frac{1}{4}$
0	-1	$\frac{1}{2}$
$\frac{1}{2}$	0	1
1	1	2
$\frac{3}{2}$	2	4
2	3	8

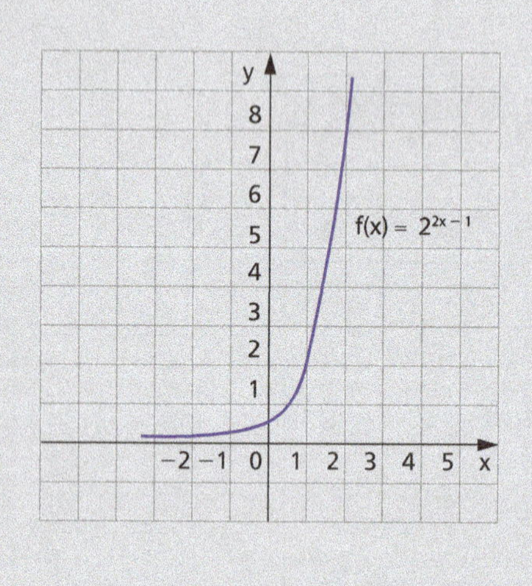

62. Construa os gráficos das funções em $\mathbb{R}$ definidas por:

a) $f(x) = 2^{1-x}$

b) $f(x) = 3^{\frac{x+1}{2}}$

c) $f(x) = 2^{|x|}$

d) $f(x) = \left(\frac{1}{2}\right)^{2x+1}$

e) $f(x) = \left(\frac{1}{2}\right)^{|x|}$

63. Represente graficamente a função $f(x) = e^{x^2}$.

64. Represente graficamente a função $f: \mathbb{R} \to \mathbb{R}$, definida por $f(x) = e^{-x^2}$.

65. Construa o gráfico da função em $\mathbb{R}$ definida por $f(x) = 2^x + 1$.

Solução

x	2^x	$y = 2^x + 1$
−3		
−2		
−1		
0		
1		
2		
3		

x	2^x	$y = 2^x + 1$
−3	$\frac{1}{8}$	
−2	$\frac{1}{4}$	
−1	$\frac{1}{2}$	
0	1	
1	2	
2	4	
3	8	

x	2^x	$y = 2^x + 1$
−3	$\frac{1}{8}$	$\frac{9}{8}$
−2	$\frac{1}{4}$	$\frac{5}{4}$
−1	$\frac{1}{2}$	$\frac{3}{2}$
0	1	2
1	2	3
2	4	5
3	8	9

Notemos que o gráfico deve apresentar para cada x uma ordenada y que é o valor de 2^x mais uma unidade. Assim, se cada 2^x sofre um acréscimo de 1, tudo se passa como se a exponencial $y = 2^x$ sofresse uma translação de uma unidade "para cima".

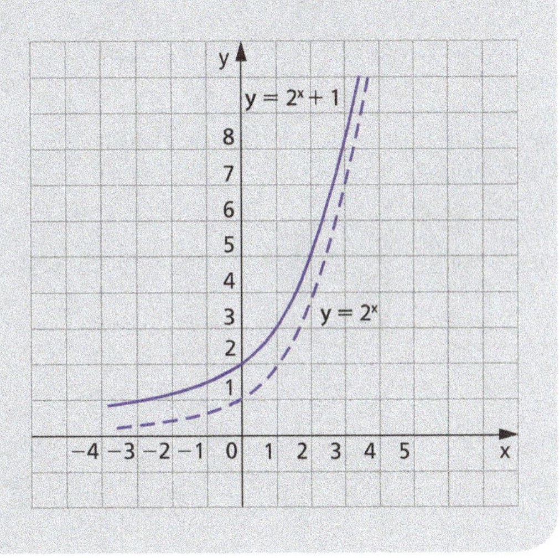

66. Construa os gráficos das funções em $\mathbb{R}$ definidas por:

a) $f(x) = 2^x - 3$

b) $f(x) = \left(\frac{1}{3}\right)^x + 1$

c) $f(x) = 2 - 3^x$

d) $f(x) = 3 - \left(\frac{1}{2}\right)^x$

67. Construa os gráficos das funções em $\mathbb{R}$ definidas por:

a) $f(x) = 2^x + 2^{-x}$

b) $f(x) = 2^x - 2^{-x}$

68. Construa o gráfico da função em $\mathbb{R}$ definida por $f(x) = 3 \cdot 2^{x-1}$.

Solução

Vamos construir uma tabela atribuindo valores a $x - 1$ e calculando 2^{x-1}, $3 \cdot 2^{x-1}$ e x. Temos:

x	x − 1	2^{x-1}	$y = 3 \cdot 2^{x-1}$
−2	−3	$\frac{1}{8}$	$\frac{3}{8}$
−1	−2	$\frac{1}{4}$	$\frac{3}{4}$
0	−1	$\frac{1}{2}$	$\frac{3}{2}$
1	0	1	3
2	1	2	6
3	2	4	12
4	3	8	24

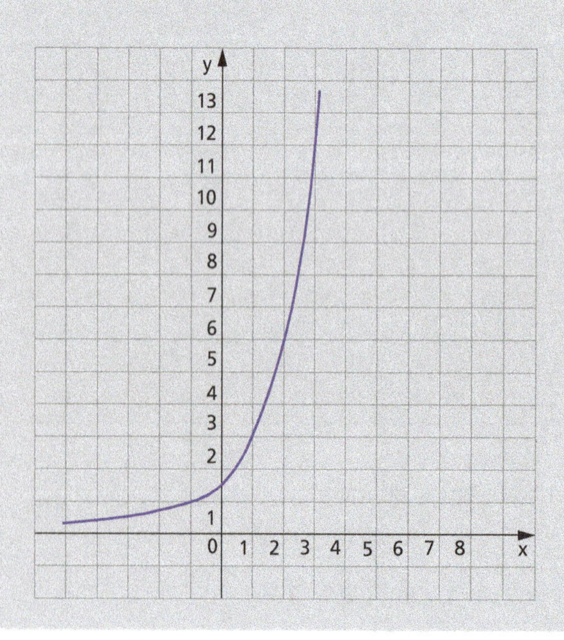

69. Construa os gráficos das funções em $\mathbb{R}$ definidas por:

a) $f(x) = \frac{1}{2} \cdot 3^x$

b) $f(x) = 0{,}1 \cdot 2^{2x-3}$

c) $f(x) = \frac{1}{5} \cdot 3^{2x-1}$

d) $f(x) = 3 \cdot 2^{\frac{x+1}{2}}$

V. Equações exponenciais

34. Definição

Equações exponenciais são equações com incógnita no expoente.

Exemplos:

$$2^x = 64, (\sqrt{3})^x = \sqrt[3]{81}, 4^x - 2^x = 2$$

Existem dois métodos fundamentais para resolução das equações exponenciais.

Faremos neste capítulo a apresentação do primeiro método; o segundo será apresentado quando do estudo de logaritmos.

35. Método da redução a uma base comum

Este método, como o próprio nome já diz, será aplicado quando ambos os membros da equação, com as transformações convenientes baseadas nas propriedades de potências, forem redutíveis a potências de mesma base *a* ($0 < a \neq 1$). Pelo fato de a função exponencial $f(x) = a^x$ ser injetora, podemos concluir que potências iguais e de mesma base têm os expoentes iguais, isto é:

$$a^b = a^c \Leftrightarrow b = c \ (0 < a \neq 1)$$

EXERCÍCIOS

70. Resolva as seguintes equações exponenciais:

a) $2^x = 64$

b) $8^x = \frac{1}{32}$

c) $(\sqrt{3})^x = \sqrt[3]{81}$

Solução

a) $2^x = 64 \Leftrightarrow 2^x = 2^6 \Leftrightarrow x = 6$
$S = \{6\}$

b) $8^x = \frac{1}{32} \Leftrightarrow (2^3)^x = \frac{1}{2^5} \Leftrightarrow 2^{3x} = 2^{-5} \Leftrightarrow 3x = -5 \Leftrightarrow x = -\frac{5}{3}$
$S = \left\{-\frac{5}{3}\right\}$

c) $(\sqrt{3})^x = \sqrt[3]{81} \Leftrightarrow \left(3^{\frac{1}{2}}\right)^x = \sqrt[3]{3^4} \Leftrightarrow 3^{\frac{x}{2}} = 3^{\frac{4}{3}} \Leftrightarrow \frac{x}{2} = \frac{4}{3} \Leftrightarrow x = \frac{8}{3}$
$S = \left\{\frac{8}{3}\right\}$

71. Resolva as seguintes equações exponenciais:

a) $2^x = 128$
b) $3^x = 243$
c) $2^x = \frac{1}{16}$
d) $\left(\frac{1}{5}\right)^x = 125$
e) $(\sqrt[3]{2})^x = 8$
f) $(\sqrt[4]{3})^x = \sqrt[3]{9}$
g) $9^x = 27$
h) $4^x = \frac{1}{8}$
i) $\left(\frac{1}{125}\right)^x = 25$
j) $(\sqrt[5]{4})^x = \frac{1}{\sqrt{8}}$
k) $100^x = 0{,}001$
l) $8^x = 0{,}25$
m) $125^x = 0{,}04$
n) $\left(\frac{2}{3}\right)^x = 2{,}25$

72. Resolva as seguintes equações exponenciais:

a) $2^{3x-1} = 32$
b) $7^{4x+3} = 49$
c) $11^{2x+5} = 1$
d) $2^{x^2-x-16} = 16$
e) $3^{x^2+2x} = 243$
f) $5^{2x^2+3x-2} = 1$
g) $81^{1-3x} = 27$
h) $7^{3x+4} = 49^{2x-3}$
i) $5^{3x-1} = \left(\frac{1}{25}\right)^{2x+3}$
j) $(\sqrt{2})^{3x-1} = (\sqrt[3]{16})^{2x-1}$
k) $8^{2x+1} = \sqrt[3]{4^{x-1}}$
l) $4^{x^2-1} = 8^x$
m) $27^{x^2+1} = 9^{5x}$
n) $8^{x^2-x} = 4^{x+1}$

73. Resolva a equação $4^{x^2+4x} = 4^{12}$.

74. Determine os valores de x que satisfazem a equação $100 \cdot 10^x = \sqrt[x]{1000^5}$.

75. Resolva as equações exponenciais abaixo:

a) $(2^x)^{x-1} = 4$

b) $3^{2x-1} \cdot 9^{3x+4} = 27^{x+1}$

c) $\sqrt{5^{x-2}} \cdot \sqrt[x]{25^{2x-5}} - \sqrt[2x]{5^{3x-2}} = 0$

Solução

a) $(2^x)^{x-1} = 4 \Leftrightarrow 2^{x^2-x} = 2^2 \Leftrightarrow x^2 - x = 2 \Leftrightarrow x = 2$ ou $x = -1$
$S = \{2, -1\}$

b) $3^{2x-1} \cdot 9^{3x+4} = 27^{x+1} \Leftrightarrow 3^{2x-1} \cdot (3^2)^{3x+4} = (3^3)^{x+1} \Leftrightarrow 3^{2x-1} \cdot 3^{6x+8} = 3^{3x+3} \Leftrightarrow$

$\Leftrightarrow 3^{8x+7} = 3^{3x+3} \Leftrightarrow 8x + 7 = 3x + 3 \Leftrightarrow x = -\frac{4}{5}$

$S = \left\{-\frac{4}{5}\right\}$

c) $\sqrt{5^{x-2}} \cdot \sqrt[x]{25^{2x-5}} = \sqrt[2x]{5^{3x-2}} \Leftrightarrow 5^{\frac{x-2}{2}} \cdot (5^2)^{\frac{2x-5}{x}} = 5^{\frac{3x-2}{2x}} \Leftrightarrow 5^{\frac{x-2}{2} + \frac{4x-10}{x}} =$

$= 5^{\frac{3x-2}{2x}} \Leftrightarrow \frac{x-2}{2} + \frac{4x-10}{x} = \frac{3x-2}{2x} \Leftrightarrow x^2 + 3x - 18 = 0 \Leftrightarrow$

$\Leftrightarrow x = 3$ ou $x = -6$ (não serve, pois $x > 0$)

$S = \{3\}$

76. Resolva as seguintes equações exponenciais:

a) $(2^x)^{x+4} = 32$

b) $(9^{x+1})^{x-1} = 3^{x^2+x+4}$

c) $2^{3x-1} \cdot 4^{2x+3} = 8^{3-x}$

d) $(3^{2x-7})^3 : 9^{x+1} = (3^{3x-1})^4$

e) $2^{3x+2} : 8^{2x-7} = 4^{x-1}$

f) $\frac{3^{x+2} \cdot 9^x}{243^{5x+1}} = \frac{81^{2x}}{27^{3-4x}}$

g) $\sqrt[x+4]{2^{3x-8}} = 2^{x-5}$

h) $8^{3x} = \sqrt[3]{32^x} : 4^{x-1}$

i) $\sqrt[x-1]{\sqrt[3]{2^{3x-1}}} - \sqrt[3x-7]{8^{x-3}} = 0$

j) $\sqrt{8^{x-1}} \cdot \sqrt[x+1]{4^{2x-3}} = \sqrt[6]{2^{5x+3}}$

77. Determine os valores de x que satisfazem a equação $(4^{3-x})^{2-x} = 1$.

78. Resolva a equação exponencial: $2^{x-1} + 2^x + 2^{x+1} - 2^{x+2} + 2^{x+3} = 120$.

Solução

Resolvemos colocando 2^{x-1} em evidência:

$2^{x-1} + 2^x + 2^{x+1} - 2^{x+2} + 2^{x+3} = 120 \Leftrightarrow 2^{x-1}(1 + 2 + 2^2 - 2^3 + 2^4) =$
$= 120 \Leftrightarrow 2^{x-1} \cdot 15 = 120 \Leftrightarrow 2^{x-1} = 8 \Leftrightarrow 2^{x-1} = 2^3 \Leftrightarrow x - 1 = 3 \Leftrightarrow x = 4,$

$S = \{4\}$

79. Resolva as seguintes equações exponenciais:

a) $3^{x-1} - 3^x + 3^{x+1} + 3^{x+2} = 306$

b) $5^{x-2} - 5^x + 5^{x+1} = 505$

c) $2^{3x} + 2^{3x+1} + 2^{3x+2} + 2^{3x+3} = 240$

d) $5^{4x-1} - 5^{4x} - 5^{4x+1} + 5^{4x+2} = 480$

e) $3 \cdot 2^x - 5 \cdot 2^{x+1} + 5 \cdot 2^{x+3} - 2^{x+5} = 2$

f) $2 \cdot 4^{x+2} - 5 \cdot 4^{x+1} - 3 \cdot 2^{2x+1} - 4^x = 20$

80. Resolva as seguintes equações exponenciais:

a) $4^x - 2^x = 56$

b) $4^{x+1} - 9 \cdot 2^x + 2 = 0$

Solução

a) $4^x - 2^x = 56 \Leftrightarrow (2^2)^x - 2^x - 56 = 0 \Leftrightarrow (2^x)^2 - 2^x - 56 = 0$
Empregando uma incógnita auxiliar, isto é, fazendo $2^x = y$, temos:
$y^2 - y - 56 = 0 \Leftrightarrow y = 8$ ou $y = -7$
Observemos que $y = -7$ não convém, pois $y = 2^x > 0$.
De $y = 8$, temos: $2^x = 8 \Leftrightarrow 2^x = 2^3 \Leftrightarrow x = 3$.
$S = \{3\}$

b) $4^{x+1} - 9 \cdot 2^x + 2 = 0 \Leftrightarrow 4 \cdot 4^x - 9 \cdot 2^x + 2 = 0 \Leftrightarrow 4 \cdot (2^x)^2 - 9 \cdot 2^x + 2 = 0$
Fazendo $2^x = y$, temos:
$4y^2 - 9y + 2 = 0 \Leftrightarrow y = 2$ ou $y = \frac{1}{4}$
mas $y = 2^x$, então:
$2^x = 2 \Leftrightarrow x = 1$ ou $2^x = \frac{1}{4} \Leftrightarrow x = -2$
$S = \{1, -2\}$

81. Resolva as seguintes equações exponenciais:

a) $4^x - 2^x - 2 = 0$
b) $9^x + 3^x = 90$
c) $4^x - 20 \cdot 2^x + 64 = 0$
d) $4^x + 4 = 5 \cdot 2^x$
e) $9^x + 3^{x+1} = 4$
f) $5^{2x} + 5^x + 6 = 0$
g) $2^{2x} + 2^{x+1} = 80$
h) $10^{2x-1} - 11 \cdot 10^{x-1} + 1 = 0$
i) $4^{x+1} + 4^{3-x} = 257$
j) $5 \cdot 2^{2x} - 4^{2x-\frac{1}{2}} - 8 = 0$

82. Resolva a equação $25^{\sqrt{x}} - 124 \cdot 5^{\sqrt{x}} = 125$.

83. Calcule o produto das soluções da equação $4^{x^2+2} - 3 \cdot 2^{x^2+3} = 160$.

84. Resolva as seguintes equações exponenciais:

a) $3^x - \dfrac{15}{3^{x-1}} + 3^{x-3} = \dfrac{23}{3^{x-2}}$

b) $2^{x+1} + 2^{x-2} - \dfrac{3}{2^{x-1}} = \dfrac{30}{2^x}$

c) $16^{2x+3} - 16^{2x+1} = 2^{8x+12} - 2^{6x+5}$

85. Resolva a equação exponencial:

$$3^{\left(x^2+\frac{1}{x^2}\right)} = \frac{81}{3^{\left(x+\frac{1}{x}\right)}}$$

86. Determine o número de soluções distintas da equação $2^x - 2^{-x} = k$, para *k* real.

87. Resolva a equação exponencial:

$$\frac{3^x + 3^{-x}}{3^x - 3^{-x}} = 2$$

88. Resolva a equação exponencial:

$$4^x - 3^{x-\frac{1}{2}} = 3^{x+\frac{1}{2}} - 2^{2x-1}$$

89. Resolva a equação:

$$3^{x-1} - \frac{5}{3^{x+1}} = 4 \cdot 3^{1-3x}$$

90. Resolva a equação:

$$8^x - 3 \cdot 4^x - 3 \cdot 2^{x+1} + 8 = 0$$

91. Resolva as equações em $\mathbb{R}_+$:

a) $x^{x^2-5x+6} = 1$

b) $x^{2x^2-7x+4} = x$

Solução

a) Devemos examinar inicialmente se 0 ou 1 são soluções da equação.
Substituindo $x = 0$ na equação proposta, temos:

$$0^6 = 1 \text{ (falso)}$$

Logo, 0 não é solução.
Substituindo $x = 1$ na equação, temos:

$$1^2 = 1 \text{ (verdadeiro)}$$

Logo, 1 é solução da equação.
Supondo agora $0 < x \neq 1$, temos:
$x^{x^2-5x+6} = 1 \Rightarrow x^2 - 5x + 6 = 0 \Rightarrow x = 2$ ou $x = 3$
Os valores $x = 2$ ou $x = 3$ são soluções, pois satisfazem a condição $0 < x \neq 1$.
$S = \{1, 2, 3\}$

b) Examinemos inicialmente se 0 ou 1 são soluções da equação proposta:

$$0^4 = 0 \text{ (verdadeiro)} \Rightarrow x = 0 \text{ é solução}$$
$$1^{-1} = 1 \text{ (verdadeiro)} \Rightarrow x = 1 \text{ é solução}$$

Supondo $0 < x \neq 1$, temos:
$x^{2x^2-7x+4} = x \Rightarrow 2x^2 - 7x + 4 = 1 \Rightarrow 2x^2 - 7x + 3 = 0 \Rightarrow x = 3$ ou $x = \frac{1}{2}$
Os valores $x = 3$ ou $x = \frac{1}{2}$ são soluções, pois satisfazem a condição $0 < x \neq 1$.

$$S = \left\{0, 1, 3, \frac{1}{2}\right\}$$

92. Resolva as equações em $\mathbb{R}_+$:

a) $x^{2-3x} = 1$

b) $x^{2x+5} = 1$

c) $x^{x^2-2} = 1$

d) $x^{x^2-7x+12} = 1$

e) $x^{x^2-3x-4} = 1$

93. Resolva as equações em $\mathbb{R}_+$:

a) $x^x = x$

b) $x^{x+1} = x$

c) $x^{4-2x} = x$

d) $x^{2x^2-5x+3} = x$

e) $x^{x^2-2x-7} = x$

94. Resolva em $\mathbb{R}$ a equação $(x^2 - x + 1)^{(2x^2-3x-2)} = 1$.

95. Determine, em $\mathbb{R}_+$, o conjunto solução da equação $x^{x^3-8} = 1$.

96. Determine o número de soluções de $2^x = x^2$.

Sugestão: Faça os gráficos de $f(x) = x^2$ e $g(x) = 2^x$.

Observe que $2^{100} > 100^2$.

97. Resolva em $\mathbb{R}_+$ a equação $x^{2x} - (x^2 + x)\, x^x + x^3 = 0$.

98. Resolva a equação $4^x + 6^x = 2 \cdot 9^x$.

Solução

Dividindo por 9^x, temos:

$$4^x + 6^x = 2 \cdot 9^x \Leftrightarrow \frac{4^x}{9^x} + \frac{6^x}{9^x} = 2 \Leftrightarrow \left(\frac{4}{9}\right)^x + \left(\frac{6}{9}\right)^x - 2 = 0 \Leftrightarrow \left(\frac{2}{3}\right)^{2x} + \left(\frac{2}{3}\right)^x - 2 = 0$$

Fazendo $\left(\frac{2}{3}\right)^x = y$, temos:

$$y^2 + y - 2 = 0 \Leftrightarrow \begin{cases} y = 1 \\ \text{ou} \\ y = -2 \text{ (não convém)} \end{cases}$$

mas $y = \left(\frac{2}{3}\right)^x$, então:

$$\left(\frac{2}{3}\right)^x = 1 \Leftrightarrow x = 0$$

$S = \{0\}$

99. Resolva as equações:

a) $4^x + 2 \cdot 14^x = 3 \cdot 49^x$

b) $2^{2x+2} - 6^x - 2 \cdot 3^{2x+2} = 0$

100. Resolva os seguintes sistemas de equações:

a) $\begin{cases} 4^x = 16y \\ 2^{x+1} = 4y \end{cases}$

b) $\begin{cases} 2^{2(x^2-y)} = 100 \cdot 5^{2(y-x^2)} \\ x + y = 5 \end{cases}$

c) $\begin{cases} 2^x - 2^y = 24 \\ x + y = 8 \end{cases}$

d) $\begin{cases} 3^x - 2^{(y^2)} = 77 \\ 3^{\frac{x}{2}} - 2^{\left(\frac{y^2}{2}\right)} = 7 \end{cases}$

101. Se $\begin{cases} 3^{x+y} = 1 \\ 2^{x+2y} = 2 \end{cases}$, calcule o valor de $x - y$.

102. Calcule o produto das soluções das equações:

$$\begin{cases} 2^x \cdot 3^y = 108 \\ 4^x \cdot 2^y = 128 \end{cases}$$

103. Resolva o sistema de equações:

$$\begin{cases} x^{y^2-15y+56} = 1 \\ y - x = 5 \end{cases}$$

104. Resolva os sistemas de equações para $x \in \mathbb{R}_+$ e $y \in \mathbb{R}_+$.

a) $\begin{cases} x^{x+y} = y^{x-y} \\ x^2y = 1 \end{cases}$

b) $\begin{cases} x^y = y^x \\ x^3 = y^2 \end{cases}$

105. Resolva o sistema de equações para $x > 0$ e $y > 0$, sendo $m \cdot n > 0$:

$$\begin{cases} x^y = y^x \\ x^m = y^n \end{cases}$$

106. Para que valores reais de *m* a equação $4^x - (m - 2) \cdot 2^x + 2m + 1 = 0$ admite pelo menos uma raiz real?

Solução

Fazendo $2^x = y$, temos:

$$y^2 - (m - 2)\,y + (2m + 1) = 0$$

Lembrando que a equação exponencial admitirá pelo menos uma raiz real se existir $y = 2^x > 0$, a equação acima deverá ter pelo menos uma raiz real e positiva.

Sendo $f(y) = y^2 - (m - 2)\,y + (2m + 1)$, temos:

a) as duas raízes são positivas:

$$y_1 \geqslant y_2 > 0 \Rightarrow \Delta \geqslant 0, \frac{S}{2} > 0 \text{ e } a \cdot f(0) > 0$$

$$\Delta \geqslant 0 \Leftrightarrow \Delta = m^2 - 12m \geqslant 0 \Rightarrow m \leqslant 0 \text{ ou } m \geqslant 12 \quad (1)$$

$$\frac{S}{2} > 0 \Rightarrow \frac{S}{2} = \frac{m-2}{2} > 0 \Rightarrow m > 2 \quad (2)$$

$$a \cdot f(0) > 0 \Rightarrow a \cdot f(0) = 2m + 1 > 0 \Rightarrow m > -\frac{1}{2} \quad (3)$$

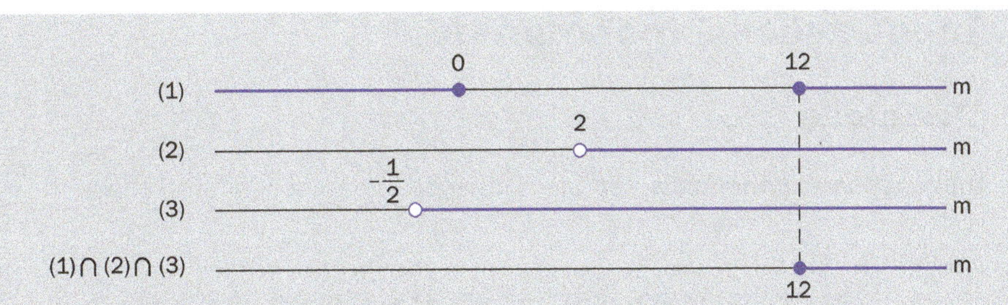

$S_1 = \{m \in \mathbb{R} \mid m \geqslant 12\}$

b) somente uma raiz é positiva:

$$y_1 > 0 \geqslant y_2 \Rightarrow \begin{cases} y_1 > 0 > y_2 \Rightarrow a \cdot f(0) = 2m + 1 < 0 \Rightarrow m < -\frac{1}{2} \Rightarrow \\ \Rightarrow S_2 = \left\{m \in \mathbb{R} \mid m < -\frac{1}{2}\right\} \\ y_1 > 0 \text{ e } y_2 = 0 \Rightarrow S = m - 2 > 0 \text{ e} \\ f(0) = 2m + 1 = 0 \Rightarrow m > 2 \text{ e } m = -\frac{1}{2} \Rightarrow S_3 = \varnothing \end{cases}$$

O conjunto dos valores de *m*, para que a equação exponencial proposta admita pelo menos uma raiz real, é:

$$S = S_1 \cup S_2 \cup S_3 = \left\{m \in \mathbb{R} \mid m < -\frac{1}{2} \text{ ou } m \geqslant 12\right\}$$

107. Determine *m* real para que as equações abaixo admitam pelo menos uma raiz real.

a) $3^{2x} - (2m + 3) \cdot 3^x + (m + 3) = 0$

b) $2^{2x+1} - (2m - 3) \cdot 2^{x+1} + (7 - 2m) = 0$

c) $m \cdot 9^x - (2m + 1) 3^x + (m - 1) = 0$

108. Determine *m* real para que a equação $m (2^x - 1)^2 - 2^x (2^x - 1) + 1 = 0$ admita pelo menos uma raiz real.

109. Para que valores reais de *m* a equação $2^x + 2^{-x} = m$ admite pelo menos uma raiz real?

110. Para que valores reais de *m* a equação $\frac{a^x + a^{-x}}{a^x - a^{-x}} = m$, com $0 < a \neq 1$, admite raiz real?

111. Mostre que a equação $a^{2x} - (m + 1) a^x + (m - 1) = 0$, com $0 < a \neq 1$, admite pelo menos uma raiz real, qualquer que seja *m* real.

VI. Inequações exponenciais

36. Definição

Inequações exponenciais são as inequações com incógnita no expoente.

Exemplos:

$$2^x > 32, \ (\sqrt{5})^x = \sqrt[3]{25}, \ 4^x - 2 > 2^x$$

Assim como em equações exponenciais, existem dois métodos fundamentais para resolução das inequações exponenciais.

Do mesmo modo usado no estudo de equações exponenciais, faremos neste capítulo a apresentação do primeiro método; o segundo será visto no estudo de logaritmos.

37. Método da redução a uma base comum

Este método será aplicado quando ambos os membros da inequação puderem ser representados como potências de mesma base a ($0 < a \neq 1$).

Lembremos que a função exponencial $f(x) = a^x$ é crescente, se $a > 1$, ou decrescente, se $0 < a < 1$; portanto:

> Se *b* e *c* são números reais, então:
> para $a > 1$ tem-se $a^b > a^c \Leftrightarrow b > c$
> para $0 < a < 1$ tem-se $a^b > a^c \Leftrightarrow b < c$

EXERCÍCIOS

112. Classifique em verdadeira (V) ou falsa (F) as seguintes sentenças:

a) $3^{2,7} > 1$

b) $\left(\dfrac{4}{5}\right)^{-1,5} > 1$

c) $(0,3)^{0,2} > 1$

d) $\left(\dfrac{7}{5}\right)^{-0,32} < 1$

e) $\pi^{\sqrt{2}} > 1$

f) $e^{-\sqrt{3}} > 1$

113. Classifique em verdadeira (V) ou falsa (F) as seguintes sentenças:

a) $2^{1,3} > 2^{1,2}$

b) $(0,5)^{1,4} > (0,5)^{1,3}$

c) $\left(\dfrac{2}{3}\right)^{-2,3} > \left(\dfrac{2}{3}\right)^{-1,7}$

d) $\left(\dfrac{5}{4}\right)^{3,1} < \left(\dfrac{5}{4}\right)^{2,5}$

e) $(\sqrt{2})^{\sqrt{3}} < (\sqrt{2})^{\sqrt{2}}$

f) $(0,11)^{-3,4} < (0,11)^{4,2}$

g) $e^{2,7} > e^{2,4}$

h) $\left(\dfrac{1}{\pi}\right)^{4,3} < \left(\dfrac{1}{\pi}\right)^{-1,5}$

i) $(\sqrt[3]{3})^{\frac{3}{4}} > (\sqrt[3]{3})^{\frac{2}{3}}$

j) $\left(\dfrac{3}{\sqrt{2}}\right)^{-\frac{3}{5}} < \left(\dfrac{3}{\sqrt{2}}\right)^{-\frac{5}{7}}$

114. Classifique em verdadeira (V) ou falsa (F) as seguintes sentenças:

a) $2^{0,4} > 4^{0,3}$

b) $8^{1,2} > 4^{1,5}$

c) $9^{3,4} < 3^{2,3}$

d) $\left(\dfrac{1}{\sqrt{2}}\right)^{5,4} < \left(\dfrac{1}{8}\right)^{1,6}$

e) $(\sqrt[3]{3})^{-0,5} < 27^{-0,1}$

f) $(\sqrt{8})^{-1,2} > (\sqrt[3]{4})^{2,1}$

g) $8^{-1,2} > 0,25^{2,2}$

h) $\left(\dfrac{2}{3}\right)^{2,5} < (2,25)^{-1,2}$

115. Resolva as seguintes inequações exponenciais:

a) $2^x > 128$

b) $\left(\dfrac{3}{5}\right)^x \geqslant \dfrac{125}{27}$

c) $(\sqrt[3]{2})^x < \sqrt[4]{8}$

Solução

a) $2^x > 128 \Leftrightarrow 2^x > 2^7$

Como a base é maior que 1, vem $x > 7$.

$S = \{x \in \mathbb{R} \mid x > 7\}$

b) $\left(\dfrac{3}{5}\right)^x \geqslant \dfrac{125}{27} \Leftrightarrow \left(\dfrac{3}{5}\right)^x \geqslant \left(\dfrac{3}{5}\right)^{-3}$

Como a base está compreendida entre 0 e 1, temos $x \leqslant -3$.

$S = \{x \in \mathbb{R} \mid x \leqslant -3\}$

c) $(\sqrt[3]{2})^x < \sqrt[4]{8} \Leftrightarrow 2^{\frac{x}{3}} < 2^{\frac{3}{4}}$

Como a base é maior que 1, temos: $\dfrac{x}{3} < \dfrac{3}{4} \Leftrightarrow x < \dfrac{9}{4}$.

$S = \left\{x \in \mathbb{R} \mid x < \dfrac{9}{4}\right\}$

116. Resolva as seguintes inequações exponenciais:

a) $2^x < 32$

b) $\left(\frac{1}{3}\right)^x > \frac{1}{81}$

c) $3^x < \frac{1}{27}$

d) $\left(\frac{1}{5}\right)^x \geqslant 125$

e) $(\sqrt[3]{3})^x \leqslant \frac{1}{9}$

f) $(\sqrt{2})^x > \frac{1}{\sqrt[3]{16}}$

g) $4^x \geqslant 8$

h) $\left(\frac{1}{9}\right)^x \leqslant 243$

i) $(\sqrt[5]{25})^x < \frac{1}{\sqrt[4]{125}}$

j) $(0{,}01)^x \leqslant \frac{1}{\sqrt{1000}}$

k) $(0{,}008)^x > \sqrt[3]{25}$

l) $0{,}16^x > \sqrt[5]{15{,}625}$

117. Resolva as seguintes inequações exponenciais:

a) $3^{2x+3} > 243$

b) $2^{5x-1} \geqslant 8$

c) $(0{,}1)^{3-4x} < 0{,}0001$

d) $7^{5x-6} < 1$

e) $(0{,}42)^{1-2x} \geqslant 1$

f) $3^{x^2-5x+6} > 9$

g) $2^{x^2-x} \leqslant 64$

h) $(0{,}3)^{x^2-2x-8} \geqslant 1$

i) $4^{x^2+1} \leqslant 32^{1-x}$

j) $27^{x^2-3} > 9$

k) $(0{,}01)^{2x^2+1} \geqslant (0{,}001)^{3x}$

l) $8^{3x^2-5x} > \frac{1}{16}$

m) $\left(\frac{1}{8}\right)^{x^2-1} < \left(\frac{1}{32}\right)^{2x+1}$

n) $(\sqrt{0{,}7})^{x^2+1} \geqslant (\sqrt[3]{0{,}7})^{2x+1}$

118. Resolva, em $\mathbb{R}$, a inequação $\left(\frac{1}{2}\right)^{x^2+5x+1} \geqslant \frac{1}{2}$.

119. Resolva as seguintes inequações exponenciais:

a) $8 < 2^x < 32$

b) $0{,}0001 < (0{,}1)^x < 0{,}01$

c) $\frac{1}{27} < 3^x < 81$

d) $\frac{1}{8} \leqslant 4^x \leqslant 32$

e) $\frac{8}{27} < \left(\frac{4}{9}\right)^x < \frac{3}{2}$

f) $0{,}1 < 100^x < 1\,000$

g) $4 < 8^{|x|} < 32$

h) $25 < 125^{2x-1} < 125$

i) $(0{,}3)^{x-5} \leqslant (0{,}09)^{2x+3} \leqslant (0{,}3)^{x+6}$

j) $1 \leqslant 7^{x^2-4x+3} \leqslant 343$

k) $3^{x^2-3} < 3^{x^2-5x+6} < 9$

120. Resolva as seguintes inequações exponenciais:

a) $(3^x)^{2x-7} > \dfrac{1}{27}$

b) $\left(\dfrac{1}{2^x}\right)^{3x+1} \cdot 4^{1+2x-x^2} \geqslant \left(\dfrac{1}{8}\right)^{x-1}$

c) $7^{\frac{x+1}{x-1}} : 7^{\frac{x-1}{x+1}} < \sqrt{343}$

Solução

a) $(3^x)^{2x-7} > \dfrac{1}{27} \Leftrightarrow 3^{2x^2-7x} > 3^{-3} \Leftrightarrow 2x^2 - 7x > -3 \Leftrightarrow 2x^2 - 7x + 3 > 0 \Leftrightarrow$

$\Leftrightarrow x < \dfrac{1}{2}$ ou $x > 3$

$S = \left\{x \in \mathbb{R} \mid x < \dfrac{1}{2} \text{ ou } x > 3\right\}$

b) $\left(\dfrac{1}{2^x}\right)^{3x+1} \cdot 4^{1+2x-x^2} \geqslant \left(\dfrac{1}{8}\right)^{x-1} \Leftrightarrow \left[\left(\dfrac{1}{2}\right)^x\right]^{3x+1} \cdot \left[\left(\dfrac{1}{2}\right)^{-2}\right]^{1+2x-x^2} \geqslant$

$\geqslant \left[\left(\dfrac{1}{2}\right)^3\right]^{x-1} \Leftrightarrow \left(\dfrac{1}{2}\right)^{3x^2+x} \cdot \left(\dfrac{1}{2}\right)^{-2-4x+2x^2} \geqslant \left(\dfrac{1}{2}\right)^{3x-3} \Leftrightarrow$

$\Leftrightarrow \left(\dfrac{1}{2}\right)^{5x^2-3x-2} \geqslant \left(\dfrac{1}{2}\right)^{3x-3} \Leftrightarrow 5x^2 - 3x - 2 \leqslant 3x - 3 \Leftrightarrow$

$\Leftrightarrow 5x^2 - 6x + 1 \leqslant 0 \Leftrightarrow \dfrac{1}{5} \leqslant x \leqslant 1$

$S = \left\{x \in \mathbb{R} \mid \dfrac{1}{5} \leqslant x \leqslant 1\right\}$

c) $7^{\frac{x+1}{x-1}} : 7^{\frac{x-1}{x+1}} < \sqrt{343} \Leftrightarrow 7^{\frac{x+1}{x-1}} : 7^{\frac{x-1}{x+1}} < 7^{\frac{3}{2}} \Leftrightarrow 7^{\frac{x+1}{x-1} - \frac{x-1}{x+1}} < 7^{\frac{3}{2}} \Leftrightarrow$

$\Leftrightarrow \dfrac{x+1}{x-1} - \dfrac{x-1}{x+1} < \dfrac{3}{2} \Leftrightarrow$

$\Leftrightarrow \dfrac{x+1}{x-1} - \dfrac{x-1}{x+1} - \dfrac{3}{2} < 0 \Leftrightarrow$

$\Leftrightarrow \dfrac{-3^{x^2} + 8x + 3}{2(x+1)(x-1)} < 0$

		-1		$-\frac{1}{3}$		1		3	
$-3x^2 + 8x + 3$	$-$		$-$		$+$		$+$		$-$
$x + 1$	$-$		$+$		$+$		$+$		$+$
$x - 1$	$-$		$-$		$-$		$+$		$+$
$\dfrac{-3x^2 + 8x + 3}{2(x + 1)(x - 1)}$	$-$		$+$		$-$		$+$		$-$

$$S = \left\{x \in \mathbb{R} \mid x < -1 \text{ ou } -\frac{1}{3} < x < 1 \text{ ou } x > 3\right\}$$

121. Resolva as inequações exponenciais:

a) $(2^{x+1})^{2x-3} < 128$

b) $(27^{x-2})^{x+1} \geqslant (9^{x+1})^{x-3}$

c) $\left(\dfrac{2}{3}\right)^{3x-2} \cdot \left(\dfrac{4}{9}\right)^{2x+1} \leqslant \left(\dfrac{8}{27}\right)^{x-3}$

d) $25^{3-4x} : 125^{2-x} > 5^{3x+1}$

e) $\dfrac{0{,}04^{3x+2} \cdot 25^{1-4x}}{0{,}008^{3-x} \cdot 125^{4-3x}} > 1$

f) $2^{\frac{2x-3}{x-1}} : 32^{\frac{1}{x+1}} > 4$

g) $(0{,}1)^{\frac{1}{x+1}} \cdot (0{,}01)^{\frac{1}{x+3}} < (0{,}001)^{\frac{1}{x+2}}$

h) $\left(\dfrac{3}{2}\right)^{\frac{1}{x-1}} : \left(\dfrac{3}{2}\right)^{\frac{1}{x+2}} \leqslant \left[\left(\dfrac{27}{8}\right)^{\frac{1}{x+3}}\right]^{\frac{1}{x}}$

122. Resolva a inequação:

$$2^x - 2^{x+1} - 2^{x+2} - 2^{x+3} + 2^{x+4} < \frac{3}{4}$$

Solução

$2^x - 2^{x+1} - 2^{x+2} - 2^{x+3} + 2^{x+4} < \dfrac{3}{4} \Leftrightarrow 2^x(1 - 2 - 2^2 - 2^3 + 2^4) < \dfrac{3}{4} \Leftrightarrow$

$\Leftrightarrow 2^x \cdot 3 < \dfrac{3}{4} \Leftrightarrow 2^x < 2^{-2} \Leftrightarrow x < -2$

$S = \{x \in \mathbb{R} \mid x < -2\}$

123. Resolva as seguintes inequações exponenciais:

a) $2^{x-1} + 2^x + 2^{x+1} - 2^{x+2} + 2^{x+3} > 240$
b) $3^{x+5} - 3^{x+4} + 3^{x+3} - 3^{x+2} < 540$
c) $4^{x+1} - 2^{2x+1} + 4^x - 2^{2x-1} - 4^{x-1} \geqslant 144$
d) $3^{2x+1} - 9^x - 3^{2x-1} - 9^{x-1} \leqslant 42$
e) $3 \cdot 2^{2x+5} - 9 \cdot 2^{2x+3} - 5 \cdot 4^{x+1} + 7 \cdot 2^{2x+1} - 3 \cdot 4^x < 60$
f) $3^{x^2} + 5 \cdot 3^{x^2+1} + 2 \cdot 3^{x^2+2} - 4 \cdot 3^{x^2+3} + 3^{x^2+4} < 63$

124. Resolva as seguintes inequações:

a) $3^{2x+2} - 3^{x+3} > 3^x - 3$
b) $2^x - 1 > 2^{1-x}$
c) $4^{x+\frac{1}{2}} + 5 \cdot 2^x + 2 > 0$

Solução

a) $3^{2x+2} - 3^{x+3} > 3^x - 3 \Leftrightarrow 3^{2x} \cdot 3^2 - 3^x \cdot 3^3 - 3^x + 3 > 0 \Leftrightarrow$
$\Leftrightarrow 9\,(3^x)^2 - 28 \cdot 3^x + 3 > 0$
Fazendo $3^x = y$, temos:
$9y^2 - 28y + 3 > 0 \Leftrightarrow y < \frac{1}{9}$ ou $y > 3$; mas $y = 3^x$, logo:
$3^x < \frac{1}{9}$ ou $3^x > 3 \Leftrightarrow 3^x < 3^{-2}$ ou $3^x > 3 \Leftrightarrow x < -2$ ou $x > 1$
$S = \{x \in \mathbb{R} \mid x < -2 \text{ ou } x > 1\}$

b) $2^x - 1 > 2^{1-x} \Leftrightarrow 2^x - 1 > \frac{2}{2^x} \Leftrightarrow 2^x(2^x - 1) > 2 \Leftrightarrow (2^x)^2 - 2^x - 2 > 0$
Fazendo $2^x = y$, temos:
$y^2 - y - 2 > 0 \Leftrightarrow y < -1$ ou $y > 2$
Mas $2^x = y$, logo: $2^x < -1$ ou $2^x > 2$
Lembrando que $2^x > 0, \forall\, x \in \mathbb{R}$, temos:
$2^x > 2 \Leftrightarrow x > 1$
$S = \{x \in \mathbb{R} \mid x > 1\}$

c) $4^{x+\frac{1}{2}} + 5 \cdot 2^x + 2 > 0 \Leftrightarrow 4^x \cdot 4^{\frac{1}{2}} + 5 \cdot 2^x + 2 > 0 \Leftrightarrow$
$\Leftrightarrow 2 \cdot (2^x)^2 + 5 \cdot 2^x + 2 > 0$
Fazendo $2^x = y$, temos:
$2y^2 + 5y + 2 > 0 \Leftrightarrow y < -2$ ou $y > -\frac{1}{2}$; mas $y = 2^x$, logo:
$2^x < -2$ ou $2^x > -\frac{1}{2}$

Lembrando que $2^x > 0$, $\forall\, x \in \mathbb{R}$, temos:

$2^x > -\dfrac{1}{2}, \forall x \in \mathbb{R}$

$S = \mathbb{R}$

125. Resolva as seguintes inequações:

a) $4^x - 6 \cdot 2^x + 8 < 0$

b) $9^x - 4 \cdot 3^{x+1} + 27 > 0$

c) $5^{2x+1} - 26 \cdot 5^x + 5 \leqslant 0$

d) $2^{2x} - 2^{x+1} - 8 \leqslant 0$

e) $3^{2x} - 3^{x+1} > 3^x - 3$

f) $2^x (2^x + 1) < 2$

g) $25^x + 6 \cdot 5^x + 5 > 0$

h) $3^x (3^x + 6) < 3 (2 \cdot 3^{x-1} - 3)$

i) $2^{x+3} + 2^{-x} < 6$

j) $3 (3^x - 1) \geqslant 1 - 3^{-x}$

k) $4^{x+\frac{3}{2}} - 2^{x+2} \geqslant 2^{x+1} - 1$

l) $e^{2x} - e^{x+1} - e^x + e < 0$

126. Determine o conjunto solução da inequação $2^{2x+2} - 0{,}75 \cdot 2^{x+2} < 1$.

127. Resolva a inequação $2^{x+5} + 3^x < 3^{x+2} + 2^{x+2} + 2^x$.

128. Determine o conjunto de todos os números reais *x* para os quais $\dfrac{e^x + 1}{1 - x^2} < 0$.

129. Resolva a inequação $x^{2x^2-9x+4} < 1$ em $\mathbb{R}_+$.

Solução

1º) Verificamos se 0 ou 1 são soluções:

$$\left.\begin{array}{l} x = 0 \Rightarrow 0^4 < 1 \quad (V) \\ x = 1 \Rightarrow 1^{-3} < 1 \quad (F) \end{array}\right\} \Rightarrow S_1 = \{0\}$$

2º) Supomos $0 < x < 1$ e resolvemos:

$$x^{2x^2-9x+4} < x^0 \Rightarrow 2x^2 - 9x + 4 > 0 \Rightarrow x < \frac{1}{2} \text{ ou } x > 4$$

Lembrando que $0 < x < 1$, vem $S_2 = \left\{x \in \mathbb{R} \mid 0 < x < \dfrac{1}{2}\right\}$.

3º) Supomos $x > 1$ e resolvemos:

$$2^{2x^2-9x+4} < x^0 \Rightarrow 2x^2 - 9x + 4 < 0 \Rightarrow \frac{1}{2} < x < 4$$

Lembrando que $x > 1$, vem $S_3 = \{x \in \mathbb{R} \mid 1 < x < 4\}$.

A solução é $S = S_1 \cup S_2 \cup S_3 = \left\{x \in \mathbb{R} \mid 0 \leqslant x < \dfrac{1}{2} \text{ ou } 1 < x < 4\right\}$.

130. Resolva em $\mathbb{R}_+$ as inequações:

a) $x^{5x-2} > 1$
b) $x^{4x-3} < 1$
c) $x^{2x^2+x-1} < 1$
d) $x^{2x^2-5x-3} > 1$
e) $x^{3x^2-7x+2} \leqslant 1$
f) $x^{4x^2-11x+6} \geqslant 1$

131. Resolva em $\mathbb{R}$ a inequação $|x|^{3x^2-4x-4} > 1$.

132. Resolva em $\mathbb{R}_+$ as inequações:

a) $x^{2x+4} < x$
b) $x^{4x-1} \geqslant x$
c) $x^{4x^2-17x+5} < x$
d) $x^{5x^2-11x+3} > x$
e) $x^{x^2-5x+7} \leqslant x$

133. Resolva em $\mathbb{R}_+$ as inequações:

a) $x^{x^2} > x^{2x}$
b) $x^2 < x^{x^2-7x+8}$
c) $x^{x^2-x-2} \geqslant x^4$

LEITURA

Os logaritmos segundo Napier

Hygino H. Domingues

Certamente não era nada confortável uma viagem de Londres a Edimburgo no distante ano de 1615. Em veículos puxados a cavalos, por estradas esburacadas e poeirentas, o percurso parecia interminável. Mas, para o eminente professor Henry Briggs (1556-1630), que ocupava no Gresham College de Londres a primeira cátedra de Matemática criada na Inglaterra, valia a pena o sacrifício. Afinal, ia conhecer John Napier (1550-1617), que no ano anterior tornara pública uma invenção sua que sacudira a Matemática da época: os logaritmos.

O nobre escocês John Napier, Barão de Murchiston, ao contrário de Briggs, não era um matemático profissional. Além de administrar suas grandes propriedades, dedicava-se a escrever sobre vários assuntos. Às vezes sem conseguir se livrar dos preconceitos da época, como num trabalho de 1593 em que procurava mostrar que o papa era o anticristo e que o Criador pretendia dar fim ao mundo entre 1688 e 1700. Às vezes como um visionário iluminado, como quando previu os submarinos e os tanques de guerra, por exemplo. Às vezes com a ponderação de um autêntico cientista, como no caso dos logaritmos, em cuja criação trabalhou cerca de 20 anos.

O termo *logaritmo* foi criado por Napier: de *logos* e *arithmos*, que significam, respectivamente, "razão" e "número". E a obra em que, no ano de 1614, apresentou essa sua descoberta recebeu o título de *Mirifice logarithmorum canonis descriptio* (ou seja, "Uma descrição da maravilhosa regra dos logaritmos"). Nela Napier explica a natureza dos logaritmos, segundo sua concepção, e fornece uma tábua de logaritmos dos senos de 0° a 90°, de minuto em minuto. A razão de aplicar sua ideia à trigonometria se deveu ao fato de que o objetivo principal dessa tábua era facilitar os longos e penosos cálculos que navegadores e astrônomos enfrentavam diuturnamente.

Em linguagem moderna, Napier concebeu seus logaritmos assim: imaginemos os pontos C e F percorrendo o segmento de reta $\overline{AB}$, cuja medida é dada por 10^7, e uma semirreta de origem D, paralela ao segmento, partindo ao mesmo tempo e com a mesma velocidade a partir de A e D, respectivamente. Napier definiu y como logaritmo de x, se a velocidade de F se manter constante e a de C passar a ser igual à medida de $\overline{CB}$ (ver figura acima). Embora estranha, porque não envolve potências e expoentes, essa definição está ligada à definição moderna. De fato, considerando-se o número

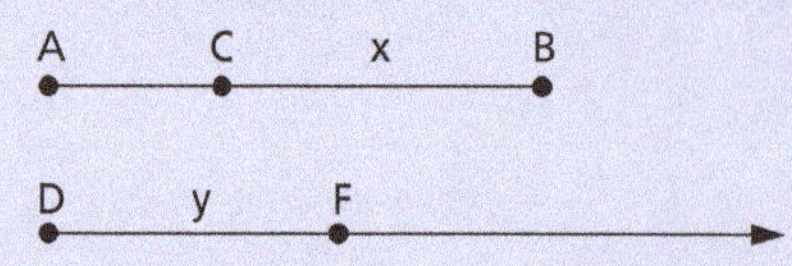

$e = 1 + \frac{1}{1!} + \frac{1}{2!} + \frac{1}{3!} + ... = 2{,}7182818284...$, pode-se provar que

$y = 10^7 \cdot \log_{\frac{1}{e}}\left(\frac{x}{10^7}\right)$.

Napier também estava ansioso por conhecer Briggs, a ponto de se decepcionar com o atraso de sua chegada, achando que não viria. Consta que ao se verem ficaram vários minutos sem conseguir articular nenhuma palavra. Durante o mês que Briggs passou em Edimburgo, certamente o assunto dominante de suas conversas com Napier foram os logaritmos. E acabaram concordando que uma tábua de logaritmos de base 10 seria mais útil. Mas Napier não viveria para levar a termo esse trabalho — Briggs e outros o fariam.

MARY EVANS/DIOMEDIA

John Napier (1550-1617).

Considerando as prioridades da época, Briggs e Napier acertaram nessa opção. Mas, com o advento das calculadoras manuais e dos computadores, as tábuas de logaritmos perderam sua utilidade. Hoje, o que importa especialmente são certas propriedades funcionais da **função logaritmo** e de sua inversa, a **função exponencial**. E nesse sentido deve-se privilegiar, isto sim, a base e = 2,7182...

CAPÍTULO III

Logaritmos

I. Conceito de logaritmo

38. Lembremos que no estudo de equações e inequações exponenciais, feito anteriormente, só tratamos dos casos em que podíamos reduzir as potências à mesma base.

Se queremos resolver a equacão $2^x = 3$, sabemos que x assume um valor entre 1 e 2, pois $2^1 < 2^x = 3 < 2^2$, mas com os conhecimentos adquiridos até aqui não sabemos qual é esse valor nem o processo para determiná-lo.

A fim de que possamos resolver esse e outros problemas, vamos iniciar neste capítulo o estudo de logaritmos.

39. Definição

Sendo a e b números reais e positivos, com $a \neq 1$, chama-se **logaritmo** de b na base a o expoente que se deve dar à base a de modo que a potência obtida seja igual a b.

Em símbolos: se $a, b \in \mathbb{R}$, $0 < a \neq 1$ e $b > 0$, então:

$$\log_a b = x \Leftrightarrow a^x = b$$

Em $\log_a b = x$, dizemos:

a é a **base** do logaritmo, b é o **logaritmando** e x é o **logaritmo**.

40. Exemplos:

1º) $\log_2 8 = 3$, pois $2^3 = 8$

2º) $\log_3 \frac{1}{9} = -2$, pois $3^{-2} = \frac{1}{9}$

3º) $\log_5 5 = 1$, pois $5^1 = 5$

4º) $\log_7 1 = 0$, pois $7^0 = 1$

5º) $\log_4 8 = \frac{3}{2}$, pois $4^{\frac{3}{2}} = \left(2^2\right)^{\frac{3}{2}} = 2^3 = 8$

6º) $\log_{0,2} 25 = -2$, pois $(0,2)^{-2} = \left(\frac{1}{5}\right)^{-2} = 5^2 = 25$

Com as restrições impostas ($a, b \in \mathbb{R}$, $0 < a \neq 1$ e $b > 0$), dados *a* e *b*, existe um único $x = \log_a b$.

A operação pela qual se determina o logaritmo de *b* ($b \in \mathbb{R}$ e $b > 0$) numa dada base *a* ($a \in \mathbb{R}$ e $0 < a \neq 1$) é chamada **logaritmação** e o resultado dessa operação é o **logaritmo**.

II. Antilogaritmo

41. Definição

Sejam *a* e *b* números reais positivos com $a \neq 1$; se o logaritmo de *b* na base *a* é *x*, então *b* é o **antilogaritmo** de *x* na base *a*.

Em símbolos, se $a, b \in \mathbb{R}$, $0 < a \neq 1$ e $b > 0$, então:

$$\log_a b = x \Leftrightarrow b = \text{antilog}_a\, x$$

Exemplos:

1º) $\text{antilog}_3 2 = 9$, pois $\log_3 9 = 2$

2º) $\text{antilog}_{\frac{1}{2}} 3 = \frac{1}{8}$, pois $\log_{\frac{1}{2}} \frac{1}{8} = 3$

3º) $\text{antilog}_2 (-2) = \frac{1}{4}$, pois $\log_2 \frac{1}{4} = -2$

EXERCÍCIOS

134. Calcule pela definição os seguintes logaritmos:

a) $\log_2 \frac{1}{8}$ b) $\log_8 4$ c) $\log_{0,25} 32$

Solução

a) $\log_2 \frac{1}{8} = x \Rightarrow 2^x = \frac{1}{8} \Rightarrow 2^x = 2^{-3} \Rightarrow x = -3$

b) $\log_8 4 = x \Rightarrow 8^x = 4 \Rightarrow 2^{3x} = 2^2 \Rightarrow 3x = 2 \Rightarrow x = \frac{2}{3}$

c) $\log_{0,25} 32 = x \Rightarrow (0,25)^x = 32 \Rightarrow \left(\frac{1}{4}\right)^x = 32 \Rightarrow 2^{-2x} = 2^5 \Rightarrow -2x = 5 \Rightarrow x = -\frac{5}{2}$

135. Calcule pela definição os seguintes logaritmos:

a) $\log_4 16$ e) $\log_7 \frac{1}{7}$ i) $\log_9 \frac{1}{27}$

b) $\log_3 \frac{1}{9}$ f) $\log_{27} 81$ j) $\log_{0,25} 8$

c) $\log_{81} 3$ g) $\log_{125} 25$ k) $\log_{25} 0,008$

d) $\log_{\frac{1}{2}} 8$ h) $\log_{\frac{1}{4}} 32$ l) $\log_{0,01} 0,001$

136. As indicações R_1 e R_2, na escala Richter, de dois terremotos estão relacionadas pela fórmula

$$R_1 - R_2 = \log_{10}\left(\frac{M_1}{M_2}\right)$$

em que M_1 e M_2 medem a energia liberada pelos terremotos sob a forma de ondas que se propagam pela crosta terrestre. Houve dois terremotos: um correspondente a $R_1 = 8$ e outro correspondente a $R_2 = 6$. Calcule a razão $\frac{M_1}{M_2}$.

137. Calcule pela definição os seguintes logaritmos:

a) $\log_2 \sqrt{2}$

b) $\log_{\sqrt[3]{7}} 49$

c) $\log_{100} \sqrt[3]{10}$

d) $\log_{\sqrt{8}} \sqrt{32}$

e) $\log_{\sqrt[3]{5}} \sqrt[4]{5}$

f) $\log_{\sqrt{27}} \sqrt[3]{9}$

g) $\log_{\frac{1}{\sqrt{3}}} \sqrt{27}$

h) $\log_{\sqrt[3]{4}} \dfrac{1}{\sqrt{8}}$

i) $\log_{\sqrt[4]{3}} \dfrac{1}{\sqrt[3]{3}}$

138. Determine o conjunto verdade da equação $\log_{\frac{3}{5}} \sqrt[3]{\dfrac{25}{9}} = x$.

139. Calcule a soma S nos seguintes casos:

a) $S = \log_{100} 0{,}001 + \log_{1,5} \dfrac{4}{9} - \log_{1,25} 0{,}64$

b) $S = \log_8 \sqrt{2} + \log_{\sqrt{2}} 8 - \log_{\sqrt{2}} \sqrt{8}$

c) $S = \log_{\sqrt[3]{9}} \sqrt{\dfrac{1}{27}} - \log_{\sqrt[3]{0,5}} \sqrt{8} + \log_{\sqrt[3]{100}} \sqrt[6]{0{,}1}$

140. Calcule o valor de S:

$$S = \log_4 (\log_3 9) + \log_2 (\log_{81} 3) + \log_{0,8} (\log_{16} 32)$$

141. Calcule:

a) $\text{antilog}_3 4$

b) $\text{antilog}_{16} \dfrac{1}{2}$

c) $\text{antilog}_3 -2$

d) $\text{antilog}_{\frac{1}{2}} -4$

142. Determine o valor de x na equação $y = 2^{\log_3 (x+4)}$ para que y seja igual a 8.

III. Consequências da definição

42. Decorrem da definição de logaritmos as seguintes propriedades para $0 < a \neq 1, b > 0$.

1ª) "O logaritmo da unidade em qualquer base é igual a 0."

$$\log_a 1 = 0$$

2ª) "O logaritmo da base em qualquer base é igual a 1."

$$\log_a a = 1$$

3ª) "A potência de base *a* e expoente $\log_a b$ é igual a *b*."

$$a^{\log_a b} = b$$

A justificação dessa propriedade está no fato de que o logaritmo de *b* na base *a* é o expoente que se deve dar à base *a* para a potência obtida ficar igual a *b*.

4ª) "Dois logaritmos em uma mesma base são iguais se, e somente se, os logaritmandos forem iguais."

$$\log_a b = \log_a c \Leftrightarrow b = c$$

Demonstração:

$$\log_a b = \log_a c \underset{\text{de logaritmo)}}{\overset{\text{(definição}}{\Leftrightarrow}} a^{\log_a c} = b \underset{\text{consequência)}}{\overset{\text{(terceira}}{\Leftrightarrow}} c = b$$

EXERCÍCIOS

143. Calcule o valor de:

a) $8^{\log_2 5}$

b) $3^{1+\log_3 4}$

Solução

a) $8^{\log_2 5} = (2^3)^{\log_2 5} = (2^{\log_2 5})^3 = 5^3 = 125$

b) $3^{1+\log_3 4} = 3^1 \cdot 3^{\log_3 4} = 3 \cdot 4 = 12$

144. Calcule o valor de:

a) $3^{\log_3 2}$

b) $4^{\log_2 3}$

c) $5^{\log_{25} 2}$

d) $8^{\log_4 5}$

e) $2^{1+\log_2 5}$

f) $3^{2-\log_3 6}$

g) $8^{1+\log_2 3}$

h) $9^{2-\log_3 \sqrt{2}}$

145. Calcule:

a) $\text{antilog}_2 (\log_2 3)$

b) $\text{antilog}_3 (\log_3 5)$

146. Se $A = 5^{\log_{25} 2}$, determine o valor de A^3.

147. Determine o valor de A tal que $4^{\log_2 A} + 2A - 2 = 0$.

IV. Sistemas de logaritmos

43. Chamamos de **sistema de logaritmos** de base *a* o conjunto de todos os logaritmos dos números reais positivos em uma base *a* ($0 < a \neq 1$). Por exemplo, o conjunto formado por todos os logaritmos de base 2 dos números reais e positivos é o sistema de logaritmos na base 2.

Entre a infinidade de valores que pode assumir a base e, portanto, entre a infinidade de sistemas de logaritmos, existem dois sistemas de logaritmos particularmente importantes:

a) **sistema de logaritmos decimais** — é o sistema de base 10, também chamado sistema de logaritmos vulgares ou de Briggs, referência a Henry Briggs, matemático inglês (1556-1630), quem primeiro destacou a vantagem dos logaritmos de base 10, tendo publicado a primeira tábua (tabela) dos logaritmos de 1 a 1000 em 1617.

Indicaremos o logaritmo decimal pela notação $\log_{10} x$ ou simplesmente $\log x$.

b) **sistema de logaritmos neperianos** — é o sistema de base e ($e = 2{,}71828...$ número irracional), também chamado de sistema de logaritmos naturais. O nome *neperiano* vem de John Napier, matemático escocês (1550-1617), autor do primeiro trabalho publicado sobre a teoria dos logaritmos. O nome "natural" se deve ao fato de que no estudo dos fenômenos naturais geralmente aparece uma lei exponencial de base e.

Indicaremos o logaritmo neperiano pelas notações $\log_e x$ ou $\ell n\, x$. Em algumas publicações também encontramos as notações Lg x ou L x.

EXERCÍCIOS

148. Seja *x* o número cujo logaritmo na base $\sqrt[3]{9}$ é igual a 0,75. Determine o valor de $x^2 - 1$.

149. O logaritmo de um número na base 16 é $\frac{2}{3}$. Calcule o logaritmo desse número na base $\frac{1}{4}$.

150. Determine o número cujo logaritmo na base *a* é 4 e na base $\frac{a}{3}$ é 8.

151. Calcule o logaritmo de 144 no sistema de base $2\sqrt{3}$.

152. Determine a base do sistema de logaritmos no qual o logaritmo de $\sqrt{2}$ vale -1.

V. Propriedades dos logaritmos

Vejamos agora as propriedades que tornam vantajoso o emprego de logaritmos nos cálculos.

44. 1ª) Logaritmo do produto

"Em qualquer base *a* ($0 < a \neq 1$), o logaritmo do produto de dois fatores reais positivos é igual à soma dos logaritmos dos fatores."

Em símbolos:

$$\text{Se } 0 < a \neq 1,\ b > 0 \text{ e } c > 0, \text{ então}$$
$$\log_a (b \cdot c) = \log_a b + \log_a c.$$

Demonstração:

Fazendo $\log_a b = x$, $\log_a c = y$ e $\log_a (b \cdot c) = z$, provemos que $z = x + y$.

De fato:

$$\left.\begin{array}{lll} \log_a b = x & \Rightarrow & a^x = b \\ \log_a c = y & \Rightarrow & a^y = c \\ \log_a (b \cdot c) & \Rightarrow & a^z = b \cdot c \end{array}\right\} \Rightarrow a^z = a^x \cdot a^y \Rightarrow a^z = a^{x+y} \Rightarrow z = x + y$$

45. Observações

1ª) Esta propriedade pode ser estendida para o caso do logaritmo do produto de *n* ($n \geqslant 2$) fatores reais e positivos, isto é:

Se $0 < a \neq 1$ e $b_1, b_2, b_3, ..., b_n \in \mathbb{R}_+^*$, então:

$$\log_a (b_1 \cdot b_2 \cdot b_3 \cdot ... \cdot b_n) = \log_a b_1 + \log_a b_2 + \log_a b_3 + ... + \log_a b_n$$

Demonstração:

Faremos a demonstração por indução sobre *n*.

a) Para $n = 2$, é verdadeira, isto é:

$$\log_a (b_1 \cdot b_2) = \log_a b_1 + \log_a b_2$$

b) Suponhamos que a propriedade seja válida para $p \geqslant 2$ fatores, isto é:

Hipótese $\{\log_a (b_1 \cdot b_2 \cdot ... \cdot b_p) = \log_a b_1 + \log_a b_2 + ... + \log_a b_p$

e mostremos que a propriedade é válida para $(p + 1)$ fatores, isto é:

Tese $\{\log_a (b_1 \cdot b_2 \cdot ... \cdot b_p \cdot b_{p+1}) = \log_a b_1 + \log_a b_2 + ... + \log_a b_p + \log_a b_{p+1}$

Temos:

1º membro da tese $= \log_a (b_1 \cdot b_2 \cdot ... \cdot b_p \cdot b_{p+1}) =$

$= \log_a [(b_1 \cdot b_2 \cdot ... \cdot b_p) \cdot b_{p+1}] = \log_a (b_1 \cdot b_2 \cdot ... \cdot b_p) + \log_a b_{p+1} =$

$= \log_a b_1 + \log_a b_2 + ... + \log_a b_p + \log_a b_{p+1} =$ 2º membro da tese

2ª) Devemos observar que, se $b > 0$ e $c > 0$, então $b \cdot c > 0$ e vale a identidade

$$\log_a (b \cdot c) = \log_a b + \log_a c \quad \text{com} \quad 0 < a \neq 1$$

mas, se soubermos apenas $b \cdot c > 0$, então teremos:

$$\log_a (b \cdot c) = \log_a |b| + \log_a |c| \quad \text{com} \quad 0 < a \neq 1$$

Exemplos:

1º) $\log_5 (3 \cdot 4) = \log_5 3 + \log_5 4$

2º) $\log_4 (2 \cdot 3 \cdot 5) = \log_4 2 + \log_4 3 + \log_4 5$

3º) $\log_6 3 \cdot (-4) \cdot (-5) = \log_6 3 + \log_6 |-4| + \log_6 |-5|$

4º) Se $x > 0$, então $\log_2 [x \cdot (x + 1)] = \log_2 x + \log_2 (x + 1)$.

5º) $\log_3 [x \cdot (x - 2)] = \log_3 x + \log_3 (x - 2)$ se, e somente se, $x > 0$ e $x - 2 > 0$, isto é, $x > 2$.

46. 2ª) Logaritmo do quociente

"Em qualquer base *a* ($0 < a \neq 1$), o logaritmo do quociente de dois números reais positivos é igual à diferença entre o logaritmo do dividendo e o logaritmo do divisor."

Em símbolos:

> Se $0 < a \neq 1$, $b > 0$ e $c > 0$, então
> $$\log_a\left(\frac{b}{c}\right) = \log_a b - \log_a c.$$

Demonstração:

Fazendo $\log_a b = x$, $\log_a c = y$ e $\log_a\left(\frac{b}{c}\right) = z$, mostremos que $z = x - y$.

De fato:

$$\left.\begin{array}{lcl}\log_a b = x & \Rightarrow & a^x = b \\ \log_a c = y & \Rightarrow & a^y = c \\ \log_a\left(\frac{b}{c}\right) = z & \Rightarrow & a^z = \frac{b}{c}\end{array}\right\} \Rightarrow a^z = \frac{a^x}{a^y} \Rightarrow a^z = a^{x-y} \Rightarrow z = x - y$$

47. Observações

1ª) Fazendo $b = 1$, escrevemos:

$$\log_a \frac{1}{c} = \log_a 1 - \log_a c \Rightarrow \log_a \frac{1}{c} = -\log_a c$$

2ª) Se $b > 0$ e $c > 0$, então $\frac{b}{c} > 0$ e vale a identidade:

$$\log_a\left(\frac{b}{c}\right) = \log_a b - \log_a c \quad \text{com } 0 < a \neq 1$$

mas, se soubermos apenas que $\frac{b}{c} > 0$, então teremos:

$$\log_a\left(\frac{b}{c}\right) = \log_a |b| - \log_a |c| \quad \text{com } 0 < a \neq 1$$

Exemplos:

1º) $\log_5 \left(\frac{2}{3}\right) = \log_5 2 - \log_5 3$

2º) $\log \left(\frac{2 \cdot 3}{5}\right) = \log (2 \cdot 3) - \log 5 = \log 2 + \log 3 - \log 5$

3º) $\log \left(\frac{2}{3 \cdot 5}\right) = \log 2 - \log (3 \cdot 5) = \log 2 - [\log 3 + \log 5] =$

$= \log 2 - \log 3 - \log 5$

4º) Se $x > 0$, então $\log_2 \left(\frac{x}{x + 1}\right) = \log_2 x - \log_2 (x + 1)$.

5º) $\log_3 \frac{x + 1}{x - 1} = \log_3 (x + 1) - \log_3 (x - 1)$ se, e somente se, $x + 1 > 0$ e $x - 1 > 0$, isto é, $x > 1$.

48. Cologaritmo

Chama-se **cologaritmo** de um número *b* ($b \in \mathbb{R}$ e $b > 0$), numa base *a* ($a \in \mathbb{R}$ e $0 < a \neq 1$), o oposto do logaritmo de *b* na base *a*.

Em símbolos:

Se $0 < a \neq 1$, e $b > 0$, então

$\text{colog}_a\, b = -\log_a b$.

Considerando que $\log_a b = -\log_a \frac{1}{b}$, temos:

Se $0 < a \neq 1$ e $b > 0$, então

$\text{colog}_a\, b = \log_a \frac{1}{b}$.

Exemplos:

1º) $\text{colog}_2\, 5 = -\log_2 5 = \log_2 \frac{1}{5}$

2º) $\text{colog}_2\, \frac{1}{3} = -\log_2 \frac{1}{3} = \log_2 3$

3º) $\log\left(\frac{2}{3}\right) = \log 2 - \log 3 = \log 2 + \text{colog } 3$

4º) Se $x > 1$, então $\log_3 x - \log_3 (x - 1) = \log_3 x + \text{colog}_3 (x - 1)$.

49. 3ª) Logaritmo da potência

"Em qualquer base a $(0 < a \neq 1)$, o logaritmo de uma potência de base real positiva e expoente real é igual ao produto do expoente pelo logaritmo da base da potência."

Em símbolos:

$$\text{Se } 0 < a \neq 1,\ b > 0 \text{ e } \alpha \in \mathbb{R}, \text{ então}$$
$$\log_a b^\alpha = \alpha \cdot \log_a b.$$

Demonstração:

Fazendo $\log_a b = x$ e $\log_a b^\alpha = y$, provemos que $y = \alpha \cdot x$.

De fato:

$$\left.\begin{array}{l} \log_a b = x \Rightarrow a^x = b \\ \log_a b^\alpha = y \Rightarrow a^y = b^\alpha \end{array}\right\} \Rightarrow a^y = (a^x)^\alpha \Rightarrow a^y = a^{\alpha \cdot x} \Rightarrow y = \alpha \cdot x$$

50. Observações

1ª) Como corolário desta propriedade, decorre:

"Em qualquer base a $(0 < a \neq 1)$, o logaritmo da raiz enésima de um número real positivo é igual ao produto do inverso do índice da raiz pelo logaritmo do radicando."

Em símbolos:

$$\text{Se } 0 < a \neq 1 \text{ e } b > 0 \text{ e } \alpha \in \mathbb{N}^*, \text{ então}$$
$$\log_a \sqrt[n]{b} = \log_a b^{\frac{1}{n}} = \frac{1}{n} \log_a b.$$

2ª) Se $b > 0$, então $b^\alpha > 0$ para todo α real e vale a identidade:

$$\log_a b^\alpha = \alpha \cdot \log_a b$$

mas, se soubermos apenas que $b^\alpha > 0$, então teremos:

$$\log_a b^\alpha = \alpha \cdot \log_a |b|$$

Exemplos:

1º) $\log_3 2^5 = 5 \cdot \log_3 2$

2º) $\log_5 \sqrt[3]{2} = \log_5 2^{\frac{1}{3}} = \frac{1}{3} \cdot \log_5 2$

3º) $\log_2 \left(\frac{1}{3^4}\right) = \log_2 3^{-4} = -4 \cdot \log_2 3$

4º) $\log (x - 1)^4 = 4 \cdot \log (x - 1)$ se, e somente se, $x - 1 > 0$, isto é, $x > 1$.

5º) Se $x \neq 0$, então $\log x^2 = 2 \cdot \log |x|$.

51. As propriedades

1ª) $\log_a (b \cdot c) = \log_a b + \log_a c$

2ª) $\log_a \left(\frac{b}{c}\right) = \log_a b - \log_a c$

3ª) $\log_a b^\alpha = \alpha \cdot \log_a b$

válidas com as devidas restrições para *a*, *b* e *c* nos permitem obter o logaritmo de um produto, de um quociente ou de uma potência, conhecendo somente os logaritmos dos termos do produto, dos termos do quociente ou da base da potência.

Notemos a impossibilidade de obter o logaritmo de uma soma ou de uma diferença por meio de regras análogas às dadas. Assim, para encontrarmos

$$\log_a (b + c) \quad \text{e} \quad \log_a (b - c)$$

devemos, respectivamente, calcular inicialmente $(b + c)$ e $(b - c)$.

52. As expressões que envolvem somente as operações de multiplicação, divisão e potenciação são chamadas **expressões logarítmicas**, isto é, expressões que podem ser calculadas utilizando logaritmos, com as restrições já conhecidas. Assim, por exemplo, a expressão

$$A = \frac{a^\alpha \cdot \sqrt[n]{b}}{c^\beta}$$

em que *a*, *b* e $c \in \mathbb{R}_+^*$, $\alpha, \beta \in \mathbb{R}$ e $n \in \mathbb{N}^*$, pode ser calculada aplicando logaritmos:

$$A = \frac{a^{\alpha} \cdot \sqrt[n]{b}}{c^{\beta}} \Rightarrow \log A = \log \frac{a^{\alpha} \cdot \sqrt[n]{b}}{c^{\beta}} \Rightarrow \log A = \log (a^{\alpha} \cdot b^{\frac{1}{n}}) - \log c^{\beta} \Rightarrow$$

$$\Rightarrow \log A = \alpha \cdot \log a + \frac{1}{n} \log b - \beta \log c$$

Dispondo de uma tabela que dê log a, log b e log c (veja nas páginas 134 e 135), calculamos log A e, então, pela mesma tabela, obtemos A.

EXERCÍCIOS

153. Desenvolva, aplicando as propriedades dos logaritmos (*a*, *b* e *c* são reais positivos):

a) $\log_2 \left(\frac{2ab}{c}\right)$ b) $\log_3 \left(\frac{a^3b^2}{c^4}\right)$ c) $\log \left(\frac{a^3}{b^2\sqrt{c}}\right)$

Solução

a) $\log_2 \left(\frac{2ab}{c}\right) = \log_2 (2ab) - \log_2 c = \log_2 2 + \log_2 a + \log_2 b - \log_2 c =$
$= 1 + \log_2 a + \log_2 b - \log_2 c$

b) $\log_3 \left(\frac{a^3b^2}{c^4}\right) = \log_3 (a^3b^2) - \log_3 c^4 = \log_3 a^3 + \log_3 b^2 - \log_3 c^4 =$
$= 3 \log_3 a + 2 \log_3 b - 4 \log_3 c$

c) $\log \left(\frac{a^3}{b^2\sqrt{c}}\right) = \log a^3 - \log (b^2\sqrt{c}) = \log a^3 - (\log b^2 + \log c^{\frac{1}{2}}) =$
$= 3 \log a - 2 \log b - \frac{1}{2} \log c$

154. Desenvolva, aplicando as propriedades dos logaritmos (*a*, *b* e *c* são reais positivos):

a) $\log_5 \left(\frac{5a}{bc}\right)$

b) $\log_3 \left(\frac{ab^2}{c}\right)$

c) $\log_2 \left(\frac{a^2\sqrt{b}}{\sqrt[3]{c}}\right)$

d) $\log_3 \left(\frac{a \cdot b^3}{c \cdot \sqrt[3]{a^2}}\right)$

e) $\log \sqrt{\frac{ab^3}{c^2}}$

f) $\log \sqrt[3]{\frac{a}{b^2 \cdot \sqrt{c}}}$

g) $\log_2 \sqrt{\frac{4a\sqrt{ab}}{b\sqrt[3]{a^2b}}}$

h) $\log \left(\sqrt[3]{\frac{a^4\sqrt{ab}}{b^2\sqrt[3]{bc}}}\right)^2$

155. Se $m = \frac{b \cdot c}{d^2}$, determine log m.

156. Seja $x = \frac{\sqrt{a}}{bc}$. Calcule log x.

157. Desenvolva, aplicando as propriedades dos logaritmos ($a > b > c > 0$):

a) $\log_2 \frac{2a}{a^2 - b^2}$

b) $\log_3 \left(\frac{a^2\sqrt{bc}}{\sqrt[5]{(a+b)^3}}\right)$

c) $\log \left(c \cdot \sqrt[3]{\frac{a(a+b)^2}{\sqrt{b}}}\right)$

d) $\log \left(\frac{\sqrt[5]{a(a-b)^2}}{\sqrt{a^2+b^2}}\right)$

158. Qual é a expressão cujo desenvolvimento logarítmico é:

$1 + \log_2 a - \log_2 b - 2\log_2 c$ (*a*, *b* e *c* são reais positivos)?

Solução

$1 + \log_2 a - \log_2 b - 2\log_2 c = \log_2 2 + \log_2 a - (\log_2 b + 2\log_2 c) =$

$= \log_2 (2a) - \log_2 (b \cdot c^2) = \log_2 \left(\frac{2a}{b \cdot c^2}\right)$

A expressão é $\frac{2a}{bc^2}$.

159. Qual é a expressão cujo desenvolvimento logarítmico é dado abaixo (*a*, *b* e *c* são reais positivos)?

a) $\log_2 a + \log_2 b - \log_2 c$

b) $2\log a - \log b - 3\log c$

c) $2 - \log_3 a + 3\log_3 b - 2\log_3 c$

d) $\frac{1}{2}\log a - 2\log b - \frac{1}{3}\log c$

e) $\frac{1}{3}\log a - \frac{1}{2}\log c - \frac{3}{2}\log b$

f) $2 + \frac{1}{3}\log_2 a + \frac{1}{6}\log_2 b - \log_2 c$

g) $\frac{1}{4}(\log a - 3\log b - 2\log c)$

160. Qual é a expressão cujo desenvolvimento logarítmico é dado abaixo ($a > b > c > 0$)?

a) $1 + \log_2 (a + b) - \log_2 (a - b)$

b) $2 \log (a + b) - 3 \log a - \log (a - b)$

c) $\frac{1}{2} \log (a - b) + \log a - \log (a + b)$

d) $\frac{1}{2} \log (a^2 + b^2) - \left[\frac{1}{3} \log (a + b) - \log (a - b)\right]$

e) $\frac{3 \log (a - b) - 2 \log (a + b) + 4 \log b}{5}$

161. Se $\log x = \log b + 2 \log c - \frac{1}{3} \log a$, determine o valor de x.

162. Se $\log 2 = a$ e $\log 3 = b$, coloque em função de *a* e *b* os seguintes logaritmos decimais:

a) $\log 6$

b) $\log 4$

c) $\log 12$

d) $\log \sqrt{2}$

e) $\log 0{,}5$

f) $\log 20$

g) $\log 5$ $\left(\textbf{Sugestão}: 5 = \frac{10}{2}.\right)$

h) $\log 15$

163. O pH de uma solução é definido por $pH = \log_{10}\left(\frac{1}{H^+}\right)$, em que H^+ é a concentração de hidrogênio em íons-grama por litro de solução. Determine o pH de uma solução tal que $H^+ = 1{,}0 \cdot 10^{-8}$.

164. Sabendo que $\log 2 = 0{,}3010$, determine o valor da expressão $\log \frac{125}{\sqrt[5]{2}}$.

165. Se $\log_{10} 2 = 0{,}301$, calcule o valor da expressão $\log_{10} 20 + \log_{10} 40 + \log_{10} 800$.

166. Determine a razão entre os logaritmos de 16 e 4 numa base qualquer.

167. Se $\log a + \log b = p$, calcule o valor de $\log \frac{1}{a} + \log \frac{1}{b}$.

168. Se $\log_2 (a - b) = m$ e $(a + b) = 8$, determine $\log_2 (a^2 - b^2)$.

169. A soma dos logaritmos de dois números na base 9 é $\frac{1}{2}$. Determine o produto desses números.

170. Se $\log_a x = n$ e $\log_a y = 6n$, calcule $\log_a \sqrt[3]{x^2 y}$.

171. Sabe-se que $\log_m 2 = a$ e $\log_m 3 = b$. Calcule o valor de $\log_m \dfrac{64}{2{,}7} - \log_m 60$.

172. Sendo $\text{colog}_2 \dfrac{1}{32} = x$ e $\log_y 256 = 4$, determine o valor de $x + y$.

173. Sabendo que $\log 2 = 0{,}3010300$, quanto vale $\log 2^{20} = \log 1\,048\,576$?

174. Sendo $\log_{10} 2 \cong 0{,}3$, determine o menor número natural *n* que verifica a relação $2^n > 10^4$.

VI. Mudança de base

53. Há ocasiões em que logaritmos em bases diferentes precisam ser convertidos para uma única base conveniente.

Por exemplo:

1º) na aplicação das propriedades operatórias, os logaritmos devem estar todos numa mesma base.

2º) mais adiante (*) falaremos da tábua de logaritmos, uma tabela de valores que possibilita determinar o valor do logaritmo decimal de qualquer número real positivo. Se quisermos determinar o valor de um logaritmo não decimal, devemos antes transformá-lo em logaritmo decimal para depois procurar o valor na tabela.

Vejamos o processo que permite converter o logaritmo de um número positivo, em uma certa base, para outro em base conveniente.

54. Propriedade

Se *a*, *b* e *c* são números reais positivos e *a* e *c* diferentes de 1, então tem-se:

$$\log_a b = \frac{\log_c b}{\log_c a}$$

(*) Ver capítulo VII.

Demonstração:

Consideremos $\log_a b = x$, $\log_c b = y$ e $\log_c a = z$ e notemos que $z \neq 0$, pois $a \neq 1$.

Provemos que $x = \dfrac{y}{z}$.

De fato:

$$\left.\begin{array}{l} \log_a b = x \Rightarrow a^x = b \\ \log_c b = y \Rightarrow c^y = b \\ \log_c a = z \Rightarrow c^z = a \end{array}\right\} \Rightarrow (c^z)^x = a^x = b = c^y \Rightarrow zx = y \Rightarrow x = \frac{y}{z}$$

55. Exemplos:

1º) $\log_3 5$ convertido para a base 2 fica:

$$\log_3 5 = \frac{\log_2 5}{\log_2 3}$$

2º) $\log_2 7$ convertido para a base 10 fica:

$$\log_2 7 = \frac{\log_{10} 7}{\log_{10} 2}$$

3º) $\log_{100} 3$ convertido para a base 10 fica:

$$\log_{100} 3 = \frac{\log_{10} 3}{\log_{10} 100} = \frac{\log_{10} 3}{2} = \frac{1}{2} \log_{10} 3$$

56. Observação

A propriedade da mudança de base pode também ser assim apresentada: se *a*, *b* e *c* são números reais e positivos e *a* e *c* diferentes de 1, então tem-se:

$$\log_a b = \log_c b \cdot \log_a c$$

Demonstração:

A demonstração é simples, basta que passemos o $\log_c b$ para a base *a*:

$$\log_c b \cdot \log_a c = \frac{\log_a b}{\log_a c} \cdot \log_a c = \log_a b$$

57. Consequências

1ª) Se *a* e *b* são reais positivos e diferentes de 1, então tem-se:

$$\log_a b = \frac{1}{\log_b a}$$

Demonstração:

Convertendo $\log_a b$ para a base *b*, temos: $\log_a = \frac{\log_b b}{\log_b a} = \frac{1}{\log_b a}$.

2ª) Se *a* e *b* são reais positivos com *a* diferente de 1 e β é um real não nulo, então tem-se:

$$\log_{a^\beta} b = \frac{1}{\beta} \log_a b$$

Demonstração:

Devemos considerar dois casos:

1º caso:

Se b = 1, temos:

$$\left.\begin{array}{l} \log_a 1 = 0 \\ \log_{a^\beta} 1 = 0 \end{array}\right\} \Rightarrow \log_{a^\beta} 1 = \frac{1}{\beta} \log_a 1$$

2º caso:

Se b ≠ 1, temos:

$$\log_{a^\beta} b = \frac{1}{\log_b a^\beta} = \frac{1}{\beta} \cdot \frac{1}{\log_b a} = \frac{1}{\beta} \cdot \log_a b$$

Exemplos:

1º) $\log_8 3 = \log_{2^3} 3 = \frac{1}{3} \log_2 3$

2º) $\log_{\frac{1}{5}} 6 = \log_{5^{-1}} 6 = -\log_5 6$

3º) $\log_{\frac{1}{9}} 5 = \log_{3^{-2}} 5 = -\frac{1}{2} \log_3 5$

EXERCÍCIOS

175. Sabendo que $\log_{30} 3 = a$ e $\log_{30} 5 = b$, calcule $\log_{10} 2$.

Solução

Notando que $2 = \frac{30}{3 \cdot 5}$ e $10 = \frac{30}{3}$, temos:

$$\log_{10} 2 = \frac{\log_{30} 2}{\log_{30} 10} = \frac{\log_{30}\left(\frac{30}{3 \cdot 5}\right)}{\log_{30}\left(\frac{30}{3}\right)} = \frac{\log_{30} 30 - \log_{30} 3 - \log_{30} 5}{\log_{30} 30 - \log_{30} 3} =$$

$$= \frac{1 - a - b}{1 - a}$$

176. Sabendo que $\log_{20} 2 = a$ e $\log_{20} 3 = b$, calcule $\log_6 5$.

177. Se $\log_{ab} a = 4$, calcule $\log_{ab} \frac{\sqrt[3]{a}}{\sqrt{b}}$.

178. Se $\log_{12} 27 = a$, calcule $\log_6 16$.

179. Calcule o valor de $\log_{0,04} 125$.

180. Se $\log_2 m = k$, determine o valor de $\log_8 m$.

181. Dados $\log_{10} 2 = a$ e $\log_{10} 3 = b$, calcule $\log_9 20$.

182. Calcule o valor de $\log_3 5 \cdot \log_{25} 27$.

183. Se $m = \log_b a$, $m \neq 0$, calcule $\log_{\frac{1}{a}} b^2$.

184. Determine o valor de

$$\log_3 2 \cdot \log_4 3 \cdot \log_5 4 \cdot \log_6 5 \cdot \log_7 6 \cdot \log_8 7 \cdot \log_9 8 \cdot \log_{10} 9$$

185. Se $ab = 1$, calcule $\log_b \sqrt{a}$.

186. Sabendo que $\log_{14} 7 = a$ e $\log_{14} 5 = b$, calcule o valor de $\log_{35} 28$.

Sugestão: $28 = \frac{14^2}{7}$.

187. Calcule $A = \log_3 5 \cdot \log_4 27 \cdot \log_{25} \sqrt{2}$.

188. Simplifique $a^{\log_a b \cdot \log_b c \cdot \log_c d}$.

189. Simplifique $a^{\frac{\log(\log a)}{\log a}}$.

190. Demonstre que a relação entre os logaritmos de dois números positivos e diferentes de 1 independe da base considerada.

191. Se *a*, *b* e *c* são reais positivos com $a \neq 1$ e $ac \neq 1$, prove que:

$$\log_a b = (\log_{ac} b)(1 + \log_a c)$$

192. Se *a*, *b* e *c* são reais positivos, diferentes de 1, e $a = b \cdot c$, prove que:

$$\frac{1}{\log_a c} = 1 + \frac{1}{\log_b c}$$

193. Se *a*, *b* e *c* são reais positivos, diferentes de 1, e $a \cdot b \neq 1$, prove que:

$$\frac{\log_a c \cdot \log_b c}{(\log_{ab} c)^2} = \frac{(1 + \log_a b)^2}{\log_a b}$$

194. Se *a*, *b*, *c* e *d* são reais positivos, diferentes de 1, e $a \cdot b \neq 1$, prove que:

$$\log_a d \cdot \log_b d + \log_b d \cdot \log_c d + \log_c d \cdot \log_a d = \frac{\log_a d \cdot \log_b d \cdot \log_c d}{\log_{abc} d}$$

195. Se *a* e *b* são reais positivos, prove que: $a^{\log b} = b^{\log a}$.

196. Se *a*, *b*, *c* e *d* são reais positivos, *a* e *c* diferentes de 1, prove que:

$$\log_a b^{(\log_c d)} = \log_c d^{(\log_a b)}$$

197. Se $x = \log_c (ab)$, $y = \log_b (ac)$ e $z = \log_a (bc)$, prove que:

$$\frac{1}{x+1} + \frac{1}{y+1} + \frac{1}{z+1} = 1$$

198. Se *a*, *b*, *c* e *d* são reais positivos, diferentes de 1 e dois a dois distintos, prove a equivalência: $\dfrac{\log_a d}{\log_c d} = \dfrac{\log_a d - \log_b d}{\log_b d - \log_c d} \Leftrightarrow b^2 = ac$.

199. Se *a* e *b* são raízes da equação $x^2 - px + q = 0$ ($p > 0$ e $0 < q \neq 1$), demonstre que:

$$\log_q a^a + \log_q b^b + \log_q a^b + \log_q b^a = p$$

200. Se *a*, *b* e *c* são as medidas dos lados de um triângulo retângulo de hipotenusa de medida *a* e sabendo que $a - b \neq 1$ e $a + b \neq 1$, demonstre que:

$$\log_{a+b} c + \log_{a-b} c = 2 \log_{a+b} c \cdot \log_{a-b} c$$

201. Se *a*, *b* e *c* são reais positivos, prove a igualdade:

$$\left(\frac{a}{b}\right)^{\log c} \cdot \left(\frac{b}{c}\right)^{\log a} \cdot \left(\frac{c}{a}\right)^{\log b} = 1$$

202. Se $x = 10^{\frac{1}{1-\log z}}$ e $y = 10^{\frac{1}{1-\log x}}$, prove que: $z = 10^{\frac{1}{1-\log y}}$.

203. Se *a*, *b* e *c* são reais positivos, diferentes de 1, e $a^b \cdot b^a = c^b \cdot b^c = a^c \cdot c^a$, prove que:

$$\frac{a(b+c-a)}{\log a} = \frac{b(a+c-b)}{\log b} = \frac{c(a+b-c)}{\log c}$$

204. Se $0 < x \neq 1$, demonstre que:

$$\frac{1}{\log_x 2 \cdot \log_x 4} + \frac{1}{\log_x 4 \cdot \log_x 8} + \ldots + \frac{1}{\log_x 2^{n-1} \cdot \log_x 2^n} = \left(1 - \frac{1}{n}\right) \cdot \frac{1}{\log_x^2 2}$$

Sugestão: $\frac{1}{n(n-1)} = \frac{1}{n-1} - \frac{1}{n}$.

LEITURA

Lagrange: a grande pirâmide da Matemática

Hygino H. Domingues

Em 1766, quando Euler deixou o lugar de diretor da seção de Matemática da Academia de Berlim, Frederico, o Grande, foi convencido por D'Alembert de que o substituto ideal seria Joseph-Louis Lagrange (1736-1813). E Frederico, do alto de sua presunção, formulou um convite em que fazia constar que "o maior dos matemáticos deveria viver perto do maior dos reis". Esse "argumento" sem dúvida era muito fraco para convencer alguém tão modesto quanto Lagrange. Mas fatores de ordem científico-profissional devem ter pesado decisivamente e lá se foi Lagrange para a capital da Prússia, onde viveu por cerca de 20 anos, até a morte de Frederico. E durante esse período o monarca jamais teve dúvidas de que fizera a melhor escolha possível.

Lagrange nasceu em Turim, mas tinha ascendência francesa, além de italiana. Era o mais novo (e único sobrevivente) de uma prole de onze filhos. Seus pais, que eram ricos ao se casarem, perderam tudo e não deixaram bens ao filho — um fato que Lagrange serenamente assim comentou: "Se houvesse herdado uma fortuna, provavelmente não me teria dedicado à Matemática".

Mas a Matemática não foi a primeira predileção de Lagrange em seus estudos. Inicialmente inclinou-se para as línguas clássicas; depois, já na Universidade de Turim, seu interesse voltou-se para a Física; por fim, influenciado por um texto de E. Halley (1656-1742), cuja finalidade era pôr em evidência as vantagens do cálculo newtoniano, abraçou a Matemática, que tanto iria engrandecer. E já aos 18 anos de idade, mercê de seu talento e seu empenho, era indicado professor de Geometria da Escola Real de Artilharia de Turim. Por essa época começou a concorrer aos cobiçados prêmios bienais oferecidos pela Academia de Ciências de Paris. E levaria a palma em cinco, até 1788, com trabalhos de aplicação da Matemática à Astronomia.

Após a morte de Frederico, Lagrange fixou-se em Paris, a convite de Luís XVI. Pouco depois, um esgotamento nervoso roubou-lhe todo o interesse pela Matemática. Curiosamente, o tumulto da Revolução Francesa o tirou desse estado. E nos anos seguintes, em meio a tantas crises e reviravoltas, conseguiu manter-se sempre ativo e produtivo. E o fez com tanta dignidade que, a despeito de jamais ter feito concessões, ganhou o respeito das sucessivas facções que ocuparam o poder.

PHOTO RESEARCHERS/DIOMEDIA

Joseph-Louis Lagrange (1736-1813).

Lagrange deixou contribuições de monta em campos diversos, como a Álgebra, a Teoria dos números e a Análise. Neste último tentou algo praticamente impossível para a época: aclarar o conceito de derivada. E como sua abordagem foi essencialmente algébrica, visando contornar as ideias de "limite", segundo Newton, e "diferencial", segundo Leibniz, na época ainda mal alicerçadas, não poderia mesmo ter sucesso. Mas, apesar dos lapsos que cometeu, deu um passo à frente com seu enfoque abstrato. De seu esforço ficou, contudo, a ideia de **função derivada** e a notação correspondente f'(x), ainda em uso.

Entre as obras de Lagrange, a que mais marcou época foi sua *Mecânica analítica* (1788), na qual começou a pensar ainda em Turim e que, no dizer de Hamilton, é "uma espécie de poema científico". Em seu prefácio, Lagrange gaba-se de não usar um diagrama sequer no texto, salientando dessa forma o tratamento postulacional-analítico que deu ao assunto, considerando a Mecânica mais uma Geometria em quatro dimensões (a quarta dimensão é o tempo) do que um ramo das Ciências naturais. A **Mecânica analítica** é um coroamento da obra de Newton, de quem certa vez Lagrange disse: "foi o mais feliz dos homens, pois não há senão um Universo e coube a ele a honra de descobrir suas leis matemáticas".

Napoleão, que o nomeou senador, conde e grão-oficial da Legião de Honra, melhor do que ninguém soube sintetizar seu perfil científico: "Lagrange é a grande pirâmide da Matemática".

CAPÍTULO IV

Função logarítmica

I. Definição

58. Dado um número real *a* ($0 < a \neq 1$), chamamos **função logarítmica** de base *a* a função *f* de $\mathbb{R}_+^*$ em $\mathbb{R}$ que associa a cada *x* o número $\log_a x$.

Em símbolos:

$$f\colon \mathbb{R}_+^* \to \mathbb{R}$$
$$x \to \log_a x$$

Exemplos de funções logarítmicas em $\mathbb{R}_+^*$

a) $f(x) = \log_2 x$

b) $g(x) = \log_{\frac{1}{2}} x$

c) $h(x) = \log x$

d) $p(x) = \ell n\, x$

II. Propriedades

1ª) Se $0 < a \neq 1$, então as funções *f* de $\mathbb{R}_+^*$ em $\mathbb{R}$, definida por $f(x) = \log_a x$, e *g* de $\mathbb{R}$ em $\mathbb{R}_+^*$, definida por $g(x) = a^x$, são inversas uma da outra.

Demonstração:

Para provar esta propriedade, basta mostrarmos que $f \circ g = I_{\mathbb{R}}$ e $g \circ f = I_{\mathbb{R}_+^*}$.

De fato:

$(f \circ g)\,(x) = f(g(x)) = \log_a g(x) = \log_a a^x = x$ e

$(g \circ f)\,(x) = g(f(x)) = a^{f(x)} = a^{\log_a x} = x$

2ª) A função logarítmica $f(x) = \log_a x$ é crescente (decrescente) se, e somente se, $a > 1$ $(0 < a < 1)$.

Demonstração:

Provemos inicialmente a implicação
$a > 1 \Rightarrow (\forall x_2 \in \mathbb{R}_+^*, \forall x_1 \in \mathbb{R}_+^*, x_2 > x_1 \Rightarrow \log_a x_2 > \log_a x_1)$.

De fato:

Quaisquer que sejam x_1 e x_2 positivos e $x_2 > x_1$, tem-se pela terceira consequência da definição de logaritmos

$$a^{\log_a x_2} > a^{\log_a x_1}$$

e, agora, pelo teorema 2 (item 28), concluímos que:

$$\log_a x_2 > \log_a x_1$$

Provemos agora a implicação
$(\forall x_1 \in \mathbb{R}_+^*, \forall x_2 \in \mathbb{R}_+^*, \log_a x_2 > \log_a x_1 \Rightarrow x_2 > x_1) \Rightarrow a > 1$.

Considerando
$\log_a x_2 = y_2 \Rightarrow x_2 = a^{y_2}$ e
$\log_a x_1 = y_1 \Rightarrow x_1 = a^{y_1}$, temos:
$y_2 > y_1 \Rightarrow a^{y_2} > a^{y_1}$.

Pelo fato de a função exponencial ser crescente para base maior que 1, concluímos que $a > 1$.

A demonstração de que a função logarítmica é decrescente se, e somente se, a base é positiva e menor que 1 ficará como exercício.

59. Observações

1ª) Quando a base é maior que 1, a relação de desigualdade existente entre os logaritmos de dois números positivos tem o mesmo sentido que a relação entre esses números.

Exemplos:

1º) $4 > 2 \Rightarrow \log_2 4 > \log_2 2$
2º) $15 > 4 \Rightarrow \log_3 15 > \log_3 4$
3º) $\sqrt{5} < 7 \Rightarrow \log \sqrt{5} < \log 7$
4º) $0{,}42 < 6{,}3 \Rightarrow \log_7 0{,}42 < \log_7 6{,}3$
5º) $4 > 0{,}3 \Rightarrow \ell n\, 4 > \ell n\, 0{,}3$

2ª) Quando a base é positiva e menor que 1, a relação de desigualdade existente entre os logaritmos de dois números positivos é de sentido contrário à que existe entre esses números.

Exemplos:

1º) $8 > 2 \Rightarrow \log_{\frac{1}{2}} 8 < \log_{\frac{1}{2}} 2$

2º) $12 > 5 \Rightarrow \log_{\frac{1}{3}} 12 < \log_{\frac{1}{3}} 5$

3º) $\sqrt{3} < 7 \Rightarrow \log_{0,1} \sqrt{3} > \log_{0,1} 7$

4º) $0,3 < 2,4 \Rightarrow \log_{0,2} 0,3 > \log_{0,2} 2,4$

3ª) Se a base é maior que 1, então os números positivos menores que 1 têm logaritmos negativos e os números maiores que 1 têm logaritmos positivos.

De fato, se $a > 1$:

$0 < x < 1 \Rightarrow \log_a x < \log_a 1 \Rightarrow \log_a x < 0$

$x > 1 \Rightarrow \log_a x > \log_a 1 \Rightarrow \log_a x > 0$

Exemplos:

1º) $\log_2 0,25 < 0$

2º) $\log 0,02 < 0$

3º) $\log_2 32 > 0$

4º) $\log_3 \sqrt{5} > 0$

4ª) Se a base é positiva e menor que 1, então os números positivos menores que 1 têm logaritmos positivos e os números maiores que 1 têm logaritmos negativos.

De fato, se $0 < a < 1$:

$0 < x < 1 \Rightarrow \log_a x > \log_a 1 \Rightarrow \log_a x > 0$

$x > 1 \Rightarrow \log_a x < \log_a 1 \Rightarrow \log_a x < 0$

Exemplos:

1º) $\log_{0,5} 0,25 > 0$

2º) $\log_{0,1} 0,03 > 0$

3º) $\log_{0,5} 4 < 0$

4º) $\log_{0,2} \sqrt{3} < 0$

III. Imagem

Se $0 < a \neq 1$, então a função f de $\mathbb{R}_+^*$ em $\mathbb{R}$ definida por $f(x) = \log_a x$ admite a função inversa de g de $\mathbb{R}$ em $\mathbb{R}_+^*$ definida por $g(x) = a^x$. Logo, f é bijetora e, portanto, a imagem de f é:

$$\text{Im} = \mathbb{R}$$

IV. Gráfico

Com relação ao gráfico cartesiano da função $f(x) = \log_a x$ $(0 < a \neq 1)$, podemos dizer:

1º) está todo à direita do eixo y $(x > 0)$;

2º) corta o eixo x no ponto de abscissa 1 ($\log_a 1 = 0$ para todo $0 < a \neq 1$);

3º) se $a > 1$ é de uma função crescente e se $0 < a < 1$ é de uma função decrescente;

4º) é simétrico em relação à reta $y = x$ (bissetriz dos quadrantes ímpares) do gráfico da função $g(x) = a^x$;

5º) toma um dos aspectos da figura abaixo:

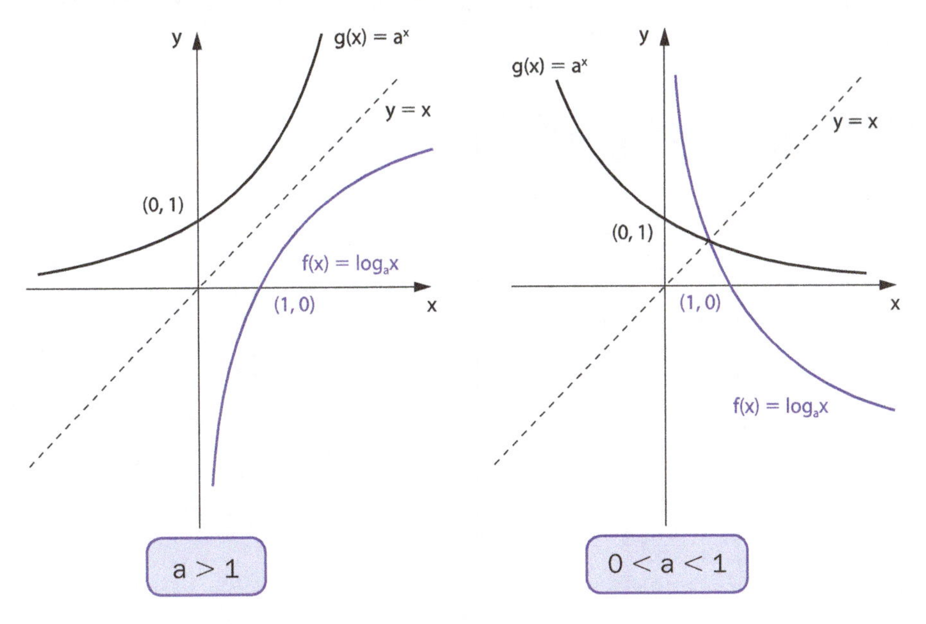

60. Exemplos:

1º) Construir o gráfico cartesiano da função $f(x) = \log_2 x$ $(x > 0)$. Construímos a tabela dando valores inicialmente a y e depois calculamos x.

x	$y = \log_2 x$
	−3
	−2
	−1
	0
	1
	2
	3

x	$y = \log_2 x$
$\frac{1}{8}$	−3
$\frac{1}{4}$	−2
$\frac{1}{2}$	−1
1	0
2	1
4	2
8	3

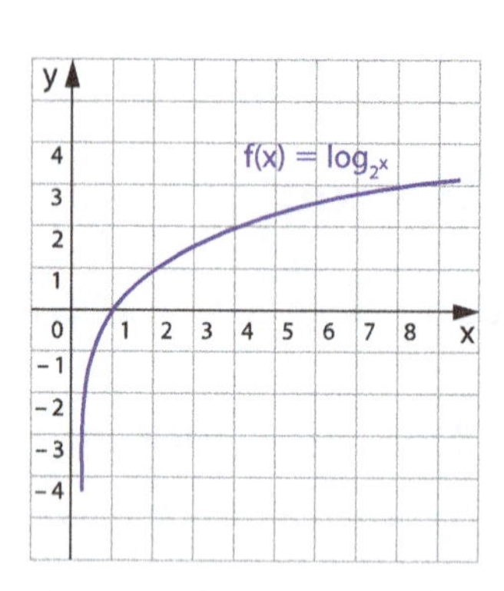

Uma alternativa para construirmos o gráfico de $f(x) = \log_2 x$ $(x > 0)$ seria construirmos inicialmente o gráfico da função inversa $g(x) = f^{-1}(x) = 2^x$ e lembrar que, se $(b, a) \in f^{-1} = g$, então $(a, b) \in f$.

f^{-1}

x	$y = 2^x$
−3	$\frac{1}{8}$
−2	$\frac{1}{4}$
−1	$\frac{1}{2}$
0	1
1	2
2	4
3	8

f

x	$y = \log_2 x$
$\frac{1}{8}$	−3
$\frac{1}{4}$	−2
$\frac{1}{2}$	−1
1	0
2	1
4	2
8	3

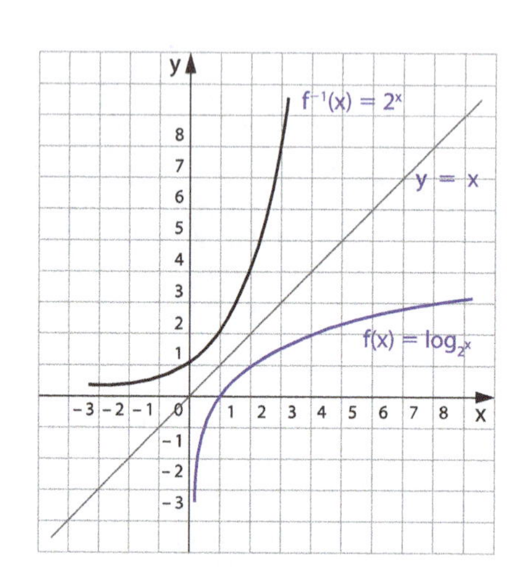

2º) Construir o gráfico cartesiano da função $f(x) = \log_{\frac{1}{2}} x$ $(x > 0)$.

f^{-1}

x	$y = \left(\frac{1}{2}\right)^x$
−3	8
−2	4
−1	2
0	1
1	$\frac{1}{2}$
2	$\frac{1}{4}$
3	$\frac{1}{8}$

f

x	$y = \log_{\frac{1}{2}} x$
8	−3
4	−2
2	−1
1	0
$\frac{1}{2}$	1
$\frac{1}{4}$	2
$\frac{1}{8}$	3

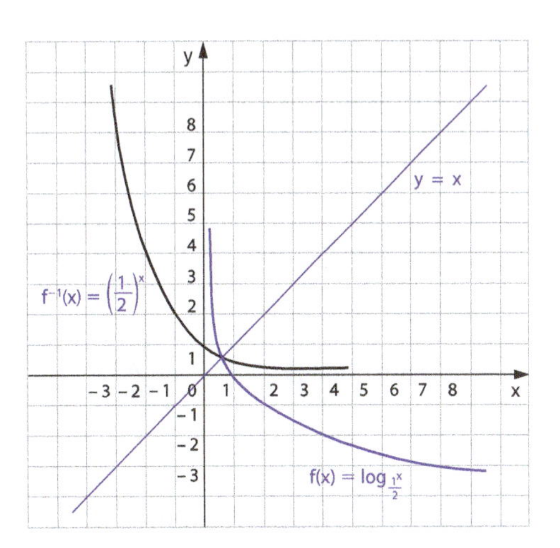

EXERCÍCIOS

205. Assinale em cada proposição V (verdadeira) ou F (falsa):

a) $\log_2 3 > \log_2 0{,}2$

b) $\log_3 5 < \log_3 7$

c) $\log_{\frac{1}{2}} 6 > \log_{\frac{1}{2}} 3$

d) $\log_{0,1} 0{,}13 > \log_{0,1} 0{,}32$

e) $\log_4 0{,}10 > \log_4 0{,}9$

f) $\log_{0,2} 2{,}3 < \log_{0,2} 3{,}5$

g) $\log \frac{1}{2} < \log \frac{1}{3}$

h) $\log_{0,5} \frac{2}{3} > \log_{0,5} \frac{3}{4}$

i) $\log_5 \sqrt{2} > \log_5 \sqrt{3}$

j) $\log_{(\sqrt{2}-1)} (1 + \sqrt{2}) < \log_{(\sqrt{2}-1)} 6$

206. Sendo $y = e^x$ para x pertencente a $\mathbb{R}$, expresse sua função inversa.

207. Se $f(x) = \log_e \frac{1}{x}$, calcule o valor de $f(e^3)$.

208. Seja *f* a função que a cada quadrado perfeito associa seu logaritmo na base 2. Se $f(x^2) = 2$, determine o valor de x.

209. Construa os gráficos das funções:

a) $f(x) = \log_3 x$

b) $f(x) = \log_{\frac{1}{3}} x$

c) $f(x) = \log x$

d) $f(x) = \log_{\frac{1}{10}} x$

210. Construa os gráficos das funções:

a) $f(x) = \log_2 |x|$

b) $f(x) = |\log_2 x|$

c) $f(x) = |\log_2 |x||$

211. Represente graficamente a função *f* definida por $f(x) = \ell n\ |x|$.

212. Construa os gráficos das funções:

a) $f(x) = \log_2 (x - 1)$

b) $f(x) = \log_3 (2x - 1)$

c) $f(x) = \log_2 x^2$

d) $f(x) = \log_2 \sqrt{x}$

213. Construa os gráficos das funções:

a) $f(x) = 2 + \log_2 x$

b) $f(x) = 1 + \log_{\frac{1}{2}} x$

214. Represente graficamente a função *f* definida por

$$f(x) = \begin{cases} 0 & \text{se } |x| < 1 \\ \sqrt{\log_a |x|} & \text{se } |x| \geq 1 \text{ e } a > 1 \end{cases}$$

215. Represente graficamente a função $f: \mathbb{R} - \{2\} \to \mathbb{R}$ definida por $f(x) = |\log_2 |x - 2||$.

216. Determine o número de pontos comuns aos gráficos das funções definidas por $y = e^x$ e $y = -\log |x|, x \neq 0$.

217. Determine o domínio da função $f(x) = \log_3 (x^2 - 4)$.

Solução

Para que o logaritmo seja real, devemos ter logaritmando positivo e base positiva e diferente de 1.

Assim:

$\log_3 (x^2 - 4) \in \mathbb{R} \Leftrightarrow x^2 - 4 > 0 \Leftrightarrow x < -2 \text{ ou } x > 2$

$D = \{x \in \mathbb{R} \mid x < -2 \text{ ou } x > 2\}$.

218. Determine o domínio das funções:

a) $f(x) = \log_2 (1 - 2x)$

b) $f(x) = \log_3 (4x - 3)^2$

c) $f(x) = \log_5 \dfrac{x + 1}{1 - x}$

d) $f(x) = \log (x^2 + x - 12)$

219. Determine o conjunto do domínio da função definida por $\log (x^2 - 6x + 9)$.

220. Determine os valores de K para que o domínio da função *f* dada por $f(x) = \log (x^2 + Kx + K)$ seja o conjunto dos números reais.

221. Determine o domínio da função $f(x) = \log_{(x+1)} (2x^2 - 5x + 2)$.

Solução

$$\log_{(x+1)} (2x^2 - 5x + 2) \in \mathbb{R} \Leftrightarrow \begin{cases} 2x^2 - 5x + 2 > 0 & (1) \text{ e} \\ 0 < x + 1 \neq 1 & (2) \end{cases}$$

Resolvendo separadamente as inequações (1) e (2), temos:

(1) $2x^2 - 5x + 2 > 0 \Rightarrow x < \dfrac{1}{2} \text{ ou } x > 2$

(2) $0 < x + 1 \neq 1 \Rightarrow -1 < x \neq 0$

Fazendo a interseção desses conjuntos:

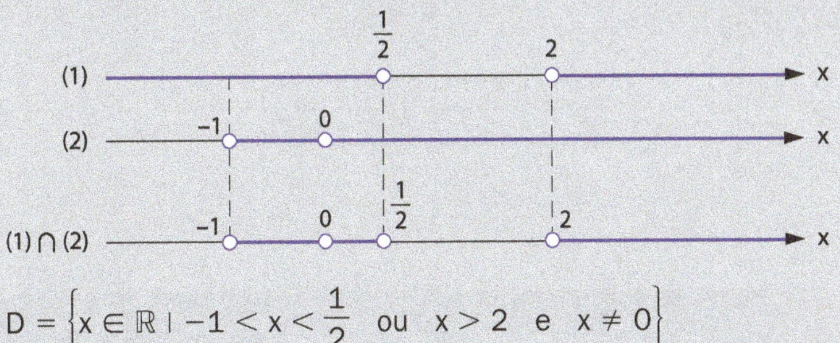

$$D = \left\{x \in \mathbb{R} \mid -1 < x < \frac{1}{2} \text{ ou } x > 2 \text{ e } x \neq 0\right\}$$

222. Determine o domínio das funções:

a) $f(x) = \log_{(3-x)} (x + 2)$

b) $f(x) = \log_x (x^2 + x - 2)$

c) $f(x) = \log_{(2x-3)} (3 + 2x - x^2)$

CAPÍTULO V

Equações exponenciais e logarítmicas

I. Equações exponenciais

61. Como havíamos dito quando do primeiro estudo das equações exponenciais, voltamos novamente a esse assunto.

Abordaremos agora as equações exponenciais que não podem ser reduzidas a uma igualdade de potências de mesma base pela simples aplicação das propriedades das potências.

A resolução de uma equação desse tipo baseia-se na definição de logaritmo, isto é, se $0 < a \neq 1$ e $b > 0$, tem-se:

$$a^x = b \Leftrightarrow x = \log_a b$$

EXERCÍCIOS

223. Resolva as equações:

a) $2^x = 3$

b) $5^{2x-3} = 3$

Solução

a) $2^x = 3 \Rightarrow x = \log_2 3$

$S = \{\log_2 3\}$

b) $5^{2x-3} = 3 \Rightarrow \dfrac{5^{2x}}{5^3} = 3 \Rightarrow 25^x = 375 \Rightarrow x = \log_{25} 375$

$S = \{\log_{25} 375\}$

224. Resolva as equações:

a) $5^x = 4$

b) $3^x = \dfrac{1}{2}$

c) $7^{\sqrt{x}} = 2$

d) $3^{(x^2)} = 5$

e) $5^{4x-3} = 0,5$

f) $3^{2x+1} = 2$

g) $7^{2-3x} = 5$

225. Resolva a equação $a^x = b$, com $a > 1$ e $b > 1$.

226. O crescimento de certa cultura de bactérias obedece à função $X(t) = Ce^{kt}$, em que $X(t)$ é o número de bactérias no tempo $t \geqslant 0$; C e *k* são constantes positivas (e é a base do logaritmo neperiano). Verificando que o número inicial de bactérias $X(0)$ duplica em 4 horas, quantas delas se pode esperar no fim de 6 horas?

Solução

$X(t) = Ce^{kt} \xrightarrow{t=0} X(0) = C \cdot e^0 = C$

$X(4) = C \cdot e^{4k} = 2C$ (duplica em 4 horas)

$\therefore e^{4k} = 2 \Rightarrow K = \dfrac{\ell n\, 2}{4} = \ell n \sqrt[4]{2}$

Então, para $t = 6$, vem:

$X(6) = C \cdot e^{6\, \ell n \sqrt[4]{2}} = C \cdot e^{\ell n \sqrt{2^3}} = C \cdot 2\sqrt{2}$

Resposta: Ao final de 6 horas, o número de bactérias é $2\sqrt{2}$ vezes o valor inicial.

227. Uma substância radioativa está em processo de decaimento, de modo que no instante *t* a quantidade não decaída é $A(t) = A(0) \cdot e^{-3t}$, em que $A(0)$ indica a quantidade da substância no instante $t = 0$. Calcule o tempo necessário para que a metade da quantidade inicial se decaia.

228. A lei de decaimento do rádium no tempo $t \geqslant 0$ é dada por $M(t) = Ce^{-kt}$, em que $M(t)$ é a quantidade de rádium no tempo *t*; C e *k* são constantes positivas (e é a base do logaritmo neperiano). Se a metade da quantidade primitiva $M(0)$ decai em 1 600 anos, qual a quantidade perdida em 100 anos?

229. Resolva a equação $2^{3x-2} = 3^{2x+1}$.

Solução

$$2^{3x-2} = 3^{2x+1} \Rightarrow \frac{2^{3x}}{2^2} = 3^{2x} \cdot 3 \Rightarrow \frac{(2^3)^x}{(3^2)^x} = 2^2 \cdot 3 \Rightarrow \frac{8^x}{9^x} = 12 \Rightarrow$$

$$\Rightarrow \left(\frac{8}{9}\right)^x = 12 \Rightarrow x = \log_{\frac{8}{9}} 12$$

$$S = \left\{\log_{\frac{8}{9}} 12\right\}$$

230. Resolva as equações:

a) $2^x = 3^{x+2}$

b) $7^{2x-1} = 3^{3x+4}$

c) $5^{x-1} = 3^{4-2x}$

231. Resolva as equações:

a) $3^x = 2^x + 2^{x+1}$

b) $5^x + 5^{x+1} = 3^x + 3^{x+1} + 3^{x+2}$

c) $2^{x+1} - 2^x = 3^{x+2} - 3^x$

232. Resolva a equação $2^{3x+2} \cdot 3^{2x-1} = 8$.

233. Resolva as equações:

a) $4^x - 5 \cdot 2^x + 6 = 0$

b) $4^x - 6 \cdot 2^x + 5 = 0$

c) $9^x - 3^{x+1} - 4 = 0$

d) $3^{2x+1} - 3^{x+1} + 2 = 0$

e) $4^{x+1} - 2^{x+4} + 15 = 0$

f) $3^{x+1} + \dfrac{18}{3^x} = 29$

234. Resolva a equação $4^x + 6^x = 9^x$.

235. Resolva a equação $4^x = 2 \cdot 14^x + 3 \cdot 49^x$.

236. Resolva a equação $a^{4x} + a^{2x} = 1$, supondo $0 < a \neq 1$.

237. Resolva o sistema de equações:

$$\begin{cases} 64^{2x} + 64^{2y} = 40 \\ 64^{x+y} = 12 \end{cases}$$

II. Equações logarítmicas

Podemos classificar as equações logarítmicas em três tipos:

62. 1º tipo: $\log_a f(x) = \log_a g(x)$

É a equação que apresenta, ou é redutível a, uma igualdade entre dois logaritmos de mesma base *a* $(0 < a \neq 1)$.

A resolução de uma equação desse tipo baseia-se na quarta consequência da definição.

Não nos devemos esquecer das condições de existência do logaritmo, isto é, a base do logaritmo deverá ser positiva e diferente de 1 e o logaritmando deverá ser positivo. Assim sendo, os valores encontrados na resolução da equação só serão considerados soluções de equação logarítmica proposta se forem valores que satisfaçam as condições de existência do logaritmo.

Esquematicamente, temos:

Se $0 < a \neq 1$, então

$$\log_a f(x) = \log_a g(x) \Rightarrow f(x) = g(x) > 0.$$

63. Exemplos:

1º) Resolver a equação $\log_2 (3x - 5) = \log_2 7$.

Solução

$$\log_2 (3x - 5) = \log_2 7 \Rightarrow 3x - 5 = 7 > 0$$

Resolvendo

$$3x - 5 = 7 \Rightarrow x = 4$$

$x = 4$ é solução da equação proposta e não há necessidade de verificarmos, pois $7 > 0$ é satisfeita para todo x real.

$S = \{4\}$

2º) Resolver a equação $\log_3 (2x - 3) = \log_3 (4x - 5)$.

Solução

$$\log_3 (2x - 3) = \log_3 (4x - 5) \Rightarrow 2x - 3 = 4x - 5 > 0$$

Resolvendo

$$2x - 3 = 4x - 5 \Rightarrow x = 1$$

$x = 1$ não é solução da equação proposta, pois, fazendo $x = 1$ em $4x - 5$, encontramos $4 \cdot 1 - 5 = -1 < 0$; logo, a equação proposta não tem solução. Chegaríamos à mesma conclusão se, em vez de fazer $x = 1$ em $4x - 5$, o fizéssemos em $2x - 3$, já que $2x - 3 = 4x - 5$.

$S = \varnothing$

3º) Resolver a equação $\log_5 (x^2 - 3x - 10) = \log_5 (2 - 2x)$.

Solução

$\log_5 (x^2 - 3x - 10) = \log_5 (2 - 2x) \Rightarrow x^2 - 3x - 10 = 2 - 2x > 0.$

Resolvendo

$$x^2 - 3x - 10 = 2 - 2x \Rightarrow x^2 - x - 12 = 0 \Rightarrow x = 4 \text{ ou } x = -3$$

$x = 4$ não é solução, pois, fazendo $x = 4$ em $2 - 2x$, encontramos $2 - 2 \cdot 4 = -6 < 0$.

$x = -3$ é a solução, pois, fazendo $x = -3$ em $2 - 2x$, encontramos $2 - 2 \cdot (-3) = 8 > 0$.

$S = \{-3\}$

64. 2º tipo: $\log_a f(x) = \alpha$

É a equação logarítmica que apresenta, ou é redutível a, uma igualdade entre um logaritmo e um número real.

A resolução de uma equação desse tipo é simples; basta aplicarmos a definição de logaritmo.

Esquematicamente, temos:

Se $0 < a \neq 1$ e $\alpha \in \mathbb{R}$, então
$\log_a f(x) = \alpha \Rightarrow f(x) = a^\alpha$.

Não precisamos nos preocupar com a condição de existência do logaritmo; sendo $0 < a \neq 1$, temos $a^\alpha > 0$ para todo α real e consequentemente $f(x) = a^\alpha > 0$.

65. Exemplos:

1º) Resolver a equação $\log_2 (3x + 1) = 4$.

Solução

$\log_2 (3x + 1) = 4 \Rightarrow 3x + 1 = 2^4 \Rightarrow 3x = 15 \Rightarrow x = 5$

$S = \{5\}$

2º) Resolver a equação $\log_3 (x^2 + 3x - 1) = 2$.

Solução

$\log_3 (x^2 + 3x - 1) = 2 \Rightarrow x^2 + 3x - 1 = 3^2 \Rightarrow x^2 + 3x - 10 = 0 \Rightarrow$

$\Rightarrow x = 2$ ou $= -5$

$S = \{2, -5\}$

3º) Resolver a equação $\log_2 [1 + \log_3 (1 - 2x)] = 2$.

Solução

$\log_2 [1 + \log_3 (1 - 2x)] = 2 \Rightarrow 1 + \log_3 (1 - 2x) = 2^2 \Rightarrow$

$\Rightarrow \log_3 (1 - 2x) = 3 \Rightarrow 1 - 2x = 3^3 \Rightarrow x = -13$

$S = \{-13\}$

66. 3º tipo: incógnita auxiliar

São as equações que resolvemos fazendo inicialmente uma mudança de incógnita.

67. Exemplos:

1º) Resolver a equação $\log_2^2 x - \log_2 x = 2$.

Solução

A equação proposta é equivalente à equação

$$(\log_2 x)^2 - \log_2 x - 2 = 0$$

Fazendo $\log_2 x = y$, temos: $y^2 - y - 2 = 0 \Rightarrow y = 2$ ou $y = -1$.

Mas $y = \log_2 x$, então:

$\log_2 x = 2 \Rightarrow x = 2^2 = 4$

$\log_2 x = -1 \Rightarrow x = 2^{-1} = \frac{1}{2}$

$S = \left\{4, \frac{1}{2}\right\}$

2º) Resolver a equação $\frac{2 + \log_3 x}{\log_3 x} + \frac{\log_3 x}{1 + \log_3 x} = 2.$

Solução

Fazendo $\log_3 x = y$, temos:

$\frac{2 + y}{y} + \frac{y}{1 + y} = 2 \Rightarrow (2 + y)(1 + y) + y^2 = 2y\ (1 + y) \Rightarrow$

$\Rightarrow 2y^2 + 3y + 2 = 2y^2 + 2y \Rightarrow y = -2$

Mas $y = \log_3 x$, então: $\log_3 x = -2 \Rightarrow x = 3^{-2} = \frac{1}{9}.$

$S = \left\{\frac{1}{9}\right\}$

EXERCÍCIOS

238. Resolva as equações:

a) $\log_4 (3x + 2) = \log_4 (2x + 5)$

b) $\log_3 (5x - 6) = \log_3 (3x - 5)$

c) $\log_2 (5x^2 - 14x + 1) = \log_2 (4x^2 - 4x - 20)$

d) $\log_{\frac{1}{3}} (3x^2 - 4x - 17) = \log_{\frac{1}{3}} (2x^2 - 5x + 3)$

e) $\log_4 (4x^2 + 13x + 2) = \log_4 (2x + 5)$

f) $\log_{\frac{1}{2}} (5x^2 - 3x - 11) = \log_{\frac{1}{2}} (3x^2 - 2x - 8)$

239. Resolva as equações:

a) $\log_5 (4x - 3) = 1$

b) $\log_{\frac{1}{2}} (3 + 5x) = 0$

c) $\log_{\sqrt{2}} (3x^2 + 7x + 3) = 0$

d) $\log_4 (2x^2 + 5x + 4) = 2$

e) $\log_{\frac{1}{3}} (2x^2 - 9x + 4) = -2$

f) $\log_3 (x - 1)^2 = 2$

g) $\log_4 (x^2 - 4x + 3) = \dfrac{1}{2}$

240. Aumentando um número x em 16 unidades, seu logaritmo na base 3 aumenta em 2 unidades. Determine x.

241. Determine o valor de x para que $\left(\log_{\frac{1}{2}} x\right) \cdot \log_{\frac{1}{8}} \dfrac{1}{32} = \dfrac{5}{3}$.

242. Resolva as equações:

a) $\log_3 (\log_2 x) = 1$

b) $\log_{\frac{1}{2}} [\log_3 (\log_4 x)] = 0$

c) $\log_{\frac{1}{4}} \{\log_3 [\log_2 (3x - 1)]\} = 0$

d) $\log_2 [1 + \log_3 (1 + \log_4 x)] = 0$

e) $\log_{\sqrt{2}} \{2 \cdot \log_3 [1 + \log_4 (x + 3)]\} = 2$

f) $\log_3 [1 + 2 \cdot \log_2 (3 - \log_4 x^2)] = 1$

g) $\log_2 [2 + 3 \cdot \log_3 (1 + 4 \cdot \log_4 (5x + 1)]\} = 3$

243. Resolva a equação: $\log_3 [\log_2 (3x^2 - 5x + 2)] = \log_3 2$.

244. Resolva as equações:

a) $x^{\log_x (x+3)} = 7$

b) $x^{\log_x (x-5)^2} = 9$

c) $x^{\log_x (x+3)^2} = 16$

d) $(\sqrt[3]{x})^{\log_x (x^2+2)} = 2 \cdot \log_3 \sqrt{27}$

245. Resolva o sistema de equações:

$$\begin{cases} 2x^y - x^{-y} = 1 \\ \log_2 y = \sqrt{x} \end{cases}$$

246. Resolva as equações:

a) $\log_4^2 x - 2 \cdot \log_4 x - 3 = 0$

b) $6 \cdot \log_2^2 x - 7 \cdot \log_2 x + 2 = 0$

c) $\log x (\log x - 1) = 6$

d) $\log_2 x(2 \cdot \log_2 x - 3) = 2$

e) $2 \cdot \log_4^2 x + 2 = 5 \cdot \log_4 x$

f) $\log^3 x = 4 \cdot \log x$

247. Determine a solução real da equação $\sqrt[x]{3} - \sqrt[2x]{3} = 2$.

Sugestão: $\frac{1}{x} = 2y$.

248. Resolva as equações:

a) $\frac{1}{5 - \log x} + \frac{2}{1 + \log x} = 1$

b) $\frac{3 + \log_2 x}{\log_2 x} + \frac{2 - \log_2 x}{3 - \log_2 x} = \frac{5}{2}$

c) $\frac{\log_3 x}{1 + \log_3 x} + \frac{\log_3 x + 2}{\log_3 x + 3} = \frac{5}{4}$

d) $\frac{1 - \log x}{2 + \log x} - \frac{1 + \log x}{2 - \log x} = 2$

e) $\frac{1 - \log_2 x}{2 - \log_2 x} - \frac{2 - \log_2 x}{3 - \log_2 x} = \frac{4 - \log_2 x}{5 - \log_2 x} - \frac{5 - \log_2 x}{6 - \log_2 x}$

249. Resolva a equação $\log_x (2x + 3) = 2$.

Solução

$$\log_x (2x + 3) = 2 \Rightarrow \begin{cases} 0 < x \neq 1 & (1) \\ \quad e & \\ 2x + 3 = x^2 & (2) \end{cases}$$

Resolvendo (2), temos:

$x^2 = 2x + 3 \Rightarrow x^2 - 2x - 3 = 0 \Rightarrow x = 3$ ou $x = -1$.

Somente $x = 3$ é solução, pois deve satisfazer (1).

$S = \{3\}$

250. Resolva as equações:

a) $\log_x (3x^2 - 13x + 15) = 2$

b) $\log_x (4 - 3x) = 2$

c) $\log_{(x-2)} (2x^2 - 11x + 16) = 2$

d) $\log_{\sqrt{x}} (2x^2 + 5x + 6) = 4$

e) $\log_{(x-1)} (x^3 - x^2 + x - 3) = 3$

f) $\log_{(x+2)} (x^3 - 7x^2 + 8x + 11) = 3$

g) $\log_{(2-x)} (2x^3 - x^2 - 18x + 8) = 3$

251. Resolva a equação $\log_{(x+1)} (x^2 + x + 6) = 3$.

252. Resolva a equação $\log_{(x+3)}(5x^2 - 7x - 9) = \log_{(x+3)}(x^2 - 2x - 3)$.

Solução

$\log_{(x+3)}(5x^2 - 7x - 9) = \log_{(x+3)}(x^2 - 2x - 3) \Rightarrow$

$$\Rightarrow \begin{cases} 0 < x + 3 \neq 1 \\ \text{e} \\ 5x^2 - 7x - 9 = x^2 - 2x - 3 > 0 \end{cases}$$

Resolvendo:

$5x^2 - 7x - 9 = x^2 - 2x - 3 \Rightarrow 4x^2 - 5x - 6 = 0 \Rightarrow x = 2$ ou $x = -\frac{3}{4}$;

$x = 2$ não é solução, pois, fazendo $x = 2$ em $x^2 - 2x - 3$, encontramos $2^2 - 2 \cdot 2 - 3 = -3 < 0$.

$x = -\frac{3}{4}$ é solução, pois, fazendo $x = -\frac{3}{4}$ em $x^2 - 2x - 3$ e em $x + 3$, encontramos, respectivamente:

$\left(-\frac{3}{4}\right)^2 - 2 \cdot \left(-\frac{3}{4}\right) - 3 = -\frac{15}{16} < 0$

$S = \varnothing$

253. Resolva as equações:

a) $\log_x(4x - 3) = \log_x(2x + 1)$

b) $\log_x(5x + 2) = \log_x(3x + 4)$

c) $\log_{(x+1)}(3x + 14) = \log_{(x+1)}(2 - x)$

d) $\log_{(x+5)}(3x^2 - 5x - 8) = \log_{(x+5)}(2x^2 - 3x)$

e) $\log_{(2x-4)}(5x^2 - 15x + 7) = \log_{(2x-4)}(x^2 - 3x + 2)$

f) $\log_{(x+2)}(3x^2 - 8x - 2) = \log_{(x+2)}(2x^2 - 5x + 2)$

254. Resolva as equações:

a) $\log_x^2(5x - 6) - 3 \cdot \log_x(5x - 6) + 2 = 0$

b) $\log_x^2(x + 1) = 2 + \log_x(x + 1)$

c) $2 \cdot \log_{(3x-2)}^2(4 - x) - 5 \cdot \log_{(3x-2)}(4 - x) + 2 = 0$

255. Resolva as equações:

a) $\log_2 (x + 1) + \log_2 (x - 1) = 3$

b) $\log_3 (2x - 1)^2 - \log_3 (x - 1)^2 = 2$

Solução

a) Antes de aplicarmos qualquer propriedade operatória, devemos estabelecer as condições de existência para os logaritmos.
Assim sendo, devemos ter:

$$\left.\begin{cases} x + 1 > 0 \Rightarrow x > -1 \\ \quad\text{e} \\ x - 1 > 0 \Rightarrow x > 1 \end{cases}\right\} \Rightarrow x > 1 \qquad (1)$$

Resolvendo a equação proposta para $x > 1$, temos:

$\log_2 (x + 1) + \log_2 (x - 1) = 3 \Rightarrow \log_2 [(x + 1)(x - 1)] = 3 \Rightarrow$

$\Rightarrow (x + 1)(x - 1) = 2^3 \Rightarrow x^2 - 9 = 0 \Rightarrow x = 3$ ou $x = -3$.

Somente $x = 3$ é solução, pois satisfaz a condição (1).

$S = \{3\}$

b) Estabelecendo a condição de existência dos logaritmos, temos:

$$\left.\begin{cases} (2x - 1)^2 > 0 \\ \quad\text{e} \\ (x - 1)^2 > 0 \end{cases}\right\} \Rightarrow x \neq \frac{1}{2} \text{ e } x \neq 1 \qquad (1)$$

Resolvendo a equação proposta para $x \neq \frac{1}{2}$ e $x \neq 1$, temos:

$$\log_3 (2x - 1)^2 - \log_3 (x - 1)^2 = 2 \Rightarrow \log_3 \frac{(2x - 1)^2}{(x - 1)^2} = 2 \Rightarrow$$

$$\Rightarrow \frac{(2x - 1)^2}{(x - 1)^2} = 3^2 \Rightarrow \left|\frac{2x - 1}{x - 1}\right| = 3 \Rightarrow$$

$$\Rightarrow \begin{cases} \dfrac{2x - 1}{x - 1} = 3 \Rightarrow 2x - 1 = 3(x - 1) \Rightarrow x = 2 \\ \qquad\qquad\text{ou} \\ \dfrac{2x - 1}{x - 1} = -3 \Rightarrow 2x - 1 = -3(x - 1) \Rightarrow x = \dfrac{4}{5} \end{cases}$$

Os dois valores encontrados são soluções, pois satisfazem a condição (1).

$S = \left\{2, \frac{4}{5}\right\}$

256. Determine as raízes da equação

$$\log\left(x + \frac{1}{3}\right) + \log\left(x - \frac{1}{3}\right) = \log \frac{24}{9}.$$

257. Determine a solução real da equação $\log 2^x + \log (1 + 2^x) = \log 6$.

258. Determine a raiz real da equação $x + \log (1 + 2^x) = x \cdot \log 5 + \log 6$.

259. Resolva as equações:

a) $\log_2 (x - 3) + \log_2 (x + 3) = 4$

b) $\log_2 (x + 1) + \log_2 (x - 2) = 2$

c) $\log x + \log (x - 21) = 2$

d) $\log_2 (5x - 2) - \log_2 x - \log_2 (x - 1) = 2$

e) $\log_3 (5x + 4) - \log_3 x - \log_3 (x - 2) = 1$

f) $\log_{\frac{1}{2}} (3x + 2)^2 - \log_{\frac{1}{2}} (2x - 3)^2 = -4$

g) $\log_{36} (x + 2)^2 + \log_{36} (x - 3)^2 = 1$

260. Resolva a equação $(0,4)^{\log^2 x+1} = (6{,}25)^{2-\log x^3}$.

261. Resolva a equação $\log_2 (9^{x-1} + 7) - \log_2 (3^{x-1} + 1) = 2$.

262. Resolva as equações:

a) $\dfrac{\log_3 (2x)}{\log_3 (4x - 15)} = 2$

b) $\dfrac{\log_2 (35 - x^3)}{\log_2 (5 - x)} = 3$

c) $\dfrac{\log \left(\sqrt{x + 1} + 1\right)}{\log \sqrt[3]{x - 40}} = 3$

263. Resolva a equação $\dfrac{1}{2} \log_3 (x - 16) - \log_3 \left(\sqrt{x} - 4\right) = 1$.

264. Resolva a equação $\log_3 (4^x + 15 \cdot 2^x + 27) = 2 \cdot \log_3 (2^{x+2} - 3)$.

265. Resolva a equação $\log_2 (x - 2) + \log_2 (3x - 2) = \log_2 7$.

Solução

Vamos estabelecer, inicialmente, a condição de existência dos logaritmos, isto é:

$$\left.\begin{array}{l} x - 2 > 0 \Rightarrow x > 2 \\ 3x - 2 > 0 \Rightarrow x > \dfrac{2}{3} \end{array}\right\} \Rightarrow x > 2 \qquad (1)$$

Resolvendo a equação, temos:
$\log_2 (x - 2) + \log_2 (3x - 2) = \log_2 7 \Rightarrow \log_2 [(x - 2)(3x - 2)] = \log_2 7 \Rightarrow$
$\Rightarrow (x - 2)(3x - 2) = 7 \Rightarrow x = 3$ ou $x = -\dfrac{1}{3}$
Somente $x = 3$ é solução, pois satisfaz a condição (1).

$S = \{3\}$

266. Resolva as equações:

a) $\log_2 (x + 4) + \log_2 (x - 3) = \log_2 18$

b) $\log_5 (1 - x) + \log_5 (2 - x) = \log_5 (8 - 2x)$

c) $\log_{\frac{1}{2}} (x + 1) + \log_{\frac{1}{2}} (x - 5) = \log_{\frac{1}{2}} (2x - 3)$

d) $\log (2x + 1) + \log (4x - 3) = \log (2x^2 - x - 2)$

e) $\log_2 (4 - 3x) - \log_2 (2x - 1) = \log_2 (3 - x) - \log_2 (x + 1)$

f) $\log_{\frac{1}{3}} (x^2 + 13x) + \operatorname{colog}_{\frac{1}{3}} (x + 3) = \log_{\frac{1}{3}} (3x - 1)$

g) $\log (2x^2 + 4x - 4) + \operatorname{colog} (x + 1) = \log 4$

267. Resolva a equação $2 \cdot \log (\log x) = \log (7 - 2 \cdot \log x) - \log 5$.

268. Resolva a equação $\log \sqrt{7x + 5} + \dfrac{1}{2} \log (2x + 7) = 1 + \log \dfrac{9}{2}$.

269. Resolva as equações:

a) $\sqrt{\log x} = \log \sqrt{x}$

b) $\log^{-1} x = 2 + \log x^{-1}$

c) $\log_8 x^3 = 5 + \dfrac{12}{\log_8 x}$

270. Resolva a equação $\log_3 (3^x - 1) \cdot \log_3 (3^{x+1} - 3) = 6$.

271. Resolva as equações:

a) $\log^2 x^3 - 20 \cdot \log \sqrt{x} + 1 = 0$

b) $\log_x 5\sqrt{5} - 1{,}25 = \log_x^2 \sqrt{5}$

c) $\dfrac{\log_8 \left(\dfrac{8}{x^2}\right)}{\log_8^2 x} = 3$

272. Resolva a equação $x^2 + x \cdot \log 5 - \log 2 = 0$.

273. Resolva o sistema de equações:

$$\begin{cases} x + y = 7 \\ \log_2 x + \log_2 y = \log_2 12 \end{cases}$$

Solução

Aplicando a propriedade dos logaritmos na segunda equação, temos:
$\log_2 x + \log_2 y = \log_2 12 \Rightarrow \log_2 (xy) = \log_2 12 \Rightarrow xy = 12$.

O sistema proposto fica então reduzido às equações

$$\begin{cases} x + y = 7 \\ xy = 12 \end{cases}$$

cujas soluções são $x = 3$ e $y = 4$ ou $x = 4$ e $y = 3$.
$S = \{(3, 4), (4, 3)\}$

274. Resolva os seguintes sistemas de equações:

a) $\begin{cases} x + y = 6 \\ \log_2 x + \log_2 y = \log_2 8 \end{cases}$

b) $\begin{cases} 4^{x-y} = 8 \\ \log_2 x - \log_2 y = 2 \end{cases}$

c) $\begin{cases} x^2 + y^2 = 425 \\ \log x + \log y = 2 \end{cases}$

d) $\begin{cases} 2x^2 + y = 75 \\ 2 \cdot \log x - \log y = 2 \cdot \log 2 + \log 3 \end{cases}$

e) $\begin{cases} 2^{\sqrt{x} + \sqrt{y}} = 512 \\ \log \sqrt{xy} = 1 + \log 2 \end{cases}$

275. Resolva o sistema de equações:

$$\begin{cases} 2^{\log_{\frac{1}{2}} (x+y)} = 5^{\log_5 (x-y)} \\ \log_2 x + \log_2 y = \dfrac{1}{2} \end{cases}$$

276. Resolva o sistema de equações:

$$\begin{cases} \log_3 x + \log_3 y = 3 \\ \log_3 x + \text{colog}_3\, y = 1 \end{cases}$$

Solução

Lembrando que $\text{colog}_3\, y = -\log_3 y$ e fazendo a substituição $\log_3 x = a$ e $\log_3 y = b$ no sistema proposto, temos:

$$\begin{cases} a + b = 3 \\ a - b = 1 \end{cases} \Rightarrow a = 2 \text{ e } b = 1$$

Mas $a = \log_3 x$ e $b = \log_3 y$, então:

$\log_3 x = 2 \Rightarrow x = 9$

$\log_3 y = 1 \Rightarrow y = 3$

$S = \{(9, 3)\}$

277. Resolva os seguintes sistemas de equações:

a) $\begin{cases} 3 \cdot \log x - 2 \cdot \log y = 0 \\ 4 \cdot \log x + 3 \cdot \log y = 17 \end{cases}$

b) $\begin{cases} 2 \cdot \log_2 x + 3 \cdot \log_2 y = 27 \\ 5 \cdot \log_2 x - 2 \cdot \log_2 y = 1 \end{cases}$

278. Resolva os sistemas de equações:

$$\begin{cases} \log_2 (xy) \cdot \log_2 \left(\dfrac{x}{y}\right) = -3 \\ \log_2^2 x + \log_2^2 y = 5 \end{cases}$$

279. Resolva a equação $4 \cdot x^{\log_2 x} = x^3$.

Solução

Aplicando o logaritmo de base 2 a ambos os membros, temos:

$4 \cdot x^{\log_2 x} = x^3 \Rightarrow \log_2 (4 \cdot x^{\log_2 x}) = \log_2 x^3 \Rightarrow \log_2 4 +$

$+ (\log_2 x) \cdot (\log_2 x) = 3 \cdot \log_2 x \Rightarrow (\log_2 x)^2 - 3 \cdot \log_2 x + 2 = 0$

Fazendo $\log_2 x = y$, temos:

$y^2 - 3y + 2 = 0 \Rightarrow y = 1$ ou $y = 2$.

Mas $y = \log_2 x$, então:

$\log_2 x = 1 \Rightarrow x = 2$

$\log_2 x = 2 \Rightarrow x = 4$

$S = \{2, 4\}$

280. Resolva os seguintes sistemas de equações:

a) $9 \cdot x^{\log_3 x} = x^3$

b) $x^{\log x} = 100 \cdot x$

c) $16^{\log_x 2} = 8x$

d) $9^{\log_{\sqrt{x}} 3} = 27x$

e) $3^{2 \cdot \log_x 3} = x^{\log_x 3x}$

281. Resolva a equação $2^{\log_x (x^2 - 6x + 9)} = 3^{2 \cdot \log_x \sqrt{x} - 1}$.

282. Resolva as equações:

a) $\log (x^{\log x}) = 1$

b) $x^{\log x - 1} = 100$

c) $\sqrt{x^{\log \sqrt{x}}} = 10$

283. Resolva as equações:

a) $x^{3 \cdot \log^2 x - \frac{2}{3} \cdot \log x} = 100 \sqrt[3]{10}$

b) $x^{\log_3^3 x - \log_3 x^3} = 3^{-3 \cdot \log_{2\sqrt{2}} 4 + 8}$

c) $x^{\log^2 x - 3 \cdot \log x + 1} = 1000$

284. Resolva a equação $\log_x (2 \cdot x^{x-2} - 1) = 2x - 4$.

285. Resolva a equação $3 + \log_x \left(\dfrac{x^{4x-6} + 1}{2}\right) = 2x$.

286. Resolva os sistemas de equações:

a) $\begin{cases} x \cdot y = 16 \\ \log_2 x = 2 + \log_2 y \end{cases}$

b) $\begin{cases} x \cdot y = 32 \\ x^{\log_2 y} = 64 \end{cases}$

c) $\begin{cases} \log_5 x + 3^{\log_3 y} = 7 \\ x^y = 5^{12} \end{cases}$

287. Resolva equação $\log_2 (x - 2) = \log_2 (x^2 - x + 6) + \log_{\frac{1}{2}} (2x + 1)$.

Solução

Estabelecendo inicialmente a condição de existência dos logaritmos, temos:

$$\left.\begin{array}{l} x - 2 > 0 \Rightarrow x > 2 \\ x^2 - x + 6 > 0 \Rightarrow \forall x \in \mathbb{R} \\ 2x + 1 > 0 \Rightarrow x > -\dfrac{1}{2} \end{array}\right\} \Rightarrow x > 2 \qquad (1)$$

Aplicando as propriedades e transformando os logaritmos à base 2, temos:

$\log_2 (x - 2) = \log_2 (x^2 - x + 6) + \log_{2^{-1}} (2x + 1) \Rightarrow$

$\Rightarrow \log_2 (x - 2) = \log_2 (x^2 - x + 6) - \log_2 (2x + 1) \Rightarrow$

$\Rightarrow \log_2 (x-2) = \log_2 \dfrac{x^2 - x + 6}{2x + 1} \Rightarrow x - 2 = \dfrac{x^2 - x + 6}{2x + 1} \Rightarrow$

$\Rightarrow 2x^2 - 3x - 2 = x^2 - x + 6 \Rightarrow x^2 - 2x - 8 = 0 \Rightarrow \begin{cases} x = 4 \\ x = -2 \text{ (não convém)} \end{cases}$

$S = \{4\}$

288. Resolva as equações:

a) $\log_3 (x + 2) - \log_{\frac{1}{3}} (x - 6) = \log_3 (2x - 5)$

b) $\log_2 (x + 2) + \log_{\frac{1}{2}} (5 - x) + \text{colog}_{\frac{1}{2}} (x - 1) = \log_2 (8 - x)$

c) $\log_3 (x^2 - 2x + 2) + \log_{\frac{1}{3}} (2x + 1) = \log_3 (x - 4)$

289. Resolva a equação $\log_2^2 x - 9 \cdot \log_8 x = 4$.

Solução

$\log_2^2 x - 9 \cdot \log_8 x = 4 \Rightarrow \log_2^2 x - 9 \cdot \log_{2^3} x - 4 = 0 \Rightarrow$

$\Rightarrow \log_2^2 x - 3 \cdot \log_2 x - 4 = 0.$

Fazendo $\log_2 x = y$, temos:

$y^2 - 3y - 4 = 0 \Rightarrow y = 4$ ou $y = -1$, mas $y = \log_2 x$, então:

$\log_2 x = 4 \Rightarrow x = 16$

$\log_2 x = -1 \Rightarrow x = \frac{1}{2}$

$S = \left\{16, \frac{1}{2}\right\}$

290. Resolva as equações:

a) $\log_3^2 x - 5 \cdot \log_9 x + 1 = 0$

b) $\log_2^2 x - \log_8 x^8 = 1$

c) $\log_3^2 x = 2 + \log_9 x^2$

291. Resolva as equações:

a) $\sqrt{\log_2 x^4} + 4 \cdot \log_4 \sqrt{\frac{2}{x}} = 2$

b) $\sqrt{1 + \log_2 x} + \sqrt{4 \cdot \log_4 x - 2} = 4$

292. Resolva a equação:

$$\frac{1 + \log_2 (x - 4)}{\log_{\sqrt{2}} (\sqrt{x + 3} - \sqrt{x - 3})} = 1$$

293. Resolva os sistemas de equações:

a) $\begin{cases} \log_{\frac{1}{2}} (y - x) + \log_2 \frac{1}{y} = -2 \\ x^2 + y^2 = 25 \end{cases}$

b) $\begin{cases} \log_9 (x^2 + 1) - \log_3 (y - 2) = 0 \\ \log_2 (x^2 - 2y^2 + 10y - 7) = 2 \end{cases}$

c) $\begin{cases} \log_9 (x^2 + 2) + \log_{81} (y^2 + 9) = 2 \\ 2 \cdot \log_4 (x + y) - \log_2 (x - y) = 0 \end{cases}$

d) $\begin{cases} \log_3 (\log_2 x) + \log_{\frac{1}{3}} (\log_{\frac{1}{2}} y) = 1 \\ xy^2 = 4 \end{cases}$

e) $\begin{cases} \log_2 x - \log_4 y = a \\ \log_4 x - \log_8 y = b \end{cases}$

294. Resolva a equação $\log_2 x + \log_x 2 = 2$.

Solução

Lembrando que $\log_x 2 = \frac{1}{\log_2 x}$, temos: $\log_2 x + \frac{1}{\log_2 x} = 2$.

Fazendo $\log_2 x = y$, vem:

$y + \frac{1}{y} = 2 \Rightarrow y = 1$

mas $y = \log_2 x$, então $\log_2 x = 1 \Rightarrow x = 2$.

$S = \{2\}$

295. Determine o conjunto solução da equação
$\log_4 (x - 3) - \log_{16} (x - 3) = 1$, em que $x > 3$.

296. Sejam *a* e *b* dois números reais, $a > 0$ e $b > 0$, $a \neq 1$, $b \neq 1$. Que relação devem satisfazer *a* e *b* para que a equação $x^2 - x (\log_b a) + 2 \log_a b = 0$ tenha duas raízes reais e iguais?

297. Determine o valor de *x*, sabendo que $\log_2 x = \log_{\sqrt{x}} x^2 + \log_x 2$.

298. Determine o valor de *x*, sabendo que $\log_{a^2} x + \log_{x^2} a = 1$, $a > 0$, $a \neq 1$, $x \neq 1$.

299. Resolva a equação $\log_x (x + 1) = \log_{(x+1)} x$, em que *x* é um número real.

300. Resolva as equações:

a) $\log_2 x = \log_x 2$

b) $\log_3 x = 1 + \log_x 9$

c) $\log_2 x - 8 \cdot \log_{x^2} 2 = 3$

d) $\log_{\sqrt{x}} 2 + 4 \cdot \log_4 x^2 + 9 = 0$

301. Resolva as equações:

a) $\log_{\sqrt{5}} x \cdot \sqrt{\log_x 5\sqrt{5} + \log_{\sqrt{5}} 5\sqrt{5}} = -\sqrt{6}$

b) $\sqrt{1 + \log_x \sqrt{27}} \cdot \log_3 x + 1 = 0$

302. Resolva a equação $1 + 2 \cdot \log_x 2 \cdot \log_4 (10 - x) = \dfrac{2}{\log_4 x}$.

303. Resolva os sistemas de equações:

a) $\begin{cases} \log_y x + \log_x y = \dfrac{5}{2} \\ xy = 8 \end{cases}$

b) $\begin{cases} 3 \cdot (2 \cdot \log_{y^2} x - \log_{\frac{1}{x}} y) = 10 \\ xy = 81 \end{cases}$

304. Resolva a equação $\dfrac{1}{\log_6 (x + 3)} + \dfrac{2 \cdot \log_{0,25} (4 - x)}{\log_2 (3 + x)} = 1$.

305. Resolva a equação $\log_x 2 \cdot \log_{\frac{x}{16}} 2 = \log_{\frac{x}{64}} 2$.

Solução

$$\log_x 2 \cdot \log_{\frac{x}{16}} 2 = \log_{\frac{x}{64}} 2 \Rightarrow \frac{1}{\log_2 x} \cdot \frac{1}{\log_2 \frac{x}{16}} = \frac{1}{\log_2 \frac{x}{64}} \Rightarrow$$

$$\Rightarrow \log_2 x \cdot \log_2 \frac{x}{16} = \log_2 \frac{x}{64} \Rightarrow \log_2 x \cdot (\log_2 x - 4) = \log_2 x - 6$$

Fazendo $\log_2 x = y$, vem:

$y (y - 4) = y - 6 \Rightarrow y^2 - 5y + 6 = 0 \Rightarrow y = 2$ ou $y = 3$

mas $y = \log_2 x$, então:

$\log_2 x = 2 \Rightarrow x = 4$

$\log_2 x = 3 \Rightarrow x = 8$

$S = \{4, 8\}$

306. Resolva as equações:

a) $\log_x 3 \cdot \log_{\frac{x}{3}} 3 + \log_{\frac{x}{81}} 3 = 0$

b) $\log_{3x}\left(\dfrac{3}{x}\right) + \log_3 27x^2 = 5$

c) $\dfrac{1}{\log_x 8} + \dfrac{1}{\log_{2x} 8} + \dfrac{1}{\log_{4x} 8} = 2$

d) $\log_{\frac{x}{2}} x^2 - 14 \cdot \log_{16x} x^3 + 40 \cdot \log_{4x} \sqrt{x} = 0$

307. Resolva a equação

$$\log_{\frac{1}{\sqrt{1+x}}} 10 \cdot \log_{10} (x^2 - 3x + 2) = -2 + \log_{\frac{1}{\sqrt{1+x}}} 10 \cdot \log_{10} (x - 3).$$

308. Resolva a equação

$$x^{\log_2^{+} x^2 - \log_2 (2x) - 2} + (x + 2)^{\log_{(x+2)^2} 4} = 3.$$

309. Resolva as equações, sabendo que $0 < a \neq 1$:

a) $\log_a (ax) \cdot \log_x (ax) = \log_{a^2} \dfrac{1}{a}$

b) $2 \cdot \log_x a + \log_{ax} a + 3 \cdot \log_{a^2x} a = 0$

c) $\log_x (ax) \cdot \log_a x = 1 + \log_x \sqrt{a}$

d) $\dfrac{\log_{a^2\sqrt{x}} a}{\log_{2x} a} + \log_{ax} a \cdot \log_{\frac{1}{a}} 2x = 0$

310. Resolva a equação, sabendo que *a* e *b* são reais positivos e diferentes de 1:

$$\frac{\log_2 x}{\log_2^2 a} - \frac{2 \cdot \log_a x}{\log_{\frac{1}{b}} a} = \log_{\sqrt[3]{a}} x \cdot \log_a x$$

311. Resolva a equação $\log_2 x + \log_3 x + \log_4 x = 1$.

312. Resolva a equação, sabendo que $0 < a \neq 1 : 10^{\log_a (x^2 - 3x + 5)} = 3^{\log_a 10}$.

313. Resolva a equação:

$$1 + \frac{\log (a - x)}{\log (x + b)} = \frac{2 - \log_{(a-b)} 4}{\log_{(a-b)} (x + b)}$$

sabendo que $a > b > 0$ e $a - b \neq 1$.

314. Resolva os sistemas de equações:

a) $\begin{cases} x^2 + 4y^3 = 96 \\ \log_{y^2} 2 = \log_{xy} 4 \end{cases}$

b) $\begin{cases} y \cdot x^{\log_y x} = x^{\frac{5}{2}} \\ \log_4 y \cdot \log_y (y - 3x) = 1 \end{cases}$

c) $\begin{cases} x \cdot \log_2 y \cdot \log_{\frac{1}{x}} 2 = y\sqrt{y}\,(1 - \log_x 2) \\ \log_{y^3} 2 \cdot \log_{\sqrt{2}} x = 1 \end{cases}$

315. Resolva o sistema: $\begin{cases} \log_2 (x + y) - \log_3 (x - y) = 1 \\ x^2 - y^2 = 2 \end{cases}$

316. Resolva o sistema:

$$\begin{cases} \log_2 x + \log_4 y + \log_4 z = 2 \\ \log_3 y + \log_9 z + \log_9 x = 2 \\ \log_4 z + \log_{16} x + \log_{16} y = 2 \end{cases}$$

317. Sendo *a* e *b* reais positivos e diferentes de 1, resolva o sistema:

$$\begin{cases} a^x \cdot b^y = ab \\ 2 \cdot \log_a x = \log_{\frac{1}{b}} y \cdot \log_{\sqrt{a}} b \end{cases}$$

318. Resolva o sistema de equações:

$$\begin{cases} \log_{12} x \cdot (\log_2 x + \log_2 y) = \log_2 x \\ \log_2 x \cdot \log_3 (x + y) = 3 \cdot \log_3 x \end{cases}$$

319. Resolva os sistemas de equações para $x > 0$ e $y > 0$:

a) $\begin{cases} x^{x+y} = y^{12} \\ y^{x+y} = x^3 \end{cases}$ b) $\begin{cases} x^{x+y} = y^3 \\ y^{x+y} = x^6 y^3 \end{cases}$ c) $\begin{cases} x^y = y^x \\ 2^x = 3^y \end{cases}$

320. Resolva os sistemas de equações:

a) $\begin{cases} x^{\log y} + y^{\log x} = 200 \\ \sqrt{x^{\log y} \cdot y^{\log x}} = y \end{cases}$

b) $\begin{cases} x^{\log y} + y^{\log x} = 200 \\ \sqrt[x]{(\log x \cdot \log y)^y} = 1024 \end{cases}$

c) $\begin{cases} x^{\log y} + y^{\log x} = 20 \\ \log \sqrt{xy} = 1 \end{cases}$

LEITURA

Gauss: o universalista por excelência

Hygino H. Domingues

Novos ventos começaram a soprar na virada do século XVIII para o XIX sobre a pesquisa matemática. De um lado, verificou-se um abandono progressivo da ideia de que essa pesquisa devesse vincular-se necessariamente a problemas práticos. De outro, com o crescimento enorme e a diversificação do campo da Matemática, começava a surgir a figura do especialista. Mas o espaço para o universalismo em Matemática ainda não estava totalmente esgotado, como mostra a brilhante obra de Carl F. Gauss (1777-1855).

Gauss nasceu em Brunswick, Alemanha, sendo seus pais pessoas bastante simples e pobres. Porém, desde muito cedo, ele se revelou uma notável criança prodígio, especialmente quanto à Matemática. Quando adulto costumava brincar dizendo que aprendera a calcular sozinho, antes de saber falar. Dentre suas proezas matemáticas infantis conta-se que aos 10 anos de idade surpreendeu seu professor ao fazer rapidamente (e com acerto) uma tarefa supostamente difícil e trabalhosa: efetuar a adição $1 + 2 + ... + 99 + 100$. Posteriormente Gauss explicou o raciocínio que usara. Observando de pronto que $1 + 100 = 2 + 99 = 3 + 98 = ... = 101$, não teve dificuldade em obter a soma fazendo $50 \times 101 = 5050$.

A brilhante inteligência de Gauss chamou a atenção do duque Ferdinand de Brunswick, que se propôs a custear seus estudos, primeiro numa escola preparatória local e depois na Universidade de Göttingen (1795 a 1798). Durante sua passagem pela escola preparatória o adolescente Gauss formulou, independentemente, o método dos mínimos quadrados para estimar o valor mais provável de uma variável a partir de um conjunto de observações aleatórias. Gauss divide a primazia da criação desse método com Legendre, que foi o primeiro a publicá-lo, em 1806.

Nos primeiros tempos de Göttingen, Gauss estava indeciso entre a Matemática e a Filosofia, um campo para o qual demonstrava também grande aptidão. Mas uma descoberta extraordinária feita por ele em março de 1796 inclinou-o de vez para a Matemática. Com efeito, com menos de 20 anos de idade conseguiu provar que um polígono regular de 17 lados é construível com régua e compasso, resolvendo um problema que estava em aberto desde os tempos de Euclides.

Concluída a graduação, voltou a Brunswick e, ainda com assistência financeira de seu patrono, prosseguiu com suas pesquisas matemáticas. E já aos 21 anos de idade obteve o grau de doutor na Universidade de Helmstädt. O objeto de sua tese foi a demonstração de que toda equação $x^n + a_1x^{n-1} + ... + a_{n-1}x + a_n = 0$, cujos coeficientes são números reais, tem pelo menos uma raiz complexa. Posteriormente ele mostrou que o mesmo vale para uma equação cujos coeficientes são números complexos.

Talvez o campo da Matemática em que a genialidade de Gauss tenha brilhado mais seja a Teoria dos números, pela qual sempre teve inclinação especial. E sua obra-prima, *Disquisitiones arithmeticae* (1801), pelo seu alto grau de originalidade, é considerada o marco fundamental da moderna Teoria dos números. Resumidamente, a obra trata da teoria das congruências (criada por Gauss), da teoria dos restos quadráticos (incluindo a Lei da reciprocidade quadrada, para a qual Gauss já tinha uma demonstração em 1795) e do estudo das equações binômias $x^n = 1$ e suas ligações com a construção de polígonos regulares.

Mas, se os feitos de Gauss na Matemática pura eram extraordinários, na Astronomia não ficavam atrás. O primeiro envolve o planeta menor Ceres, descoberto em 1º de janeiro de 1801 pelo astrônomo Giuseppe Piazzi (1746-1826). Ocorre que, depois de 41 dias de observação, período em que sua órbita descreveu um ângulo de apenas 9°, Ceres, ao passar pelo Sol, desapareceu do foco dos telescópios de Piazzi e de outros astrônomos. Com os poucos dados disponíveis, Gauss calculou a órbita de Ceres com tal precisão que foi possível localizar o planeta desaparecido, ao final de 1801, praticamente na mesma posição em que fora perdido de vista. No ano seguinte, Gauss desenvolveu um trabalho semelhante com o planeta menor Pallas. Assim, não é de surpreender que Gauss tenha sido nomeado professor de Astronomia e diretor do observatório astronômico de Göttingen em 1807. Isso obviamente fez com que, daí para a frente, apesar do ecletismo de seu talento e de seu gosto pela Mate-

JENSEN, CHRISTIAN-ALBRECHT/THE PUSHKIN STATE MUSEUM OF FINE ARTS, MOSCOW/THE BRIDGEMAN ART LIBRARY/GRUPO KEYSTONE

Carl F. Gauss (1777-1855).

mática, dirigisse suas pesquisas mais para a Física e a Astronomia. Diga-se de passagem, uma de suas grandes obras é *Theoria motus corporum coelestium* (1809), no campo da Astronomia teórica.

Para Gauss, como para Newton, teoria e prática eram duas faces da mesma moeda. Assim é que em 1812 publicou um conjunto de tábuas cujo objetivo era fornecer log $(a \pm b)$ conhecidos os valores de log a e log b. Essas tábuas foram amplamente utilizadas por marinheiros para resolver problemas de navegação. Ou seja, mesmo trabalhos que para outros seriam considerados praticamente "braçais" e portanto "menores" mereciam sua atenção, em face da importância prática que podiam ter.

Porém, seja por excesso de zelo, seja para evitar polêmicas, Gauss publicava relativamente pouco. Foi preciso que se descobrisse, em 1898, um diário deixado por ele, contendo 148 breves enunciados, para que se tivesse uma ideia mais precisa de quanto ele era incansável e do alcance de sua genialidade. Por exemplo, embora tenha descoberto a geometria não euclidiana hiperbólica em 1824 (como o prova carta ao amigo F. A. Taurinos), nada publicou a respeito, perdendo assim a primazia desse grande avanço matemático para o russo Lobachevski (1793-1856), cuja primeira publicação a respeito é de 1829.

O selo usado por Gauss revela bem essa faceta de sua personalidade: era uma árvore com poucos frutos e a divisa *pauca sed matura* (poucos, porém maduros).

CAPÍTULO VI

Inequações exponenciais e logarítmicas

I. Inequações exponenciais

Como havíamos prometido no primeiro estudo de inequações exponenciais, voltamos novamente a esse assunto.

Enfocaremos neste capítulo as inequações exponenciais que não podem ser reduzidas a uma desigualdade de potências de mesma base por meio de simples aplicações das propriedades de potências.

68. A resolução de uma inequação desse tipo baseia-se no crescimento ou decrescimento da função logarítmica, isto é, se $a^x > 0$, $b > 0$ e $0 < c \neq 1$, tem-se:

$$(1) \quad a^x > b \Leftrightarrow \begin{cases} \log_c a^x > \log_c b, & \text{se } c > 1 \\ \log_c a^x < \log_c b, & \text{se } 0 < c < 1 \end{cases}$$

$$(2) \quad a^x < b \Leftrightarrow \begin{cases} \log_c a^x < \log_c b, & \text{se } c > 1 \\ \log_c a^x > \log_c b, & \text{se } 0 < c < 1 \end{cases}$$

EXERCÍCIOS

321. Resolva as inequações:

a) $3^x > 2$

b) $2^{3x-1} \leqslant \frac{1}{5}$

Solução

a) Tomando os logaritmos de ambos os membros da desigualdade na base 3 e mantendo a desigualdade, pois a base do logaritmo é maior que 1, temos:

$$3^x > 2 \Rightarrow \log_3 3^x > \log_3 2 \Rightarrow x \cdot \log_3 3 > \log_3 2 \Rightarrow x > \log_3 2$$

A escolha da base 3 para o logaritmo visou obter uma simplificação na resolução. Obteríamos o mesmo resultado se tomássemos os logaritmos em qualquer outra base.
Por exemplo, tomando os logaritmos na base $\frac{1}{5}$ e invertendo a desigualdade, temos:

$$3^x > 2 \Rightarrow \log_{\frac{1}{5}} 3^x < \log_{\frac{1}{5}} 2 \Rightarrow x \cdot \log_{\frac{1}{5}} 3 < \log_{\frac{1}{5}} 2 \xRightarrow{(\log_{\frac{1}{5}} 3 < 0)}$$

$$\Rightarrow x > \frac{\log_{\frac{1}{5}} 2}{\log_{\frac{1}{5}} 3} \Rightarrow x > \log_3 2$$

$$S = \{x \in \mathbb{R} \mid x > \log_3 2\}$$

b) $2^{3x-1} \leqslant \frac{1}{5} \Rightarrow \frac{2^{3x}}{2} \leqslant \frac{1}{5} \Rightarrow 8^x \leqslant \frac{2}{5} \Rightarrow \log_8 8^x \leqslant \log_8 \frac{2}{5} \Rightarrow x \leqslant \log_8 \frac{2}{5}$

$$S = \left\{x \in \mathbb{R} \mid x < \log_8 \frac{2}{5}\right\}$$

322. Resolva as inequações:

a) $4^x > 7$

b) $\left(\frac{1}{3}\right)^x \leqslant 5$

c) $2^{3x+2} > 9$

d) $5^{4x-1} < 3$

e) $3^{2-3x} < \frac{1}{4}$

f) $3^{\sqrt{x}} > 4$

g) $2^{(x^2)} \leqslant 5$

323. Resolva a inequação $3^{2x-1} > 2^{3x+1}$.

Solução

$$3^{2x-1} > 2^{3x+1} \Rightarrow \frac{3^{2x}}{3} > 2^{3x} \cdot 2 \Rightarrow \frac{(3^2)^x}{(2^3)^x} > 2 \cdot 3 \Rightarrow \frac{9^x}{8^x} > 6 \Rightarrow$$

$$\Rightarrow \left(\frac{9}{8}\right)^x > 6 \Rightarrow \log_{\frac{9}{8}}\left(\frac{9}{8}\right)^x > \log_{\frac{9}{8}} 6 \Rightarrow x > \log_{\frac{9}{8}} 6$$

$$S = \left\{x \in \mathbb{R} \mid x > \log_{\frac{9}{8}} 6\right\}$$

324. Resolva as inequações:

a) $2^x > 3^{x-1}$

b) $2^{3x-1} \leqslant \left(\frac{1}{3}\right)^{2x-3}$

c) $\left(\frac{1}{5}\right)^{2x+3} > 2^{4x-3}$

d) $2^{x-2} > 3^{2x-1}$

325. Resolva as inequações:

a) $5^x > 3^x + 3^{x+1}$

b) $3^x + 3^{x+1} \leqslant 2^x - 2^{x-1}$

c) $2^x + 2^{x+1} + 2^{x+2} > 3^{x+1} - 3^x$

d) $3^x + 3^{x+1} + 3^{x+2} < 2^{x-2} - 2^x$

e) $2^x + 2^{x+1} - 2^{x+3} < 5^{x+2} - 5^{x-1}$

326. Resolva as inequações:

a) $2^{3x+1} \cdot 5^{2x-3} > 6$

b) $3^{2x-1} \cdot 2^{5-4x} > 5$

327. Resolva as inequações:

a) $9^x - 5 \cdot 3^x + 6 > 0$

b) $4^x - 2^{x+2} + 3 < 0$

c) $25^x - 5^x - 6 \geqslant 0$

d) $4^{x+\frac{1}{2}} - 2^x - 3 \leqslant 0$

e) $25^x + 5^{x+1} + 4 \leqslant 0$

f) $2 \cdot 9^x + 3^{x+2} + 4 > 0$

328. Resolva a inequação $9^x - 6^x - 4^x > 0$.

329. Resolva a inequação $4^x - 6 \cdot 10^x + 8 \cdot 25^x \leqslant 0$.

330. Resolva a inequação $4^{x+1} - 8 \cdot 6^x + 9^{x+\frac{1}{2}} \geqslant 0$.

II. Inequações logarítmicas

Assim como classificamos as equações logarítmicas em três tipos básicos, vamos também classificar as inequações logarítmicas em três tipos:

69. 1º tipo: $\log_a f(x) > \log_a g(x)$

É a inequação redutível a uma desigualdade entre dois logaritmos de mesma base *a* ($0 < a \neq 1$).

Como a função logaritmo é crescente se $a > 1$ e decrescente se $0 < a < 1$, devemos considerar dois casos:

1º caso

Quando a base é maior que 1, a relação de desigualdade existente entre os logaritmandos é de mesmo sentido que a dos logaritmos. Não nos devemos esquecer de que, para existirem os logaritmos em $\mathbb{R}$, os logaritmandos deverão ser positivos.

Esquematicamente, temos:

Se $a > 1$, então

$$\log_a f(x) > \log_a g(x) \Leftrightarrow f(x) > g(x) > 0.$$

2º caso

Quando a base é positiva e menor que 1, a relação de desigualdade existente entre os logaritmandos é de sentido contrário à dos logaritmos. Também não nos podemos esquecer de que os logaritmandos deverão ser positivos para que os logaritmos sejam reais.

Esquematicamente, temos:

Se $0 < a < 1$, então

$$\log_a f(x) > \log_a g(x) \Leftrightarrow 0 < f(x) < g(x).$$

Agrupando os dois casos num só esquema, temos:

$$\log_a f(x) > \log_a g(x) \Leftrightarrow \begin{cases} f(x) > g(x) > 0 \quad \text{se } a > 1 \\ \text{ou} \\ 0 < f(x) < g(x) \quad \text{se } 0 < a < 1 \end{cases}$$

70. Exemplos:

1º) Resolver a inequação $\log_2 (2x - 1) < \log_2 6$.

Solução

Observe que a base é maior que 1; logo, a desigualdade entre os logaritmandos tem o mesmo sentido que a dos logaritmos.

$$\log_2 (2x - 1) < \log_2 6 \Rightarrow 0 < 2x - 1 < 6 \Rightarrow \frac{1}{2} < x < \frac{7}{2}$$

$$S = \left\{x \in \mathbb{R} \mid \frac{1}{2} < x < \frac{7}{2}\right\}$$

2º) Resolver a inequação $\log_{\frac{1}{3}} (x^2 - 4x) > \log_{\frac{1}{3}} 5$.

Solução

Observe que agora a base é menor que 1; logo, a desigualdade entre os logaritmandos tem sentido contrário à dos logaritmos.

$$\log_{\frac{1}{3}} (x^2 - 4x) > \log_{\frac{1}{3}} 5 \Rightarrow 0 < x^2 - 4x < 5 \Rightarrow$$

$$\Rightarrow \begin{cases} x^2 - 4x > 0 \Rightarrow x < 0 \text{ ou } x > 4 \quad (S_1) \\ \text{e} \\ x^2 - 4x < 5 \Rightarrow x^2 - 4x - 5 < 0 \Rightarrow -1 < x < 5 \quad (S_2) \end{cases}$$

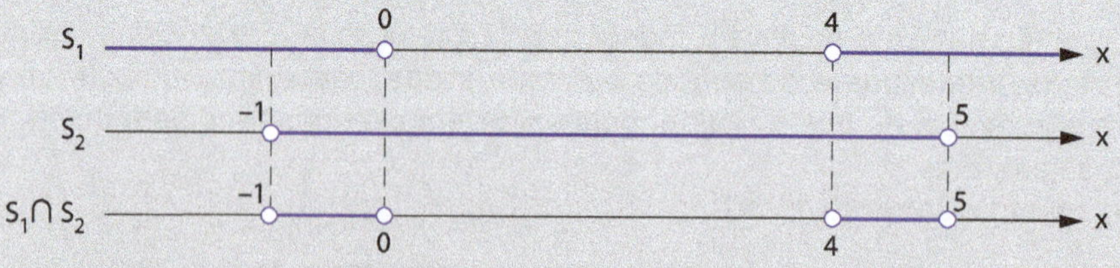

$$S = S_1 \cap S_2 = \{x \in \mathbb{R} \mid -1 < x < 0 \text{ ou } 4 < x < 5\}.$$

3º) Resolver a inequação $\log_5 (x^2 - 2x - 6) \geqslant \log_5 2$.

Solução

$$\log_5 (x^2 - 2x - 6) \geqslant \log_5 2 \Rightarrow x^2 - 2x - 6 \geqslant 2 \Rightarrow$$

$$\Rightarrow x^2 - 2x - 8 \geqslant 0 \Rightarrow x \geqslant -2 \text{ ou } x \geqslant 4$$

$$S = \{x \in \mathbb{R} \mid x \leqslant -2 \text{ ou } x \geqslant 4\}$$

71. 2º tipo: $\log_a f(x) \lesseqgtr k$

É a inequação logarítmica redutível a uma desigualdade entre um logaritmo e um número real.

Para resolvermos uma inequação desse tipo, basta notarmos que o número real *k* pode ser assim expresso:

$$k = k \cdot \log_a a = \log_a a^k$$

Portanto, são equivalentes as inequações

$$\log_a f(x) > k \iff \log_a f(x) > \log_a a^k$$

e

$$\log_a f(x) < k \iff \log_a f(x) < \log_a a^k$$

Pelo estudo já feito no tipo anterior, temos, esquematicamente:

$$\log_a f(x) > k \iff \begin{cases} f(x) > a^k & \text{se } a > 1 \\ 0 < f(x) < a^k & \text{se } 0 < a < 1 \end{cases}$$

$$\log_a f(x) < k \iff \begin{cases} 0 < f(x) < a^k & \text{se } a > 1 \\ f(x) > a^k & \text{se } 0 < a < 1 \end{cases}$$

72. Exemplos:

1º) Resolver a inequação $\log_3 (3x + 2) < 2$.

Solução

$$\log_3 (3x + 2) < 2 \Rightarrow 0 < 3x + 2 < 3^2 \Rightarrow -\frac{2}{3} < x < \frac{7}{3}$$

$$S = \left\{x \in \mathbb{R} \mid -\frac{2}{3} < x < \frac{7}{3}\right\}$$

2º) Resolver a inequação $\log_{\frac{1}{2}} (2x^2 - 3x) > -1$.

Solução

$$\log_{\frac{1}{2}} (2x^2 - 3x) > -1 \Rightarrow 0 < 2x^2 - 3x < \left(\frac{1}{2}\right)^{-1} \Rightarrow$$

$$\Rightarrow \begin{cases} 2x^2 - 3x > 0 \Rightarrow x < 0 \text{ ou } x > \dfrac{3}{2} & (S_1) \\ \text{e} \\ 2x^2 - 3x < 2 \Rightarrow 2x^2 - 3x - 2 < 0 \Rightarrow -\dfrac{1}{2} < x < 2 & (S_2) \end{cases}$$

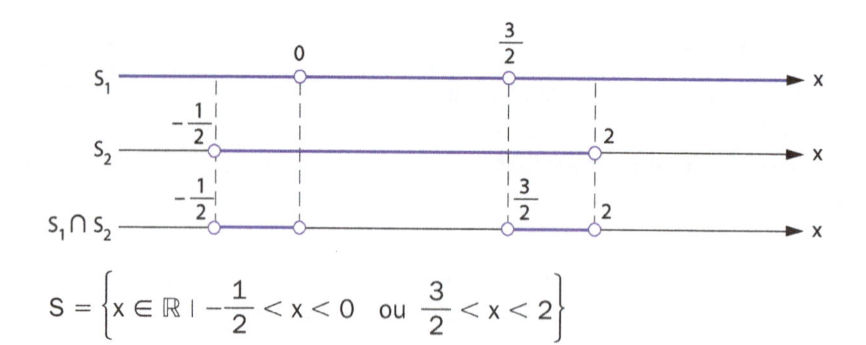

$$S = \left\{x \in \mathbb{R} \mid -\frac{1}{2} < x < 0 \quad \text{ou} \quad \frac{3}{2} < x < 2\right\}$$

3º) Resolver a inequação $\log_{\frac{1}{3}} (2x^2 - 7x + 5) \leqslant -2$.

Solução

$$\log_{\frac{1}{3}} (2x^2 - 7x + 5) \leqslant -2 \Rightarrow 2x^2 - 7x + 5 \geqslant \left(\frac{1}{3}\right)^{-2} \Rightarrow$$

$$\Rightarrow 2x^2 - 7x + 5 \geqslant 9 \Rightarrow 2x^2 - 7x - 4 \geqslant 0 \Rightarrow x \leqslant -\frac{1}{2} \quad \text{ou} \quad x \geqslant 4$$

$$S = \left\{x \in \mathbb{R} \mid x \leqslant -\frac{1}{2} \quad \text{ou} \quad x \geqslant 4\right\}$$

73. 3º tipo: incógnita auxiliar

São as inequações que resolvemos fazendo inicialmente uma mudança de incógnita.

74. Exemplos:

Resolver a inequação $\log_3^2 x - 3 \cdot \log_3 x + 2 > 0$.

Solução

Fazendo $\log_3 x = y$, temos:

$y^2 - 3y + 2 > 0 \Rightarrow y < 1$ ou $y > 2$, mas $y = \log_3 x$, então:

$\log_3 x < 1 \Rightarrow 0 < x < 3^1$ ou $\log_3 x > 2 \Rightarrow x > 3^2 = 9$

$S = \{x \in \mathbb{R} \mid 0 < x < 3 \quad \text{ou} \quad x > 9\}$

EXERCÍCIOS

331. Resolva as inequações:

a) $\log_3 (5x - 2) < \log_3 4$

b) $\log_{0,3} (4x - 3) < \log_{0,3} 5$

c) $\log_{\frac{1}{2}} (3x - 1) \geqslant \log_{\frac{1}{2}} (2x + 3)$

d) $\log_2 (2x^2 - 5x) \leqslant \log_2 3$

e) $\log_{\frac{1}{2}} (x^2 - 1) > \log_{\frac{1}{2}} (3x + 9)$

f) $\log_{\frac{1}{10}} (x^2 + 1) < \log_{\frac{1}{10}} (2x - 5)$

g) $\log (x^2 - x - 2) < \log (x - 4)$

332. Resolva as inequações:

a) $\log_5 (x^2 - x) > \log_{0,2} \dfrac{1}{6}$

b) $\log_{\frac{1}{2}} \left(x^2 - x - \dfrac{3}{4}\right) > 2 - \log_2 5$

333. Resolva a inequação $\log x - \text{colog}\,(x + 1) > \log 12$.

334. Resolva as inequações:

a) $\log_2 (2 - x) < \log_{\frac{1}{2}} (x + 1)$

b) $\dfrac{1}{\log_2 x} \leqslant \dfrac{1}{\log_2 \sqrt{x + 2}}$

335. Resolva as inequações:

a) $\log_2 (3x + 5) > 3$

b) $\log_{\frac{1}{3}} (4x - 3) \geqslant 2$

c) $\log_2 (x^2 + x - 2) \leqslant 2$

d) $\log_{\frac{1}{2}} (2x^2 - 6x + 3) < 1$

e) $\log_{\frac{1}{2}} (x^2 + 4x - 5) > -4$

f) $\log_{\frac{5}{8}} \left(2x^2 - x - \dfrac{3}{8}\right) \geqslant 1$

g) $\log (x^2 + 3x + 3) > 0$

h) $\log_{0,3} (x^2 - 4x + 1) \geqslant 0$

336. Resolva a inequação $\log_a (2x - 3) > 0$, para $0 < a < 1$.

337. Resolva as inequações:

a) $2 < \log_2 (3x + 1) < 4$

b) $2 < \log_2 (3 - 2x) \leqslant 3$

c) $\dfrac{1}{2} < \log_{\frac{1}{2}} (2x) < 1$

d) $0 < \log_3 (x^2 - 4x + 3) < 1$

338. Resolva a inequação $1 \leqslant \log_{10} (x - 1) \leqslant 2$, com $x > 1$.

339. Resolva as inequações:

a) $|\log_2 x| > 1$

b) $|\log_3 (x - 3)| \geqslant 2$

c) $|\log x| < 1$

d) $|2 + \log_2 x| \geqslant 3$

e) $|\log_3 (x^2 - 1)| < 1$

340. Resolva as inequações:

a) $3 \cdot \log_3^2 x + 5 \cdot \log_3 x - 2 \leqslant 0$

b) $\log_{\frac{1}{2}}^2 x - 3 \cdot \log_{\frac{1}{2}} x - 4 > 0$

c) $\log_2^2 x < 4$

d) $1 < \log^2 x < 3$

e) $\log^4 x - 5 \cdot \log^2 x + 4 < 0$

f) $\dfrac{1}{\log_2 x} - \dfrac{1}{\log_2 x - 1} < 1$

341. Determine as soluções da desigualdade $2 (\log_e x)^2 - \log_e x > 6$.

342. Resolva as inequações:

a) $\log_2 x - 6 \cdot \log_x 2 + 1 > 0$

b) $\log_2 x - \log_x 8 - 2 \geqslant 0$

c) $(\log_2 x)^4 - \left(\log_{\frac{1}{2}} \dfrac{x^5}{4}\right)^2 - 20 \cdot \log_2 x + 148 < 0$

343. Determine os valores de *x* que verificam a desigualdade

$$\frac{1}{\log_e x} + \frac{1}{\log_x e - 1} > 1.$$

344. Resolva a inequação $1 - \sqrt{1 - 8(\log_{\frac{1}{4}} x)^2} < 3 \cdot \log_{\frac{1}{4}} x$.

345. Resolva a inequação $\log_{\frac{x}{2}} 8 + \log_{\frac{x}{4}} 8 < \dfrac{\log_2 x^4}{\log_2 x^2 - 4}$.

346. Resolva a inequação $\dfrac{1 + \log_a^2 x}{1 + \log_a x} > 1$, para $0 < a < 1$.

347. Resolva a inequação $\log_2 (x - 3) + \log_2 (x - 2) \leqslant 1$.

Solução

Antes de aplicarmos as propriedades operatórias dos logaritmos, devemos estabelecer a condição para a existência dos logaritmos, isto é:

$$\left.\begin{array}{l} x - 3 > 0 \Rightarrow x > 3 \\ \quad\text{e} \qquad\qquad \text{e} \\ x - 2 > 0 \Rightarrow x > 2 \end{array}\right\} \Rightarrow x > 3 \quad (1)$$

Resolvendo a inequação, temos:

$\log_2 (x - 3) + \log_2 (x - 2) \leqslant 1 \Rightarrow \log_2 (x - 3)(x - 2) \leqslant 1 \Rightarrow$

$\Rightarrow (x - 3)(x - 2) \leqslant 2 \Rightarrow x^2 - 5x + 4 \leqslant 0 \Rightarrow 1 \leqslant x \leqslant 4$ (2)

A solução da inequação proposta são os valores de x que satisfazem simultaneamente (1) e (2); portanto:

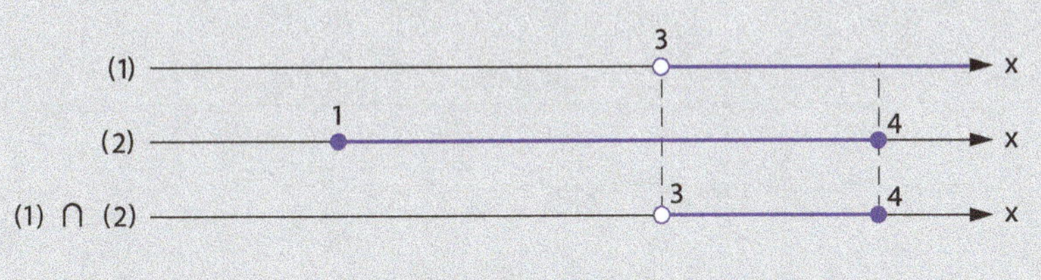

$S = \{x \in \mathbb{R} \mid 3 < x \leqslant 4\}$

348. Resolva as inequações:

a) $\log_3 (3x + 4) - \log_3 (2x - 1) > 1$

b) $\log_2 x + \log_2 (x + 1) < \log_2 (2x + 6)$

c) $\log_2 (3x + 2) - \log_2 (1 - 2x) > 2$

d) $\log (2x - 1) - \log (x + 2) < \log 3$

e) $\log_3 (x^2 + x - 6) - \log_3 (x + 1) > \log_3 4$

f) $\log_{\frac{1}{2}} (x - 1) + \log_{\frac{1}{2}} (3x - 2) \geqslant -2$

349. Determine os valores de x para os quais $\log_{10} x + \log_{10} (x + 3) < 1$.

350. Resolva as inequações:

a) $\log_2 \sqrt{6x + 1} + \log_2 \sqrt{x + 1} > \log_4 3$

b) $\log_4 (8x) - \log_2 \sqrt{x - 1} - \log_2 \sqrt{x + 1} < \log_2 3$

351. Resolva a inequação $\log_4 (2x^2 + x + 1) - \log_2 (2x - 1) \leqslant 1$.

352. Resolva a inequação $\log_2 \left[\log_{\frac{1}{2}} (\log_3 x)\right] > 0$.

Solução

$\log_2 \left[\log_{\frac{1}{2}} (\log_3 x)\right] > 0 \Rightarrow \log_{\frac{1}{2}} (\log_3 x) > 1 \Rightarrow 0 < \log_3 x < \frac{1}{2} \Rightarrow$

$\Rightarrow 1 < x < \sqrt{3}$

$S = \left\{x \in \mathbb{R} \mid 1 < x < \sqrt{3}\right\}$

353. Resolva as inequações:

a) $\log_{\frac{1}{3}}\left(\log_2 x\right) < 0$

b) $\log_{\frac{1}{2}}\left(\log_{\frac{1}{3}} x\right) \geqslant 0$

c) $\log_2\left(\log_{\frac{1}{2}} x\right) \geqslant 1$

d) $\log_2\left[\log_3\left(\log_5 x\right)\right] > 0$

e) $\log_{\frac{1}{2}}\left[\log_3\left(\log_{\frac{1}{2}} x\right)\right] < 0$

f) $\log_2\left[\log_{\frac{1}{2}}\left(\log_3 x\right)\right] > 1$

354. Determine o conjunto solução da inequação $\log_{\frac{1}{3}}\left[\log_{\frac{1}{3}} x\right] \geqslant 0$.

355. Sendo $a > 1$, resolva a inequação $\log_a (\log_a x) < 0$.

356. Se $0 < a < 1$, resolva a inequação $\log_a\left(\log_{\frac{1}{a}} x\right) \leqslant 0$.

357. Resolva a inequação $\log_a\left[\log_{\frac{1}{a}} (\log_a x)\right] \geqslant 0$, para $a > 1$.

358. Resolva a inequação $\log_{\frac{1}{a}}\left[\log_a (\log_a x)\right] \leqslant 0$, para $0 < a < 1$.

359. Resolva as inequações:

a) $\log_2\left\{1 + \log_3\left[\log_2 (x^2 - 3x + 2)\right]\right\} \geqslant 0$

b) $\log_{\frac{1}{3}}\left[\log_4 (x^2 - 5)\right] > 0$

c) $\log_2\left(\log_{\frac{1}{3}} \frac{1}{x - 1}\right) < 0$

d) $\log_{\frac{1}{2}}\left(\log_8 \frac{x^2 - 2x}{x - 3}\right) \leqslant 0$

360. Determine o domínio das funções:

a) $f(x) = \sqrt{\log_2 x}$

b) $f(x) = \sqrt{\log_{\frac{1}{2}} x}$

c) $f(x) = \sqrt{\log_2\left(\log_{\frac{1}{2}} x\right)}$

d) $f(x) = \sqrt[3]{\log_{\frac{1}{2}} (\log_2 x)}$

e) $f(x) = \sqrt{\log_3 \frac{x^2 + 2x - 7}{x - 1}}$

f) $f(x) = \sqrt{\log_{\frac{1}{2}} \frac{x}{x^2 - 1}}$

361. Determine o domínio da função *f* dada por $f(x) = \sqrt{\log_{\frac{1}{2}} (x - 1)}$.

362. Resolva a inequação $\sqrt{\log_a \frac{3 - 2x}{1 - x}} < 1$.

363. Resolva as inequações:

a) $\left(\frac{1}{2}\right)^{\log_{\frac{1}{3}}(4x^2 - 9x + 5)} > 2$

b) $3^{\log_{\frac{1}{2}}(x^2 + 6x)} \leqslant \frac{1}{81}$

c) $\left(\frac{1}{2}\right)^{\log_3\left[\log_{\frac{1}{2}}\left(x - \frac{1}{x}\right)\right]} < 1$

d) $(1{,}25)^{1 - \log_2^2 x} < (0{,}64)^{2 + \log_{\sqrt{2}} x}$

364. Resolva a inequação $x^{2 - \log_2^2 x - \log_2 x^2} > \frac{1}{x}$.

365. Determine os valores de *a* para que a equação $x^2 - 4x + \log_2 a = 0$ admita raízes reais.

Solução

A equação admitirá raízes reais se o discriminante da equação não for negativo ($\Delta \geqslant 0$).

$\Delta = 16 - 4 \cdot \log_2 a \geqslant 0 \Rightarrow \log_2 a \leqslant \frac{1}{4} \Rightarrow 0 < a < \sqrt[4]{2}$

Resposta: $0 < a < \sqrt[4]{2}$.

366. Determine os valores de *a* para os quais as raízes da equação são reais:

a) $x^2 - 2x - \log_2 a = 0$

b) $3x^2 - 6x + \log a = 0$

c) $x^2 - x \cdot \log_3 a + 4 = 0$

d) $x^2 - x \cdot \log_2 a + \log_2 a = 0$

367. Determine o valor de *m* para que a equação $x^2 - 2x - \log_{10} m = 0$ não tenha raízes reais.

368. Determine o valor de N para que a equação $x^2 - 2x + \log_{10} N = 0$ admita duas raízes de sinais contrários.

369. Determine o valor de *t* para que a equação $4^x - (\log_e t + 3)\, 2^x - \log_e t = 0$ admita duas raízes reais e distintas.

370. Determine *a* para que a equação $3x^2 - 5x + \log(2a^2 - 9a + 10) = 0$ admita raízes de sinais contrários.

371. Resolva as inequações:

a) $(4 - x^2) \cdot \log_2(1 - x) \leqslant 0$

b) $(5x^2 + x - 6) \cdot \log_{\frac{1}{2}}(3x - 4) \geqslant 0$

372. Resolva a inequação $x^{\frac{1}{\log x}} \cdot \log x < 1$.

373. Resolva a inequação $\log_x (2x^2 - 5x + 2) > 1$.

Solução

Antes de resolvermos a inequação, devemos levantar a condição para a existência do logaritmo.

$$\left.\begin{cases} 2x^2 - 5x + 2 > 0 \Rightarrow x < \frac{1}{2} \text{ ou } x > 2 \\ \text{e} \\ 0 < x \neq 1 \end{cases}\right\} \Rightarrow 0 < x < \frac{1}{2} \text{ ou } x > 2 \quad (1)$$

Como a base x pode ser maior ou menor que 1, devemos examinar dois casos:

1º) Se $x > 1$ (2), temos:

$$\log_x (2x^2 - 5x + 2) > 1 \Rightarrow 2x^2 - 5x + 2 > x \Rightarrow 2x^2 - 6x + 2 > 0 \Rightarrow$$

$$\Rightarrow x < \frac{3 - \sqrt{5}}{2} \text{ ou } x > \frac{3 + \sqrt{5}}{2} \quad (3)$$

A solução neste caso é dada por:

(1) — $\frac{1}{2}$, 2 — x

(2) — 1 — x

(3) — $\frac{3-\sqrt{5}}{2}$, $\frac{3+\sqrt{5}}{2}$ — x

(1) ∩ (2) ∩ (3) — $\frac{3+\sqrt{5}}{2}$ — x

$$S_1 = \left\{x \in \mathbb{R} \mid x > \frac{3 + \sqrt{5}}{2}\right\}$$

2º) Se $0 < x < 1$ (4), temos:

$$\log_x (2x^2 - 5x + 2) > 1 \Rightarrow 2x^2 - 5x + 2 < x \Rightarrow 2x^2 - 6x + 2 < 0$$

$$\frac{3 - \sqrt{5}}{2} < x < \frac{3 + \sqrt{5}}{2} \quad (5)$$

A solução neste caso é dada por:

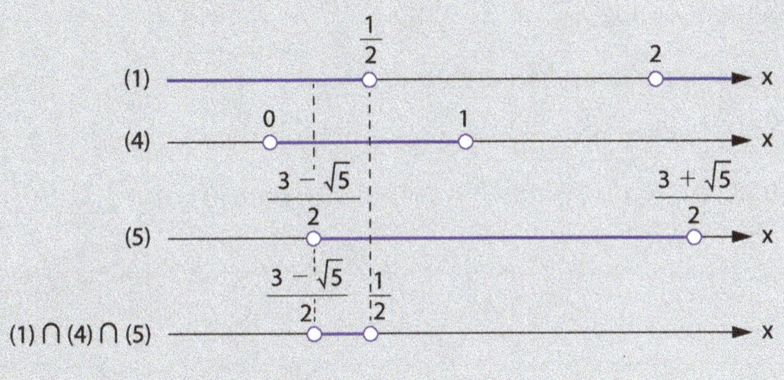

$$S_2 = \left\{x \in \mathbb{R} \mid \frac{3 - \sqrt{5}}{2} < x < \frac{1}{2}\right\}$$

A solução da inequação proposta é:

$$S = S_1 \cup S_2 = \left\{x \in \mathbb{R} \mid \frac{3 - \sqrt{5}}{2} < x < \frac{1}{2} \text{ ou } x > \frac{3 + \sqrt{5}}{2}\right\}$$

374. Resolva as inequações:

a) $\log_{x^2} (x + 2) < 1$

b) $\log_{2x+3} x^2 < 1$

c) $\log_{x^2} (x^2 - 5x + 4) < 1$

d) $\log_x \frac{4x + 5}{6 - 5x} < -1$

e) $\log_{(3x^2+1)} 2 < \frac{1}{2}$

f) $\log_x \frac{x + 3}{x - 1} > 1$

g) $\log_{(x+6)} (x^2 - x - 2) \geq 1$

h) $\log_{\left(\frac{2x+5}{2}\right)} \left(\frac{x - 5}{2x - 3}\right)^2 > 0$

i) $\log_{\sqrt{2x^2 - 7x + 6}} \left(\frac{x}{3}\right) > 0$

375. Resolva a inequação $\log_x (2x - 1) \leq 2$.

376. Para que valores de *a* e *b* se tem a desigualdade: $\log_a (a^2b) > \log_b \left(\frac{1}{a^5}\right)$?

377. Resolva a inequação $\log_2 (x - 1) \cdot \log_{\frac{1}{2}} (3x - 4) > 0$.

378. Resolva a inequação $x^{\log_a x + 1} > a^2 x$ para $a > 1$.

379. Resolva a inequação $\log_{\frac{1}{2}} x + \log_3 x > 1$.

380. Resolva a inequação $\log_2 (2^x - 1) \cdot \log_{\frac{1}{2}} (2^{x+1} - 2) > -2$.

381. Determine o conjunto solução da inequação
$(x - \log_3 27)(x - \log_2 \sqrt{8}) < 0$.

382. Determine o conjunto de todos os x para os quais $x \log_{\frac{1}{2}} (x - 1) < 0$.

LEITURA

A computação e o sonho de Babbage

Hygino H. Domingues

O ato de contar com pedrinhas remonta às origens dos processos aritméticos. Daí para a invenção do ábaco foi uma evolução natural, embora, sem dúvida, bastante lenta. Esse primeiro instrumento mecânico de computação teve uma importância muito grande e duradoura: ainda no século XVI, não raro os textos de aritmética traziam instruções para calcular tanto com algarismos indo-arábicos como com o ábaco.

O século XVII, na esteira da revolução científica que o distinguiu, deu contribuições notáveis também ao campo da computação. John Napier (1550-1617), o criador dos logaritmos, num trabalho de 1617 intitulado *Rabdologia*, descreveu o primeiro instrumento de cálculo a ser inventado após o ábaco: as chamadas "barras de Napier", um dispositivo mecânico que reduzia o trabalho de multiplicar à realização de adições. O sucesso dessas barras foi tanto que de início elas trouxeram mais notoriedade a seu inventor que os próprios logaritmos. Pouco depois, em 1622, surgiu a primeira versão das réguas de cálculo, uma invenção do matemático inglês William Oughtred (1579-1660), desenvolvendo uma ideia de seu conterrâneo Edmund Gunter (1581-1626).

E mesmo o protótipo mais legítimo das atuais máquinas de calcular é fruto do século XVII. Trata-se da Pascaline, planejada pelo matemático e pensador francês Blaise Pascal (1623-1662), quando tinha 18 anos de idade, para aliviar seu pai, um coletor de impostos, dos exaustivos cálculos a que sua função o obrigava diariamente. Basicamente, a Pascaline era um engenho mecânico capaz de somar e subtrair. Pascal chegou a construir cerca de 50 dessas máquinas, mas esse número não correspondeu ao sucesso comercial esperado por ele.

Na segunda metade do século XVII, o matemático e filósofo alemão Gottfried W. Leibniz (1646-1716), preocupado com as horas de trabalho gastas por matemáticos e astrônomos em cálculos árduos e demorados — o que considerava indigno do saber desses homens, visto que qualquer pessoa poderia realizá-los caso se usassem máquinas —, idealizou uma máquina de calcular capaz de realizar as quatro operações básicas. Pronta em 1694, seu componente aditivo era essencialmente idêntico ao da máquina de Pascal, mas, mediante um carro móvel e uma manivela, conseguia acelerar as adições repetidas envolvidas nos processos de multiplicação e divisão. As calculadoras mecânicas de mesa, ainda em uso até alguns anos atrás, cujos primeiros modelos remontam ao início do século XX, derivam da máquina de Leibniz.

É interessante registrar que entre as realizações matemáticas de Leibniz figura a primeira descrição do sistema de numeração binário (1703). A inspiração para esse trabalho veio-lhe em parte da leitura de um antigo texto chinês que procurava explicar a complexidade do Universo em termos de uma série de dualidades — por exemplo, luz e treva, macho e fêmea, bem e mal. Será que Leibniz, não obstante seu pioneirismo na busca de uma linguagem universal para as ciências, podia imaginar que a ideia subjacente ao sistema binário seria uma das molas propulsoras da computação do século XX, pela facilidade relativamente bem maior de se representar com dois símbolos apenas, 0 e 1, sujeitos à aritimética binária, qualquer informação a ser dada ao computador?

A primeira proposta de uma máquina de calcular automática só ocorreria no século XIX. Seu autor, o inglês Charles Babbage (1792-1871), ocupa uma posição singular na história da computação. Filho de um banqueiro, do qual posteriormente herdou fortuna considerável, Babbage foi educado por professores particulares, devido à sua saúde frágil, até iniciar seus estudos superiores no Trinity College, Cambridge, em 1810. Mas, acreditando que iria ser "apenas" o terceiro de sua turma, transferiu-se no terceiro ano para Peterhouse, onde, efetivamente, veio a se graduar em primeiro lugar. Não fosse a inquietação que o dominava, provocada especialmente pelas máquinas matemáticas com que sonhava, a vida de Babbage teria transcorrido provavelmente sem contratempos significativos. Mas ao fim de seus dias ele, que fora um otimista em sua juventude, tornou-se um homem amargo devido às frustrações decorrentes de sua luta contra tarefas muitas vezes acima das possibilidades de sua época.

Em 1822, num artigo científico, Babbage expôs pela primeira vez a ideia de sua "máquina diferencial", um engenho que seria capaz de calcular e imprimir extensas tábuas matemáticas. Em 1839, tendo obtido uma subvenção de 17 000 libras do governo britânico, renunciou a uma cadeira de Matemática que regia em Cambridge e pôs-se a trabalhar na construção de um modelo em tamanho grande. Em três anos esgotou todos os recursos colocados à sua disposição e gastou ainda cerca de 6 000 libras de seu bolso, sem concretizar o projeto, por fim abandonado. Que este era viável prova-o o fato de que dois suecos, George e Edward Scheutz, inspirados num artigo de Babbage, conseguiram construir uma máquina diferencial de menor porte, mas muito eficiente, completada em 1853.

PHOTOS12/DIOMEDIA

Charles Babbage (1792-1871).

UNIVERSAL IMAGES GROUP/UNIVERSAL HISTORY ARCHIVE/DIOMEDIA

Detalhe da "máquina diferencial", idealizada por Babbage.

Dentre os subprodutos desse período, o mais importante sem dúvida foi a ideia da "máquina analítica", de concepção mais simples, porém mais potente e mais rápida. Obedecendo às instruções fornecidas pelo operador através de cartões perfurados, teria condições de executar um espectro amplo de tarefas de cálculo. Embora sem subvenções, apesar de sua pertinaz insistência junto aos órgãos públicos, Babbage trabalhou vários anos nessa nova ideia, mas também não conseguiu concretizá-la. Em 1906 seu filho H. P. Babbage, depois de completar parcialmente a máquina, obteve por meio dela a expressão do número π com 29 algarismos — um feito modesto, mas que revelava uma centelha a ser avivada.

Somente no século XX, em 1944, ficaria pronto o primeiro computador programável — o Harvard Mark I Calculator — inspirado na máquina de Babbage. Com cerca de 15 m de comprimento e 2,5 m de altura, o Mark I continha nada menos que 750 000 componentes ligados por 80 400 m de fio. Sua complexidade técnica justificava as palavras do Prof. Howard H. Aiken, seu construtor, segundo as quais Babbage fracassara não devido ao seu projeto, mas "porque lhe faltavam máquinas operatrizes, circuitos elétricos e ligas metálicas" — tão essenciais nos modernos computadores.

Se para alguns de seus contemporâneos a máquina analítica de Babbage pareceu uma loucura, hoje pode-se dizer que foi um grande sonho que se tornou a realidade tecnológica de maior alcance do mundo moderno.

CAPÍTULO VII

Logaritmos decimais

I. Introdução

Após o estudo da teoria dos logaritmos, veremos agora algumas aplicações aos cálculos numéricos.

Os logaritmos, quando da sua invenção, foram saudados alegremente por Kepler (Johann Kepler, 1571-1630, astrônomo alemão), pois aumentavam enormemente a capacidade de computação dos astrônomos.

Notemos que, com as propriedades operatórias dos logaritmos, podemos transformar uma multiplicação em uma soma, uma divisão em uma subtração e uma potenciação em uma multiplicação, isto é, com o emprego da teoria de logaritmos podemos transformar uma operação em outra mais simples de ser realizada.

Dentre os diversos sistemas de logaritmos, estudaremos com particular interesse o sistema de logaritmos de base 10.

Lembremos as principais propriedades da função logarítmica de base 10:

1ª) $\log 1 = 0$

2ª) $\log 10 = 1$

3ª) $x > 1 \Rightarrow \log x > 0$

$0 < x < 1 \Rightarrow \log x < 0$

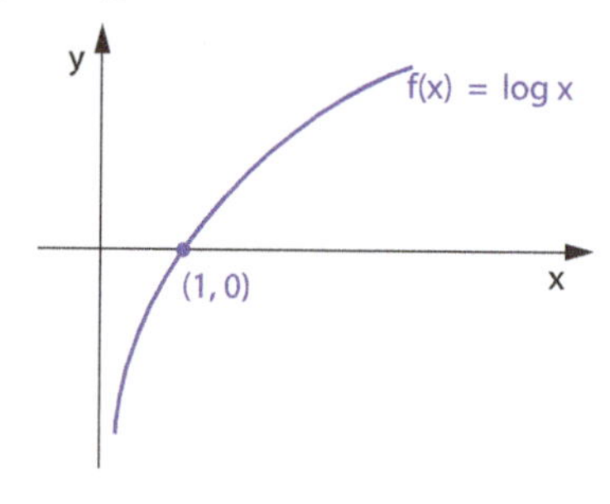

II. Característica e mantissa

75. Qualquer que seja o número real positivo x que consideremos, ele estará necessariamente compreendido entre duas potências de 10 com expoentes inteiros consecutivos.

Exemplos:

1º) $x = 0{,}04 \Rightarrow 10^{-2} < 0{,}04 < 10^{-1}$

2º) $x = 0{,}351 \Rightarrow 10^{-1} < 0{,}351 < 10^{0}$

3º) $x = 3{,}72 \Rightarrow 10^{0} < 3{,}72 < 10^{1}$

4º) $x = 45{,}7 \Rightarrow 10^{1} < 45{,}7 < 10^{2}$

5º) $x = 573 \Rightarrow 10^{2} < 573 < 10^{3}$

Assim, dado $x > 0$, existe $c \in \mathbb{Z}$ tal que:

$$10^{c} \leqslant x < 10^{c+1} \Rightarrow \log 10^{c} \leqslant \log x < \log 10^{c+1} \Rightarrow c \leqslant \log x < c + 1$$

Podemos afirmar que

$$\log x = c + m, \text{ em que } c \in \mathbb{Z} \text{ e } 0 \leqslant m < 1$$

isto é, o logaritmo decimal de x é a soma de um número inteiro c com um número decimal m não negativo e menor que 1.

O número inteiro c é por definição a **característica** do logaritmo de x, e o número decimal m ($0 \leqslant m < 1$) é por definição a **mantissa** do logaritmo decimal de x.

III. Regras da característica

A característica do logaritmo decimal de um número x real positivo será calculada por uma das duas regras seguintes.

76. Regra I ($x > 1$)

A característica do logaritmo decimal de um número $x > 1$ é igual ao número de algarismos de sua parte inteira menos 1.

Justificação:

Seja $x > 1$ e x tem $(n + 1)$ algarismos na sua parte inteira, então temos:

$10^n \leqslant x < 10^{n+1} \Rightarrow \log 10^n \leqslant \log x < \log 10^{n+1} \Rightarrow n \leqslant \log x < n + 1$

isto é, a característica de $\log x$ é n.

Exemplos:

logaritmo	característica
log 2,3	$c = 0$
log 31,421	$c = 1$
log 204	$c = 2$
log 6542,3	$c = 3$

77. Regra II $(0 < x < 1)$

A característica do logaritmo decimal de um número $0 < x < 1$ é o oposto da quantidade de zeros que precedem o primeiro algarismo significativo.

Justificação:

Seja $0 < x < 1$ e x tem n algarismos zeros precedendo o primeiro algarismo não nulo; temos, então:

$10^{-n} \leqslant x < 10^{-n+1} \Rightarrow \log 10^{-n} \leqslant \log x < \log 10^{-n+1} \Rightarrow -n \leqslant \log x < -n + 1$

isto é, a característica de $\log x$ é $-n$.

Exemplos:

logaritmo	característica
log 0,2	$c = -1$
log 0,035	$c = -2$
log 0,00405	$c = -3$
log 0,00053	$c = -4$

IV. Mantissa

A mantissa é obtida nas tábuas (tabelas) de logaritmos.

Em geral, a mantissa é um número irracional e por esse motivo as tábuas de logaritmos são tabelas que fornecem os valores aproximados dos logaritmos dos números inteiros, geralmente de 1 a 10 000.

Nas páginas 134 e 135 temos uma tabela de mantissas dos logaritmos dos números inteiros de 10 a 99.

Ao procurarmos a mantissa do logaritmo decimal de x, devemos lembrar a seguinte propriedade.

78. Propriedade da mantissa

A mantissa do logaritmo decimal de x não se altera se multiplicarmos x por uma potência de 10 com expoente inteiro.

Demonstração:

Para demonstrarmos essa propriedade, mostremos que, se $p \in \mathbb{Z}$, então a diferença:

$$[\log (x \cdot 10^p) - \log x] \in \mathbb{Z}$$

De fato:

$$\log (10^p \cdot x) - \log x = \log \left(\frac{10^p \cdot x}{x}\right) = \log 10^p = p \in \mathbb{Z}$$

Uma consequência importante é:

Os logaritmos de dois números cujas representações decimais diferem apenas pela posição da vírgula têm mantissas iguais.

Assim, os logaritmos decimais dos números 2, 200, 2 000, 0,2, 0,002 têm todos a mesma mantissa 0,3010, mas as características são respectivamente 0, 2, 3, −1, −3.

	MANTISSAS									
N	0	1	2	3	4	5	6	7	8	9
10	0000	0043	0086	0128	0170	0212	0253	0294	0334	0374
11	0414	0453	0492	0531	0569	0607	0645	0682	0719	0755
12	0792	0828	0864	0899	0934	0969	1004	1038	1072	1106
13	1139	1173	1206	1239	1271	1303	1335	1367	1399	1430
14	1461	1492	1523	1553	1584	1614	1644	1673	1703	1732
15	1761	1790	1818	1847	1875	1903	1931	1959	1987	2014
16	2041	2068	2095	2122	2148	2175	2201	2227	2253	2279
17	2304	2330	2355	2380	2405	2430	2455	2480	2504	2529
18	2553	2577	2601	2625	2648	2672	2695	2718	2742	2765
19	2788	2810	2833	2856	2878	2900	2923	2945	2967	2989
20	3010	3032	3054	3075	3096	3118	3139	3160	3181	3201
21	3222	3243	3263	3284	3304	3324	3345	3365	3385	3404
22	3424	3444	3464	3483	3502	3522	3541	3560	3579	3598
23	3617	3636	3655	3674	3692	3711	3729	3747	3766	3784
24	3802	3820	3838	3856	3874	3892	3909	3927	3945	3962
25	3979	3997	4014	4031	4048	4065	4082	4099	4116	4133
26	4150	4166	4183	4200	4216	4232	4249	4265	4281	4298
27	4314	4330	4346	4362	4378	4393	4409	4425	4440	4456
28	4472	4487	4502	4518	4533	4548	4564	4579	4594	4609
29	4624	4639	4654	4669	4683	4698	4713	4728	4742	4757
30	4771	4786	4800	4814	4829	4843	4857	4871	4886	4900
31	4914	4928	4942	4955	4969	4983	4997	5011	5024	5038
32	5051	5065	5079	5092	5105	5119	5132	5145	5159	5172
33	5185	5198	5211	5224	5237	5250	5263	5276	5289	5302
34	5315	5328	5340	5353	5366	5378	5391	5403	5416	5428
35	5441	5453	5465	5478	5490	5502	5514	5527	5539	5551
36	5563	5575	5587	5599	5611	5623	5635	5647	5658	5670
37	5682	5694	5705	5717	5729	5740	5752	5763	5775	5786
38	5798	5809	5821	5832	5843	5855	5866	5877	5888	5899
39	5911	5922	5933	5944	5955	5966	5977	5988	5999	6010
40	6021	6031	6042	6053	6064	6075	6085	6096	6107	6117
41	6128	6138	6149	6160	6170	6180	6191	6201	6212	6222
42	6232	6243	6253	6263	6274	6284	6294	6304	6314	6325
43	6335	6345	6355	6365	6375	6385	6395	6405	6415	6425
44	6435	6444	6454	6464	6474	6484	6493	6503	6513	6522
45	6532	6542	6551	6561	6571	6580	6590	6599	6609	6618
46	6628	6637	6646	6656	6665	6675	6684	6693	6702	6712
47	6721	6730	6739	6749	6758	6767	6776	6785	6794	6803
48	6812	6821	6830	6839	6848	6857	6866	6875	6884	6893
49	6902	6911	6920	6928	6937	6946	6955	6964	6972	6981
50	6990	6998	7007	7016	7024	7033	7042	7050	7059	7067
51	7076	7084	7093	7101	7110	7118	7126	7135	7143	7152
52	7160	7168	7177	7185	7193	7202	7210	7218	7226	7235
53	7243	7251	7259	7267	7275	7284	7292	7300	7308	7316
54	7324	7332	7340	7348	7356	7364	7372	7380	7388	7396
N	0	1	2	3	4	5	6	7	8	9

MANTISSAS										
N	0	1	2	3	4	5	6	7	8	9
55	7404	7412	7419	7427	7435	7443	7451	7459	7466	7474
56	7482	7490	7497	7505	7513	7520	7528	7536	7543	7551
57	7559	7566	7574	7582	7589	7597	7604	7612	7619	7627
58	7634	7642	7649	7657	7664	7672	7679	7686	7694	7701
59	7709	7716	7723	7731	7738	7745	7752	7760	7767	7774
60	7782	7789	7796	7803	7810	7818	7825	7832	7839	7846
61	7853	7860	7868	7875	7882	7889	7896	7903	7910	7917
62	7924	7931	7938	7945	7952	7959	7966	7973	7980	7987
63	7993	8000	8007	8014	8021	8028	8035	8041	8048	8055
64	8062	8069	8075	8082	8089	8096	8102	8109	8116	8122
65	8129	8136	8142	8149	8156	8162	8169	8176	8182	8189
66	8195	8202	8209	8215	8222	8228	8235	8241	8248	8254
67	8261	8267	8274	8280	8287	8293	8299	8306	8312	8319
68	8325	8331	8338	8344	8351	8357	8363	8370	8376	8382
69	8388	8395	8401	8407	8414	8420	8426	8432	8439	8445
70	8451	8457	8463	8470	8476	8482	8488	8494	8500	8506
71	8513	8519	8525	8531	8537	8543	8549	8555	8561	8567
72	8573	8579	8585	8591	8597	8603	8609	8615	8621	8627
73	8633	8639	8645	8651	8657	8663	8669	8675	8681	8686
74	8692	8698	8704	8710	8716	8722	8727	8733	8739	8745
75	8751	8756	8762	8768	8774	8779	8785	8791	8797	8802
76	8808	8814	8820	8825	8831	8837	8842	8848	8854	8859
77	8865	8871	8876	8882	8887	8893	8899	8904	8910	8915
78	8921	8927	8932	8938	8943	8949	8954	8960	8965	8971
79	8976	8982	8987	8993	8998	9004	9009	9015	9020	9025
80	9031	9036	9042	9047	9053	9058	9063	9069	9074	9079
81	9085	9090	9096	9101	9106	9112	9117	9122	9128	9133
82	9138	9143	9149	9154	9150	9165	9170	9175	9180	9186
83	9191	9196	9201	9206	9212	9217	9222	9227	9232	9238
84	9243	9248	9253	9258	9263	9269	9274	9279	9284	9289
85	9294	9299	9304	9309	9315	9320	9325	9330	9335	9340
86	9345	9350	9355	9360	9365	9370	9375	9380	9385	9390
87	9395	9400	9405	9410	9415	9420	9425	9430	9435	9440
88	9445	9450	9455	9460	9465	9469	9474	9479	9484	9489
89	9494	9499	9504	9509	9513	9518	9523	9528	9533	9538
90	9542	9547	9552	9557	9562	9566	9571	9576	9581	9586
91	9590	9595	9600	9605	9609	9614	9619	9624	9628	9633
92	9638	9643	9647	9652	9657	9661	9666	9671	9675	9680
93	9685	9689	9694	9699	9703	9708	9713	9717	9722	9727
94	9731	9736	9741	9745	9750	9754	9759	9763	9768	9773
95	9777	9782	9786	9791	9795	9800	9805	9809	9814	9818
96	9823	9827	9832	9836	9841	9845	9850	9854	9859	9863
97	9868	9872	9877	9881	9886	9890	9894	9899	9903	9908
98	9912	9917	9921	9926	9930	9934	9939	9943	9948	9952
99	9956	9961	9965	9969	9974	9978	9983	9987	9991	9996
N	0	1	2	3	4	5	6	7	8	9

V. Exemplos de aplicações da tábua de logaritmos

1º) Calcular log 23,4.

A característica é 1 e a mantissa é 0,3692, que é a mesma do número 234. Temos, então:

$$\log 23{,}4 = 1{,}3692$$

2º) Calcular log 0,042.

A característica é −2 e a mantissa é 0,6232, que é a mesma de 420. Temos, então:

$$\log 0{,}042 = -2 + 0{,}6232 = -1{,}3768$$

Entretanto, é usual escrevermos −2 + 0,6232 sob a forma $\bar{2}{,}6232$, em que figura explicitamente a mantissa do logaritmo e a característica −2 é substituída pela notação $\bar{2}$.

Dizemos que $\bar{2}{,}6232$ é a **forma mista** ou **preparada** do log 0,042 e que −1,3768 é a **forma negativa** do log 0,042.

3º) Calcular log 314,2.

Para calcularmos o log 314,2, consideremos parte da representação cartesiana da função f(x) = log x.

x	y = log x
$x_1 = 314$	$y_1 = \log 314 = 2{,}4969$
$x_3 = 314{,}3$	$y_3 = \log 314{,}3 = (?)$
$x_2 = 315$	$y_2 = \log 315 = 2{,}4983$

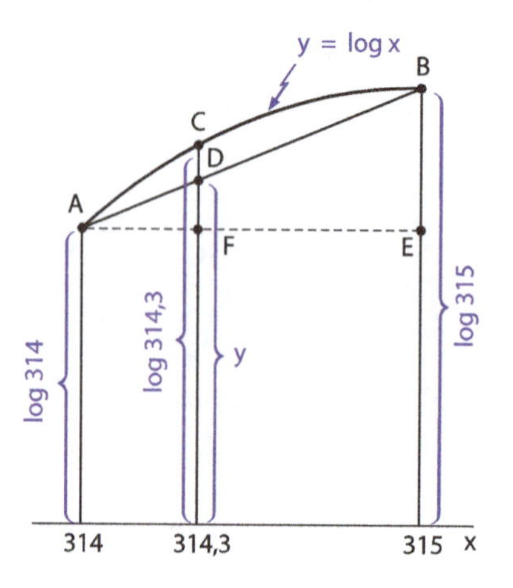

A variação da função logarítmica não é linear, mas podemos aceitar como uma boa aproximação do log 314,3 a ordenada *y* do ponto D sobre a reta $\overleftrightarrow{AB}$.

Para determinarmos o valor de *y*, consideremos os triângulos AEB e AFD.

Como os triângulos AFD e AEB são semelhantes, temos:

$$\frac{DF}{BE} = \frac{AF}{AE} \Rightarrow \frac{d}{\log 315 - \log 314} = \frac{0,3}{1} \Rightarrow$$

$\Rightarrow d = 0,3 \cdot (\log 315 - \log 314) \Rightarrow$

$\Rightarrow d = 0,3 \cdot (2,4983 - 2,4969) \Rightarrow$

$\Rightarrow d \cong 0,0004$

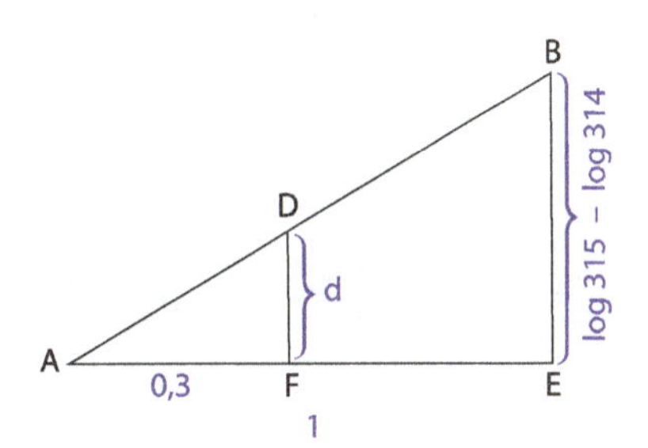

Portanto,

$\log 314,3 = \log 314 + d$

ou seja,

$$\log 314,3 = 2,4969 + 0,0004 = 2,4973$$

O processo pelo qual calculamos o log 314,3 é chamado **interpolação linear**.

4º) Calcular antilog 1,7952.

Fazendo x = antilog 1,7952, temos:

$$\log x = 1,7952$$

Com a mantissa 0,7952 encontramos na tábua o número 624, mas, como a característica do log x é 1, então temos:

$$x = 62,4$$

5º) Calcular antilog −1,3716.

Fazendo x = antilog −1,3716, temos:

$$\log x = -1,3716$$

Devemos transformar o logaritmo na forma negativa para a forma mista ou preparada, pois na tábua a mantissa é sempre positiva.

Essa transformação é obtida adicionando 1 à sua parte decimal e subtraindo 1 da parte inteira, o que evidentemente não altera o número negativo.

Assim, temos:

$$-1,3716 = -1 - 0,3716 = -1 - 1 + 1 - 0,3716 = -2 + 0,6284 = \overline{2},6284$$

e

$$\log x = -1,3716 = \overline{2},6284$$

Com a mantissa 0,6284 encontramos o número 425, mas, como a característica do log x é −2, temos:

$$x = 0,0425$$

6º) Calcular antilog 3,2495.

x = antilog 3,2495 $\Rightarrow$ log x = 3,2495.

A mantissa 0,2495 não aparece na tábua, porém está compreendida entre as mantissas 0,2480 e 0,2504.

Considerando novamente a função f(x) = log x, temos:

x	y = log x
$x_1 = 1\,770$	$y_1 = \log 1\,770 = 3{,}2480$
$x_3 = ?$	$y_3 = \log x_3 = 3{,}2495$
$x_2 = 1\,780$	$y_2 = \log 1\,780 = 3{,}2504$

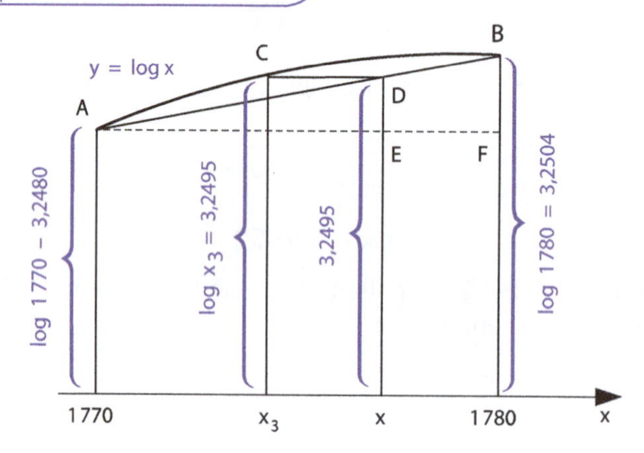

Lembrando: a variação da função logarítmica não é linear, mas podemos aceitar como uma boa aproximação de antilog 3,2495 a abscissa x do ponto D sobre a reta $\overleftrightarrow{AB}$.

Para determinarmos o valor de x, consideremos os triângulos AED e AFB.

Como os triângulos AED e AFB são semelhantes, temos:

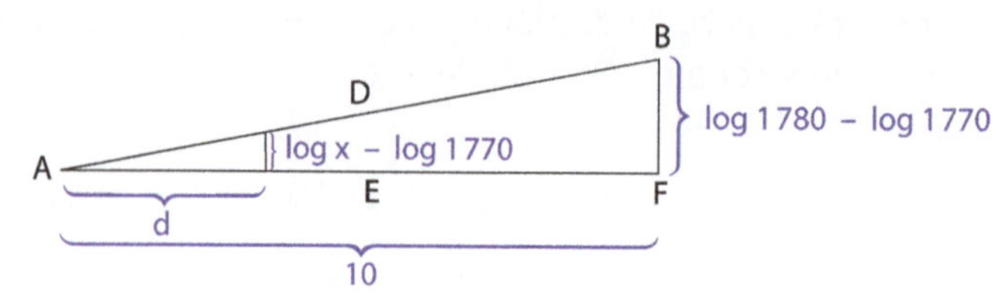

$$\frac{AE}{AF} = \frac{DE}{BF} \Rightarrow \frac{d}{10} = \frac{\log x - \log 1\,770}{\log 1\,780 - \log 1\,770} \Rightarrow d = 10 \cdot \frac{0{,}0015}{0{,}0024} \Rightarrow d \cong 6{,}3$$

Portanto,

$x = 1\,770 + d = 1\,770 + 6{,}3 \Rightarrow x = 1\,776{,}3$

EXERCÍCIOS

383. Determine as características, no sistema decimal, de log 7; log 0,032; log 10^5 e log 0,00010.

384. Calcule:

a) log 3 210
b) log 25,4
c) 5,72
d) log 0,74
e) log 0,00357

385. Calcule:

a) antilog 3,8768
b) antilog 1,8035
c) antilog 0,9175
d) antilog $\overline{1}$,5145
e) antilog $\overline{3}$,6693
f) antilog $\overline{2}$,1271

386. Calcule:

a) antilog −2,0899
b) antilog −3,2147
c) antilog −0,4473
d) antilog −1,6517

387. Calcule:

a) log 3 275
b) log 23,72
c) log 0,04576
d) log 0,8358
e) log e

388. Calcule:

a) antilog 1,3552
b) antilog 0,4357
c) antilog $\overline{1}$,7383
d) antilog −1,6336

389. Ache o maior valor de *n* para o qual $a_1, a_2, a_3, ..., a_n$ são números reais verificando a igualdade

$$\begin{aligned} \log 12\,345 &= a_1 \\ \log a_1 &= a_2 \\ \log a_2 &= a_3 \\ &\vdots \\ \log a_{n-1} &= a_n \end{aligned}$$

390. Calcule $\log_2 3$.

Solução

$$\log_2 3 = \frac{\log 3}{\log 2} = \frac{0,4771}{0,3010} = 1,585$$

391. Calcule:

a) $\log_3 2$ b) $\log_2 5$ c) $\log_5 3$ d) $\log_5 6$ e) $\log_6 4$

392. Determine a característica do logaritmo de 800 no sistema de base 3.

393. Determine o número de algarismos da potência 50^{50}, considerando $\log 2 = 0,301$.

394. Resolva as equações (aproximações em centésimos):

a) $5^x = 100$
b) $3^x = 20$
c) $2^x = 30$
d) $7^x = 0,3$
e) $e^x = 50$

395. Resolva as equações (aproximações em centésimos):

a) $2^{2x} - 8 \cdot 2^x + 15 = 0$
b) $3^{2x} - 5 \cdot 3^x + 4 = 0$
c) $10^{2x} - 7 \cdot 10^x + 10 = 0$
d) $e^{2x} - 5 \cdot e^x + 6 = 0$

396. Sabendo que $\log_{10} 2 = 0,30$ e $\log_{10} 3 = 0,48$, resolva a equação $3^x \cdot 2^{3x-1} = 6^{2x+1}$.

397. Calcule com aproximação de milésimos o valor de $\sqrt[5]{2}$.

Solução

Seja

$$x = \sqrt[5]{2} \Rightarrow \log x = \log \sqrt[5]{2} \Rightarrow \log x = \frac{1}{5} \log 2 \Rightarrow$$

$$\Rightarrow \log x = \frac{1}{5} \cdot 0,3010 \Rightarrow \log x = 0,0602$$

Por interpolação linear, obtemos: $x = 1,149$.

398. Calcule, com aproximação de milésimos, o valor de:

a) $\sqrt[6]{3}$ b) $\sqrt[4]{10}$ c) $2^{3,4}$ d) $5^{2,3}$

399. O volume V de uma esfera é dado por $V = \frac{4}{3}\pi R^3$, em que R é o raio da esfera. Calcule o raio da esfera de volume 20 cm^3.

400. Calcule o valor de $A = \sqrt[5]{(3,4)^3 \cdot (1,73)^2}$ com aproximação de centésimos.

401. O valor C de um capital (aplicado a uma taxa *i* de juros capitalizados periodicamente ao fim do período), após *t* períodos, é dado por $C = C_0 \cdot (1 + i)^t$, em que C_0 é o valor inicial.
Qual é o tempo necessário para que um capital aplicado à taxa de 2% ao mês, com juros capitalizados mensalmente, dobre de valor?

Solução

Sendo $C(t) = 2 \cdot C_0$ e $i = 0,02$, temos: $2C_0 = C_0 (1 + 0,02)^t \Rightarrow$
$\Rightarrow 2 = (1,02)^t$.
Tomando logaritmos decimais, temos:

$$\log (1,02)^t = \log 2 \Rightarrow t \cdot \log (1,02) = \log 2 \Rightarrow t = \frac{\log 2}{\log 1,02} \Rightarrow$$

$$\Rightarrow t = \frac{0,3010}{0,0086} \Rightarrow t = 35 \text{ meses.}$$

Resposta: 35 meses.

402. Determine o tempo necessário para que um capital empregado à taxa de 3% ao mês, com juros capitalizados mensalmente, triplique de valor.

403. Determine o tempo necessário para que um capital empregado à taxa de 10,5% ao trimestre, com juros capitalizados ao fim de cada trimestre, dobre de valor.

404. Qual é o montante de R$ 1 000 000,00 empregados à taxa de 3% ao mês, capitalizados mensalmente, ao fim de 18 meses?

405. Qual é o montante de R$ 500 000,00 empregados a uma taxa de 4% ao trimestre, capitalizados trimestralmente, ao fim de 12 anos?

406. Uma certa cultura de bactérias cresce quando a lei $N(t) = 2000 \cdot 10^{\frac{t}{36}}$, em que N(t) é o número de bactérias após *t* horas. Quantas bactérias haverá após 3 horas?

407. O decaimento de certo material radioativo pode ser expresso por: $Q(t) = Q_0 \cdot 10^{-kt}$. Sabendo que $Q(20) = 400$ gramas e $Q_0 = 500$ gramas, calcule *k*.

Respostas dos exercícios

Capítulo I

2. a) -27 e) $\frac{8}{27}$ i) -4 m) 0

b) -2 f) $\frac{1}{81}$ j) $\frac{27}{8}$ n) 1

c) 81 g) $\frac{1}{8}$ k) 1 o) -1

d) 1 h) 1 l) -1 p) 1

3. 2

4. a) F c) F e) V g) V
b) F d) F f) V h) V

6. a) $a^{13} \cdot b^{12}$ c) $a^{18} \cdot b^{12}$ e) $a^5 \cdot b^{14}$
b) $a^{10} \cdot b^2$ d) $a^{10} \cdot b^{10}$

7. $a = 0$ ou $b = 0$

8. 3150

9. Termina em 6

10. a) $-\frac{16}{17}$ b) $\frac{40}{41}$ c) 2

11. a) $\frac{1}{3}$ e) $\frac{1}{4}$

b) $-\frac{1}{2}$ f) $\frac{1}{9}$

c) $-\frac{1}{3}$ g) $-\frac{1}{25}$

d) $\frac{1}{3}$ h) 9

i) $\frac{3}{2}$ p) $\frac{16}{9}$

j) $\frac{-8}{27}$ q) 8

k) $\frac{-25}{4}$ r) $\frac{1}{25}$

l) $\frac{27}{8}$ s) -27

m) 100 t) 0,0001

n) 64

o) -8

12. $x + y$

13. a) V c) F e) F g) V i) V
b) F d) F f) V h) F j) V

15. a) $a^{13} \cdot b^{-12}$ e) $a^{-6} \cdot b^4$
b) $a^{-2} \cdot b^9$ f) $a^{-1} \cdot b^{-1}$
c) $a^{-12} \cdot b^{18}$ g) $\frac{a + b}{ab}$
d) $a^{15} \cdot b^{-18}$

16. a) a^5
b) a^{n+4}
c) a^{2n+4}
d) $\frac{a - 1}{a}$

17. a) V b) F c) V d) V e) V f) V

18. a) V b) F c) V d) V e) V

20. a) $\begin{cases} x + 2, & \text{se } x > -2 \\ 0, & \text{se } x = -2 \\ -x - 2, & \text{se } x < -2 \end{cases}$

b) $\begin{cases} 2x - 3, & \text{se } x > \frac{3}{2} \\ 0, & \text{se } x = \frac{3}{2} \\ 3 - 2x, & \text{se } x < \frac{3}{2} \end{cases}$

c) $\begin{cases} x - 3, & \text{se } x > 3 \\ 0, & \text{se } x = 3 \\ 3 - x, & \text{se } x < 3 \end{cases}$

d) $\begin{cases} 2x + 1, & \text{se } x > -\frac{1}{2} \\ 0, & \text{se } x = -\frac{1}{2} \\ -2x - 1, & \text{se } x < -\frac{1}{2} \end{cases}$

22. a) 12 d) 14 g) $8\sqrt{2}$
b) 18 e) 5 h) $2\sqrt[3]{9}$
c) 9 f) $3\sqrt{2}$ i) $4\sqrt[4]{2}$

23. a) $7\sqrt{2}$ e) 0
b) $49\sqrt{3}$ f) $2\sqrt[3]{3}$
c) $7\sqrt{5} - 5\sqrt{6}$ g) 0
d) $22\sqrt{5} + 11\sqrt{2}$

24. a) $9x\sqrt{x}, x \geqslant 0$ c) $2x^2y^2\sqrt{3y}, y \geqslant 0$
b) $3x|y|\sqrt{5x}, x \geqslant 0$ d) $2|x|\sqrt{2}$

26. a) $\sqrt[30]{2^{15}}, \sqrt[30]{5^{10}}, \sqrt[30]{3^6}$
b) $\sqrt[12]{3^6}, \sqrt[12]{2^8}, \sqrt[12]{2^3}, \sqrt[12]{5^2}$
c) $\sqrt[12]{2^8}, \sqrt[12]{3^6}, \sqrt[12]{5^9}$
d) $\sqrt[30]{3^{20}}, \sqrt[30]{2^{45}}, \sqrt[30]{5^{24}}, \sqrt[30]{2^{25}}$

28. a) 6 i) $\sqrt[3]{5}$
b) 30 j) $\sqrt[6]{2^5}$
c) 6 k) $\sqrt[12]{3^4 \cdot 2^3 \cdot 5^6}$
d) $2\sqrt{3}$ l) $\sqrt[6]{\frac{3^2}{2^3}}$
e) $6\sqrt{2}$ m) $\sqrt[6]{2}$
f) $2\sqrt[3]{3}$ n) $\sqrt[12]{2^7}$
g) $\sqrt{2}$ o) $\sqrt[12]{\frac{2^4}{3^2 \cdot 5^3}}$
h) 2

30. a) $-8\sqrt{15}$
b) 7
c) $28 - \sqrt{2}$
d) $16 + 4\sqrt{5}$
e) $-10 - \sqrt{2}$
f) $18 + 11\sqrt{6}$
g) -46
h) $11 + 6\sqrt{2}$
i) $21 - 8\sqrt{5}$
j) $67 + 12\sqrt{7}$
k) $17 - 12\sqrt{2}$

31. a) $2\sqrt[6]{2}$ c) $20\sqrt[4]{2^3}$
b) $14\sqrt[4]{3}$ d) $3 + \sqrt[6]{18}$

32. a) 1 b) 5 c) 1 d) 2

33. a) $a^2 - b$ d) 1
b) $2 + \sqrt{x} + \sqrt{y}$ e) y
c) $(a + b)^2$

34. a) 2 b) $\sqrt[3]{4}$ c) $\sqrt[4]{a^3}$

36. a) $\frac{3\sqrt{2}}{2}$
b) $\frac{4\sqrt{5}}{5}$
c) $\frac{\sqrt{6}}{2}$
d) $\frac{2\sqrt{5}}{3}$
e) $\frac{2\sqrt{3}}{3}$
f) $\frac{\sqrt[3]{2}}{2}$
g) $\frac{2\sqrt[3]{9}}{3}$
h) $\frac{3\sqrt[4]{8}}{2}$
i) $2 - \sqrt{3}$
j) $\sqrt{3} + \sqrt{2}$
k) $6 - 4\sqrt{2}$
l) $\frac{30 + 18\sqrt{2}}{7}$
m) $\frac{3\sqrt{2} + \sqrt{3}}{15}$
n) $4\sqrt{5} + 6\sqrt{2}$
o) $\frac{4 + 3\sqrt{3} + \sqrt{5} - 2\sqrt{15}}{22}$
p) $\frac{30 - 5\sqrt{5} + 35\sqrt{2} + 20\sqrt{10}}{31}$
q) $\frac{6 - 3\sqrt{2} + 3\sqrt{6}}{4}$
r) $1 + \sqrt[3]{3}$

37. $1 + \sqrt[3]{2}$

38. a) 4 b) $\sqrt{2}$ c) $\frac{9 + \sqrt{15}}{6}$ d) 2

39. $4x\sqrt{x^2 - 1}$

40. a + b

41. Demonstração

42. Demonstração

43. x = 2

44. $-22 - 21\sqrt{7}$

45. a) $5^{\frac{1}{2}}$ b) $2^{\frac{2}{3}}$ c) $3^{\frac{3}{4}}$ d) $2^{\frac{1}{4}}$ e) $5^{\frac{1}{12}}$ f) $2^{\frac{4}{3}}$ g) $2^{-\frac{1}{2}}$ h) $3^{-\frac{2}{3}}$ i) $2^{-\frac{3}{2}}$

46. a) 2 b) $\frac{1}{8}$ c) 2 d) $\frac{3}{2}$ e) 2 f) $\frac{1}{9}$ g) $\frac{1}{8}$ h) $\frac{10}{9}$ i) 10

48. a) 27 b) 16 c) 2 d) $\frac{1}{16}$ e) $\frac{1}{3}$ f) 1024 g) 2 h) 4 i) $\frac{1}{16}$ j) $\frac{1}{49}$ k) 81 l) 36

49. a) $2^{\frac{19}{15}}$ b) $3^{\frac{11}{30}}$ c) $5^{\frac{14}{15}}$ d) $3^{-\frac{61}{120}}$ e) $3^{\frac{2}{3}} + 3^{-\frac{1}{2}}$ f) 70 g) 6

50. 0,2

51. 30

52. $\frac{5}{2}$

53. a) a b) $a^{\frac{1}{6}} \cdot b^{\frac{1}{2}}$ c) $a^2 + 2$ d) -1 e) $\frac{a + b}{|a - b|}$ f) $\sqrt{a} + \sqrt{b}$

54. Demonstração

55. a) 3 b) $2^{\sqrt{6}}$ c) $4^{-\sqrt{6}}$ d) 3 e) $2^{1 - 3\sqrt{3}}$ f) 1 g) $5^{9 - \sqrt{6}}$ h) 2^4 i) 2^{15}

56. $\frac{7}{8}$

57. 6^n

58. 1

Capítulo II

59. a) $\frac{1}{16}$

60. a)

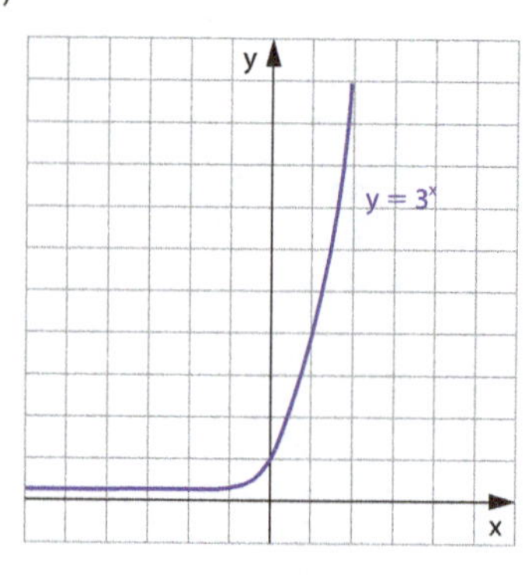

b)

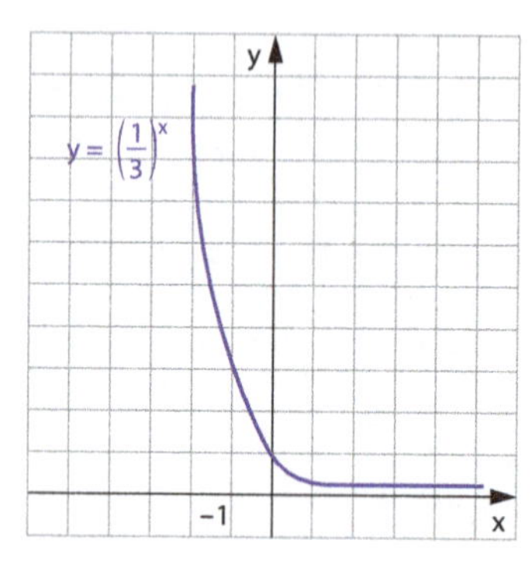

c)

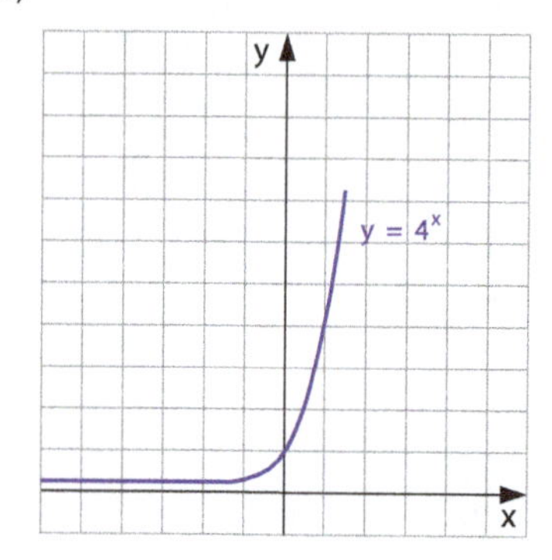

d)

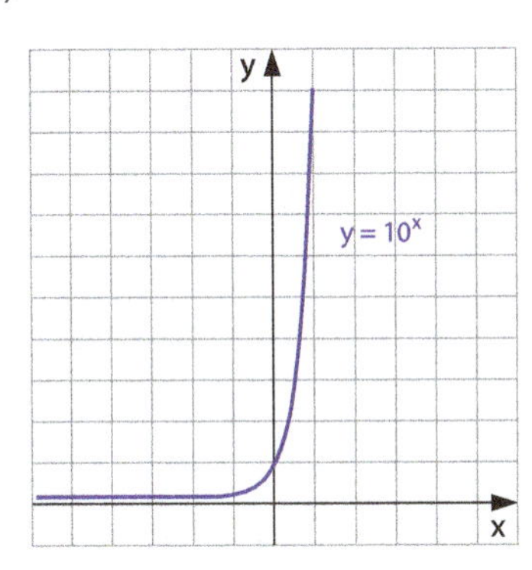
y
$y = 10^x$
x

e)

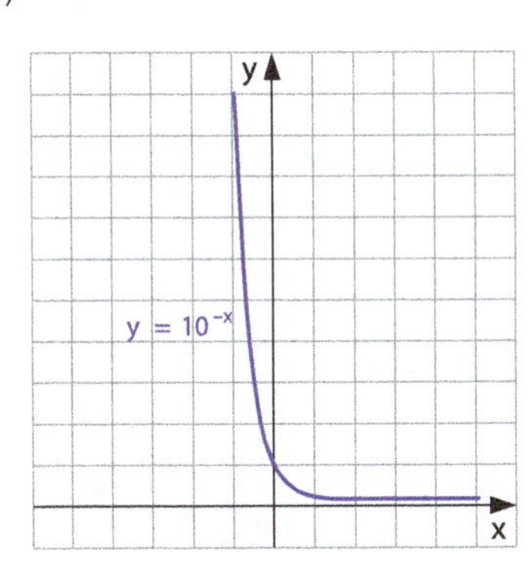
y
$y = 10^{-x}$
x

f)

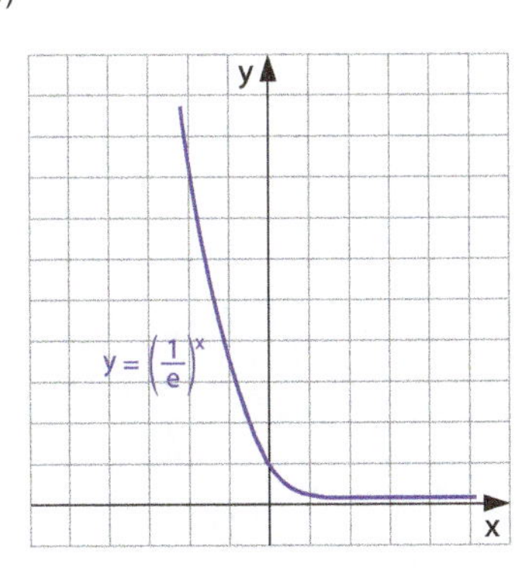
y
$y = \left(\frac{1}{e}\right)^x$
x

62. a)

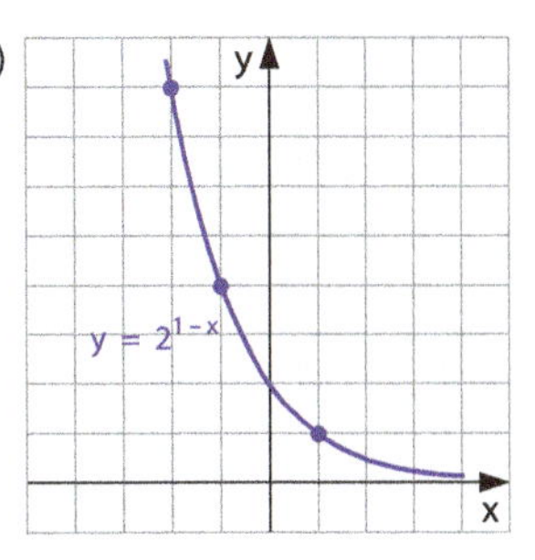
y
$y = 2^{1-x}$
x

b)

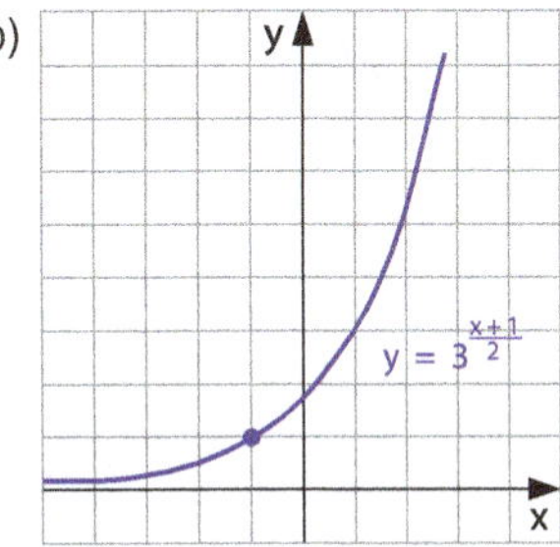
y
$y = 3^{\frac{x+1}{2}}$
x

c)

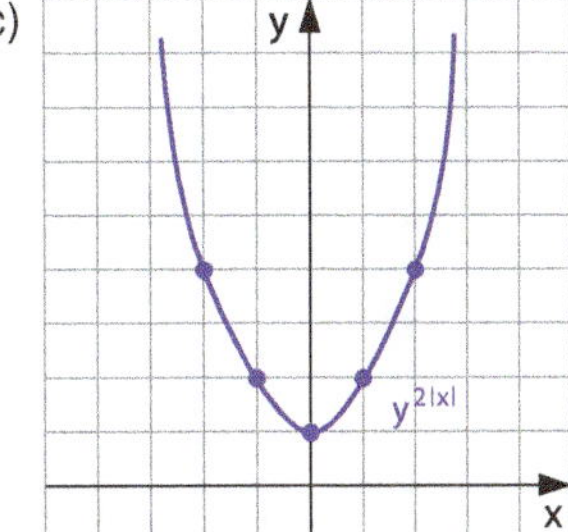
y
$y^{2|x|}$
x

d)

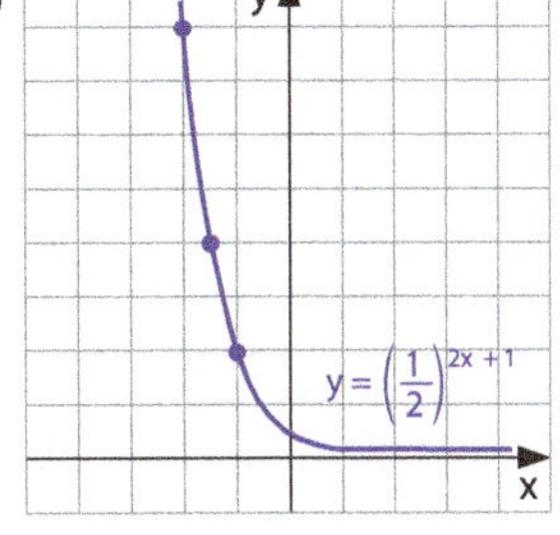
y
$y = \left(\frac{1}{2}\right)^{2x+1}$
x

e)

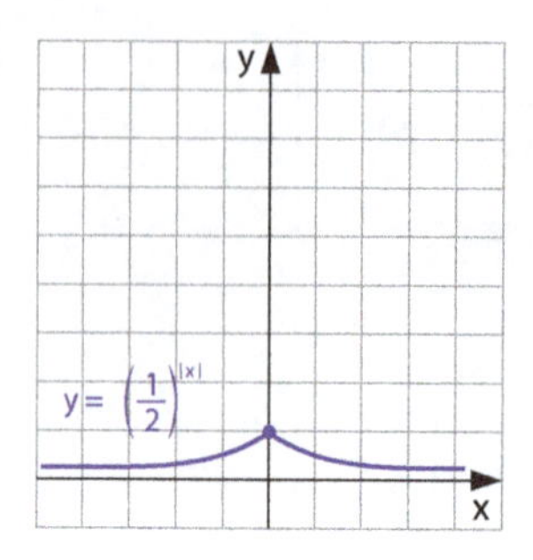

b)

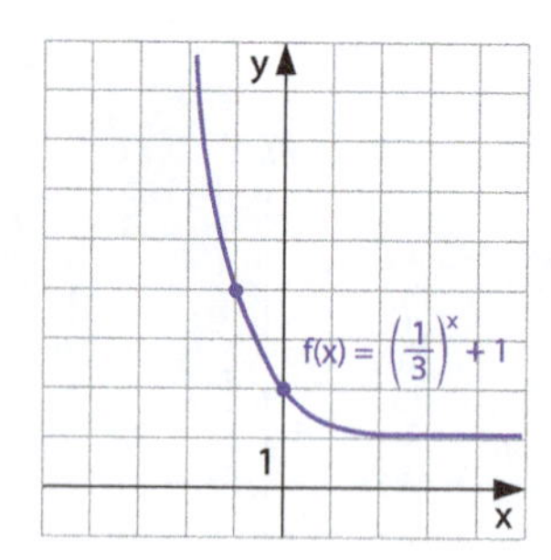

63.

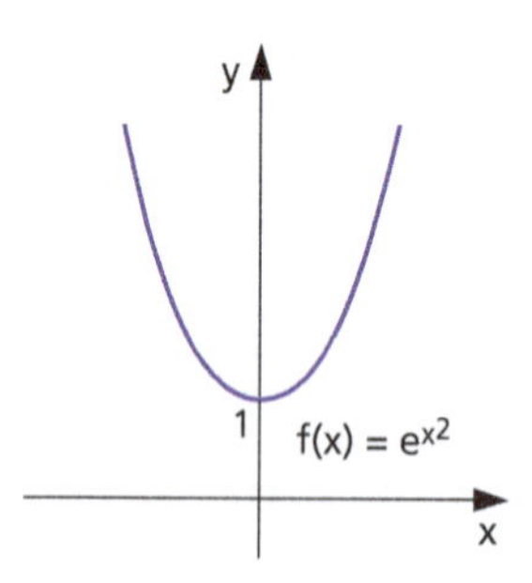

c)

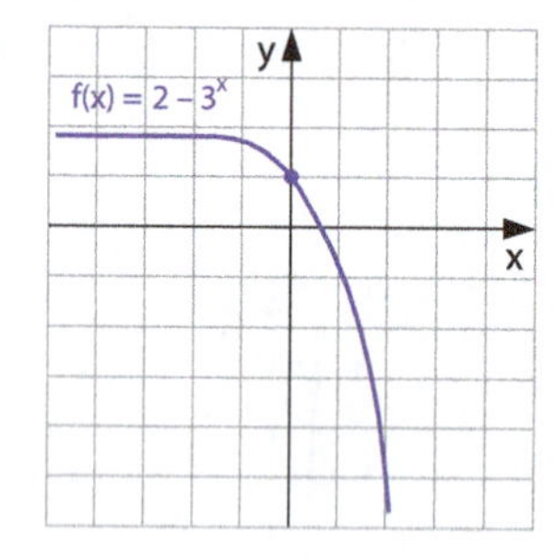

64.

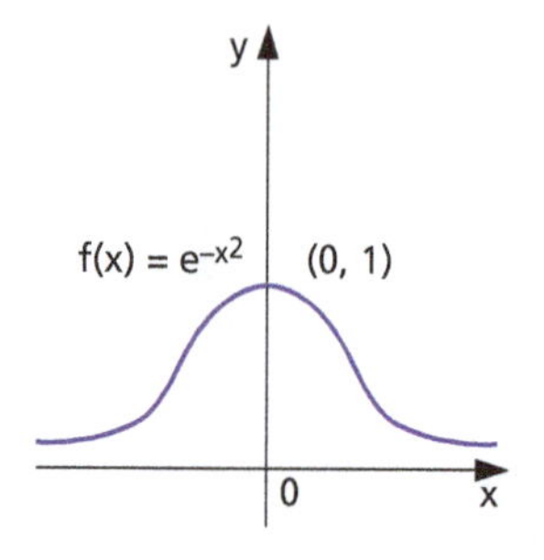

d)

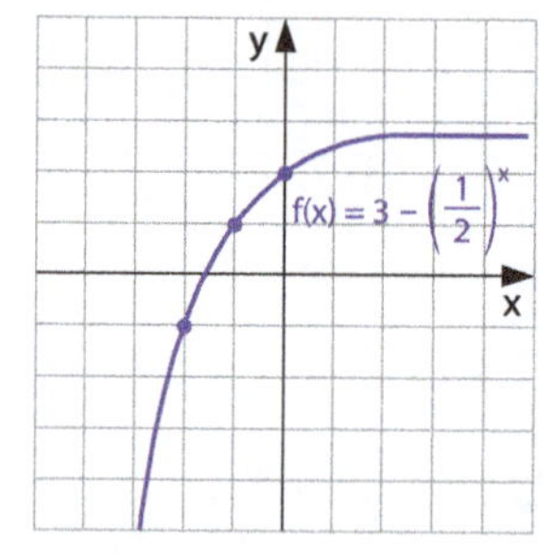

66. a)

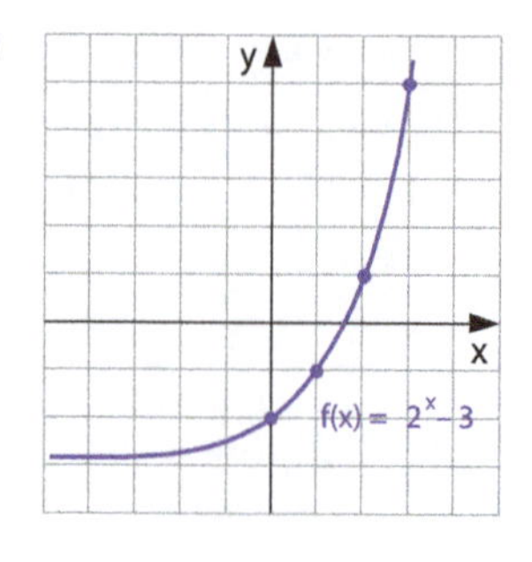

67. a)

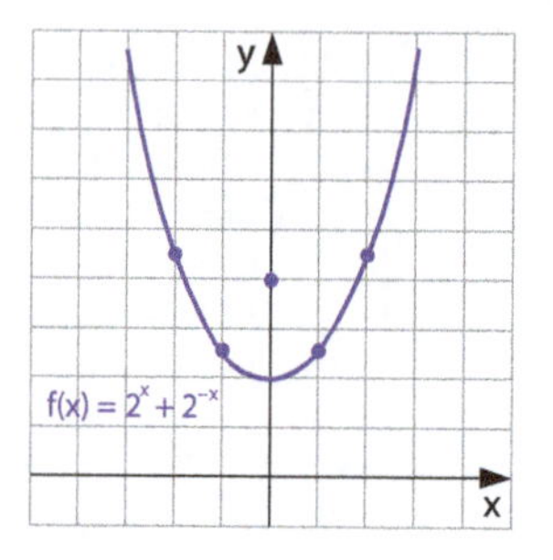

b)

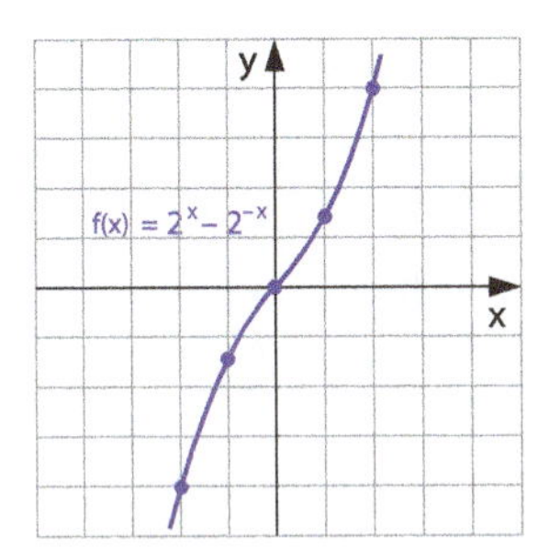

d)

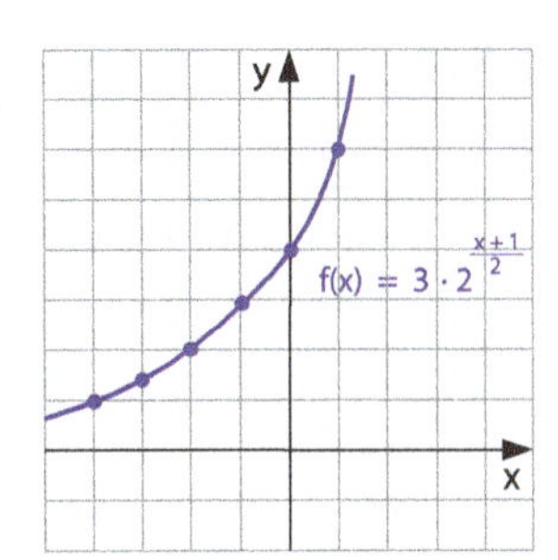

69. a)

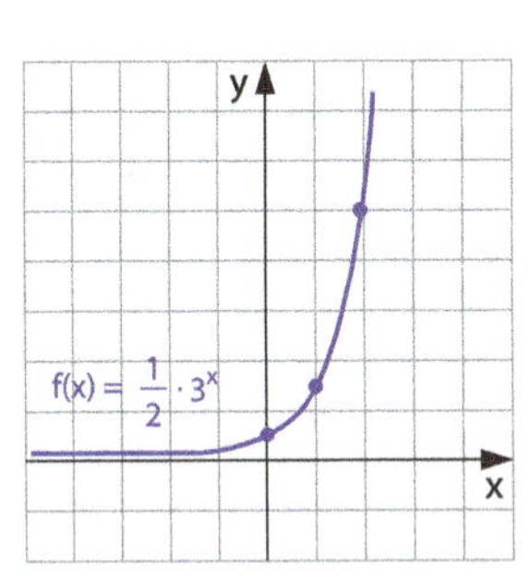

b)

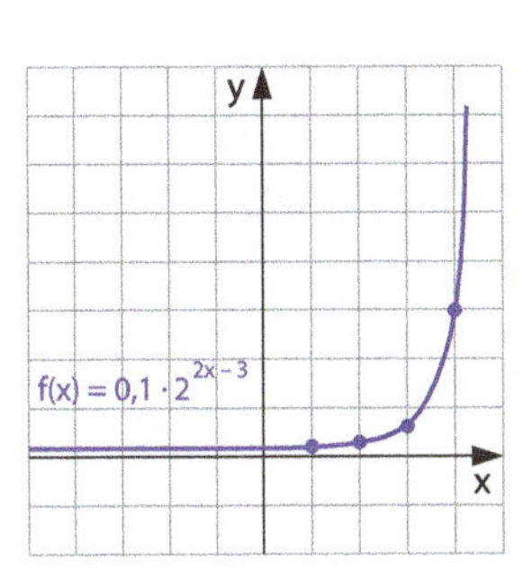

c)

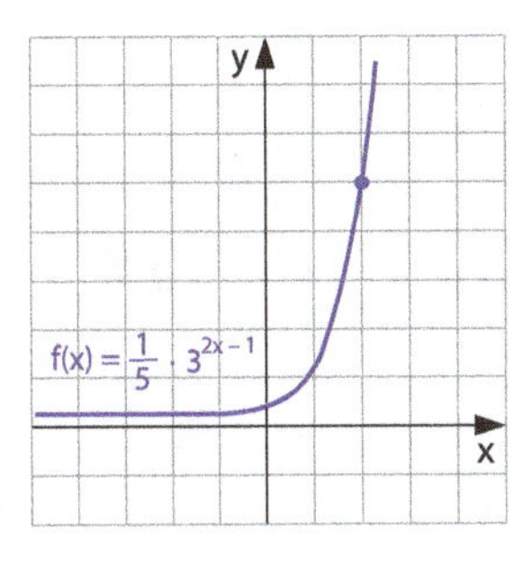

71. a) $S = \{7\}$

b) $S = \{5\}$

c) $S = \{-4\}$

d) $S = \{-3\}$

e) $S = \{9\}$

f) $S = \left\{\frac{8}{3}\right\}$

g) $S = \left\{\frac{3}{2}\right\}$

h) $S = \left\{-\frac{3}{2}\right\}$

i) $S = \left\{-\frac{2}{3}\right\}$

j) $S = \left\{-\frac{15}{4}\right\}$

k) $S = \left\{-\frac{3}{2}\right\}$

l) $S = \left\{-\frac{2}{3}\right\}$

m) $S = \left\{-\frac{2}{3}\right\}$

n) $S = \{-2\}$

72. a) $S = \{2\}$

b) $S = \left\{-\frac{1}{4}\right\}$

c) $S = \left\{-\frac{5}{2}\right\}$

d) $S = \{5, -4\}$

e) $S = \{\sqrt{6} - 1, -\sqrt{6} - 1\}$

f) $S = \left\{-2, \frac{1}{2}\right\}$

g) $S = \left\{\frac{1}{12}\right\}$

h) $S = \{10\}$

i) $S = \left\{-\frac{5}{7}\right\}$

j) $S = \left\{\frac{5}{7}\right\}$

k) $S = \left\{-\frac{11}{16}\right\}$

l) $S = \left\{2, -\frac{1}{2}\right\}$

m) $S = \left\{3, \frac{1}{3}\right\}$

n) $S = \left\{2, -\frac{1}{3}\right\}$

73. $S = \{-6, 2\}$

74. $S = \{3, -5\}$

76. a) $S = \{-5, 1\}$
b) $S = \{3, -2\}$
c) $S = \left\{\frac{2}{5}\right\}$
d) $S = \left\{-\frac{19}{8}\right\}$
e) $S = \{5\}$
f) $S = \left\{\frac{1}{7}\right\}$
g) $S = \{6, -2\}$
h) $S = \left\{\frac{3}{14}\right\}$
i) $S = \varnothing$
j) $S = \{2\}$

77. $S = \{2, 3\}$

79. a) $S = \{3\}$
b) $S = \{3\}$
c) $S = \left\{\frac{4}{3}\right\}$
d) $S = \left\{\frac{1}{2}\right\}$
e) $S = \{1\}$
f) $S = \{1\}$

81. a) $S = \{1\}$
b) $S = \{2\}$
c) $S = \{2, 4\}$
d) $S = \{0, 2\}$
e) $S = \{0\}$
f) $S = \varnothing$
g) $S = \{3\}$
h) $S = \{0, 1\}$
i) $S = \{3, -1\}$
j) $S = \left\{\frac{1}{2}, \frac{3}{2}\right\}$

82. $S = \{9\}$

83. $x_1 \cdot x_2 = -2$

84. a) $S = \left\{\frac{5}{2}\right\}$
b) $S = \{2\}$
c) $S = \left\{\frac{1}{2}\right\}$

85. $S = \left\{1, \frac{-3+\sqrt{5}}{2}, \frac{-3-\sqrt{5}}{2}\right\}$

86. Uma solução para cada $k \in \mathbb{R}$;
$2^x = \frac{k + \sqrt{k^2+4}}{2} > 0$

87. $S = \left\{\frac{1}{2}\right\}$

88. $S = \left\{\frac{3}{2}\right\}$

89. $S = \{1\}$

90. $S = \{0, 2\}$

92. a) $S = \left\{1, \frac{2}{3}\right\}$
b) $S = \{1\}$
c) $S = \{1, \sqrt{2}\}$
d) $S = \{1, 3, 4\}$
e) $S = \{1, 4\}$

93. a) $S = \{1\}$
b) $S = \{1\}$
c) $S = \left\{1, \frac{3}{2}\right\}$
d) $S = \left\{1, 2, \frac{1}{2}\right\}$
e) $S = \{1, 4\}$

94. $S = \left\{0, 1, 2, -\frac{1}{2}\right\}$

95. $S = \{1, 2\}$

96. 2 soluções

97. $S = \{1, 2\}$

99. a) $S = \{0\}$ b) $S = \{-2\}$

100. a) $S = \{(3, 4)\}$
b) $S = \{(2, 3), (-3, 8)\}$
c) $S = \{(5, 3)\}$
d) $S = \{(4, \sqrt{2}), (4, -\sqrt{2})\}$

101. $x - y = -2$

102. $xy = 6$

103. $S = \{(1, 6), (2, 7), (3, 8)\}$

104. a) $S = \left\{(1, 1), \left(3^{-\frac{1}{3}}, 3^{\frac{2}{3}}\right)\right\}$
b) $S = \left\{(1, 1), \left(\frac{9}{4}, \frac{27}{8}\right)\right\}$

105. $S = \left\{(1, 1), \left(\left(\frac{n}{m}\right)^{\frac{n}{n-m}}, \left(\frac{n}{m}\right)^{\frac{n}{n-m}}\right)\right\}$

107. a) $m < -3$ ou $m \geqslant \frac{-2+\sqrt{7}}{2}$
b) $m \geqslant \frac{5}{2}$
c) $m > 0$

108. $m \leqslant \frac{5}{4}$

109. $m \geqslant 2$

110. $m < -1$ ou $m > 1$

111. Demonstração

112. a) V b) V c) F d) V e) F f) F

113. a) V b) F c) V d) F e) F f) F g) V h) V i) V j) F

114. a) F b) V c) F d) F e) F f) F g) V h) V

116. a) $S = \{x \in \mathbb{R} \mid x < 5\}$
b) $S = \{x \in \mathbb{R} \mid x < 4\}$
c) $S = \{x \in \mathbb{R} \mid x < -3\}$
d) $S = \{x \in \mathbb{R} \mid x \leqslant -3\}$
e) $S = \{x \in \mathbb{R} \mid x \leqslant -6\}$
f) $S = \left\{x \in \mathbb{R} \mid x > -\frac{8}{3}\right\}$
g) $S = \left\{x \in \mathbb{R} \mid x \geqslant \frac{3}{2}\right\}$
h) $S = \left\{x \in \mathbb{R} \mid x \geqslant -\frac{5}{2}\right\}$
i) $S = \left\{x \in \mathbb{R} \mid x < -\frac{15}{8}\right\}$
j) $S = \left\{x \in \mathbb{R} \mid x \geqslant \frac{3}{4}\right\}$
k) $S = \left\{x \in \mathbb{R} \mid x < -\frac{2}{9}\right\}$
l) $S = \left\{x \in \mathbb{R} \mid x < \frac{-3}{10}\right\}$

117. a) $S = \{x \in \mathbb{R} \mid x > 1\}$
b) $S = \left\{x \in \mathbb{R} \mid x \geqslant \frac{4}{5}\right\}$
c) $S = \left\{x \in \mathbb{R} \mid x < -\frac{1}{4}\right\}$
d) $S = \left\{x \in \mathbb{R} \mid x < \frac{6}{5}\right\}$
e) $S = \left\{x \in \mathbb{R} \mid x \geqslant \frac{1}{2}\right\}$
f) $S = \{x \in \mathbb{R} \mid x < 1 \text{ ou } x > 4\}$
g) $S = \{x \in \mathbb{R} \mid -2 \leqslant x \leqslant 3\}$
h) $S = \{x \in \mathbb{R} \mid -2 \leqslant x \leqslant 4\}$
i) $S = \left\{x \in \mathbb{R} \mid -3 \leqslant x \leqslant \frac{1}{2}\right\}$
j) $S = \left\{x \in \mathbb{R} \mid x < -\sqrt{\frac{11}{3}} \text{ ou } x > \sqrt{\frac{11}{3}}\right\}$
k) $S = \left\{x \in \mathbb{R} \mid \frac{1}{4} \leqslant x \leqslant 2\right\}$
l) $S = \left\{x \in \mathbb{R} \mid x < \frac{1}{3} \text{ ou } x > \frac{4}{3}\right\}$
m) $S = \left\{x \in \mathbb{R} \mid x < -\frac{2}{3} \text{ ou } x > 4\right\}$
n) $S = \left\{x \in \mathbb{R} \mid \frac{1}{3} \leqslant x \leqslant 1\right\}$

118. $S = \{x \in \mathbb{R} \mid -5 \leqslant x \leqslant 0\}$

119. a) $S = \{x \in \mathbb{R} \mid 3 < x < 5\}$
b) $S = \{x \in \mathbb{R} \mid 2 < x < 4\}$
c) $S = \{x \in \mathbb{R} \mid -3 < x < 4\}$
d) $S = \left\{x \in \mathbb{R} \mid -\frac{3}{2} \leqslant x \leqslant \frac{5}{2}\right\}$
e) $S = \left\{x \in \mathbb{R} \mid -\frac{1}{2} < x < \frac{3}{2}\right\}$
f) $S = \left\{x \in \mathbb{R} \mid -\frac{1}{2} < x < \frac{3}{2}\right\}$
g) $S = \left\{x \in \mathbb{R} \mid -\frac{5}{3} < x < -\frac{2}{3} \text{ ou } \frac{2}{3} < x < \frac{5}{3}\right\}$
h) $S = \left\{x \in \mathbb{R} \mid \frac{5}{6} < x < 1\right\}$
i) $S = \varnothing$
j) $S = \{x \in \mathbb{R} \mid 0 \leqslant x \leqslant 1 \text{ ou } 3 \leqslant x \leqslant 4\}$
k) $S = \left\{x \in \mathbb{R} \mid 1 < x < \frac{9}{5}\right\}$

121. a) $S = \left\{x \in \mathbb{R} \mid -2 < x < \frac{5}{2}\right\}$
b) $S = \{x \in \mathbb{R} \mid x \leqslant -1 \text{ ou } x \geqslant 0\}$
c) $S = \left\{x \in \mathbb{R} \mid x \geqslant -\frac{9}{4}\right\}$
d) $S = \left\{x \in \mathbb{R} \mid x < -\frac{1}{8}\right\}$
e) $S = \left\{x \in \mathbb{R} \mid x < \frac{-5}{8}\right\}$
f) $S = \left\{x \in \mathbb{R} \mid x < -1 \text{ ou } \frac{2}{3} < x < 1\right\}$
g) $S = \{x \in \mathbb{R} \mid -3 < x < -2 \text{ ou } -1 < x < 1\}$
h) $S = \{x \in \mathbb{R} \mid -2 < x \leqslant -1 \text{ ou } 0 < x < 1 \text{ ou } x < -3\}$

123. a) $S = \{x \in \mathbb{R} \mid x > 5\}$
b) $S = \{x \in \mathbb{R} \mid x < 1\}$
c) $S = \{x \in \mathbb{R} \mid x \geqslant 3\}$
d) $S = \left\{x \in \mathbb{R} \mid x \leqslant \frac{3}{2}\right\}$
e) $S = \{x \in \mathbb{R} \mid x < 1\}$
f) $S = \{x \in \mathbb{R} \mid -\sqrt{2} < x < \sqrt{2}\}$

125. a) $S = \{x \in \mathbb{R} \mid 1 < x < 2\}$
b) $S = \{x \in \mathbb{R} \mid x < 1 \text{ ou } x > 2\}$
c) $S = \{x \in \mathbb{R} \mid -1 \leqslant x \leqslant 1\}$
d) $S = \{x \in \mathbb{R} \mid x \leqslant 2\}$
e) $S = \{x \in \mathbb{R} \mid x < 0 \text{ ou } x > 1\}$
f) $S = \{x \in \mathbb{R} \mid x < 0\}$
g) $S = \mathbb{R}$
h) $S = \varnothing$
i) $S = \{x \in \mathbb{R} \mid -2 < x < -1\}$
j) $S = \{x \in \mathbb{R} \mid x \leqslant -1 \text{ ou } x \geqslant 0\}$
k) $S = \{x \in \mathbb{R} \mid x \leqslant -2 \text{ ou } x \geqslant -1\}$
l) $S = \{x \in \mathbb{R} \mid 0 < x < 1\}$

126. $S = \{x \in \mathbb{R} \mid x < 0\}$

127. $S = \{x \in \mathbb{R} \mid x > 3\}$

128. $S = \{x \in \mathbb{R} \mid x < -1 \text{ ou } x > 1\}$

130. a) $S = \left\{x \in \mathbb{R} \mid 0 < x < \frac{2}{5} \text{ ou } x > 1\right\}$

b) $S = \left\{x \in \mathbb{R} \mid \frac{3}{4} < x < 1\right\}$

c) $S = \left\{x \in \mathbb{R} \mid \frac{1}{2} < x < 1\right\}$

d) $S = \{x \in \mathbb{R} \mid 0 < x < 1 \text{ ou } x > 3\}$

e) $S = \left\{x \in \mathbb{R} \mid 0 \leqslant x \leqslant \frac{1}{3} \text{ ou } 1 \leqslant x \leqslant 2\right\}$

f) $S = \left\{x \in \mathbb{R} \mid \frac{3}{4} \leqslant x \leqslant 1 \text{ ou } x \geqslant 2\right\}$

131. $S = \left\{x \in \mathbb{R} \mid x < -1 \text{ ou } -\frac{2}{3} < x < 1 \text{ ou } x > 2 \text{ e } x \neq 0\right\}$

132. a) $S = \{x \in \mathbb{R} \mid 0 < x < 1\}$

b) $S = \left\{x \in \mathbb{R} \mid 0 < x \leqslant \frac{1}{2} \text{ ou } x \geqslant 1\right\}$

c) $S = \left\{x \in \mathbb{R} \mid 0 < x < \frac{1}{4} \text{ ou } 1 < x < 4\right\}$

d) $S = \left\{x \in \mathbb{R} \mid \frac{1}{5} < x < 1 \text{ ou } x > 2\right\}$

e) $S = \{x \in \mathbb{R} \mid 0 \leqslant x \leqslant 1 \text{ ou } 2 \leqslant x \leqslant 3\}$

133. a) $S = \{x \in \mathbb{R} \mid 0 < x < 1 \text{ ou } x > 2\}$

b) $S = \{x \in \mathbb{R} \mid x > 6\}$

c) $S = \{x \in \mathbb{R} \mid 0 < x \leqslant 1 \text{ ou } x \geqslant 3\}$

Capítulo III

135. a) 2 d) -3 g) $\frac{2}{3}$ j) $-\frac{3}{2}$

b) -2 e) -1 h) $-\frac{5}{2}$ k) $-\frac{3}{2}$

c) $\frac{1}{4}$ f) $\frac{4}{3}$ i) $-\frac{3}{2}$ l) $\frac{3}{2}$

136. $\frac{M_1}{M_2} = 10^2 = 100$

137. a) $\frac{1}{2}$ d) $\frac{5}{3}$ g) -3

b) 6 e) $\frac{3}{4}$ h) $-\frac{9}{4}$

c) $\frac{1}{6}$ f) $\frac{4}{9}$ i) $\frac{8}{3}$

138. $V = \left\{-\frac{2}{3}\right\}$

139. a) $S = -\frac{3}{2}$ b) $S = \frac{19}{6}$ c) $S = 2$

140. $S = -\frac{5}{2}$

141. a) 81 b) 4 c) $S = \frac{1}{9}$ d) 16

142. $x = 23$

144. a) 2 e) 10

b) 9 f) $\frac{3}{2}$

c) $\sqrt{2}$ g) 216

d) $5\sqrt{5}$ h) $\frac{81}{2}$

145. a) 3 b) 5

146. $A^3 = 2\sqrt{2}$

147. $A = \sqrt{3} - 1$

148. $x^2 - 1 = 2$

149. $-\frac{4}{3}$

150. 6 561

151. 4

152. $\frac{\sqrt{2}}{2}$

154. a) $1 + \log_5 a - \log_5 b - \log_5 c$

b) $\log_3 a + 2 \cdot \log_3 b - \log_3 c$

c) $2 \cdot \log_2 a + \frac{1}{2} \log_2 b - \frac{1}{3} \log_2 c$

d) $\frac{1}{3} \log_3 a + 3 \cdot \log_3 b - \log_3 c$

e) $\frac{1}{2} \log a + \frac{3}{2} \log b - \log c$

f) $\frac{1}{3} \log a - \frac{2}{3} \log b - \frac{1}{6} \log c$

g) $1 + \frac{5}{12} \log_2 a - \frac{5}{12} \log_2 b$

h) $3 \cdot \log a - \frac{11}{9} \log b - \frac{2}{9} \log c$

155. $\log b + \log c - 2 \cdot \log$

156. $\frac{1}{2} \log a - \log b - \log c$

157. a) $1 + \log_2 a - \log_2 (a + b) - \log_2 (a - b)$

b) $2 \cdot \log_3 a + \frac{1}{2}\log_3 b + \frac{1}{2}\log_3 c - \frac{3}{5}\log_3 (a + b)$

c) $\log c + \frac{1}{3}\log a + \frac{2}{3}\log (a + b) - \frac{1}{6}\log b$

d) $\frac{1}{5}\log a + \frac{2}{5}\log(a - b) - \frac{1}{2}\log(a^2 + b^2)$

159. a) $\frac{ab}{c}$

b) $\frac{a^2}{bc^3}$

c) $\frac{9b^3}{ac^2}$

d) $\frac{\sqrt{a}}{b^2\sqrt[3]{c}}$

e) $\frac{\sqrt[3]{a}}{\sqrt{b^3 \cdot c}}$

f) $\frac{4\sqrt[3]{a\sqrt{b}}}{c}$

g) $\sqrt[4]{\frac{a}{b^3 \cdot c^2}}$

160. a) $\frac{2(a + b)}{a - b}$

b) $\frac{(a + b)^2}{a^3(a - b)}$

c) $\frac{a\sqrt{a - b}}{a + b}$

d) $\frac{(a - b)\sqrt{a^2 + b^2}}{\sqrt[3]{a + b}}$

e) $\sqrt[5]{\frac{(a - b)^3 \cdot b^4}{(a + b)^2}}$

161. $x = \frac{bc^2}{\sqrt[3]{a}}$

162. a) $a + b$
b) $2a$
c) $2a + b$
d) $\frac{a}{2}$
e) $-a$
f) $1 + a$
g) $1 - a$
h) $1 - a + b$

163. pH = 8

164. 2,0368

165. 5,806

166. 2

167. $-p$

168. $3 + m$

169. 3

170. $\frac{8n}{3}$

171. $5a - 4b$

172. $x + y = 9$

173. 6,0206

174. $n = 14$

176. $\frac{1 - 2a}{a + b}$

177. $\frac{17}{6}$

178. $\frac{4(3 - a)}{a + 3}$

179. $-\frac{3}{2}$

180. $\frac{k}{3}$

181. $\frac{a + 1}{2b}$

182. $\frac{3}{2}$

183. $-\frac{2}{m}$

184. log 2

185. $-\frac{1}{2}$

186. $\frac{2 - a}{a + b}$

187. $\frac{3}{8}$

188. d

189. log a

190. Demonstração

191. Demonstração

192. Demonstração

193. Demonstração

194. Demonstração

195. Demonstração

196. Demonstração

197. Demonstração

198. Demonstração

199. Demonstração

200. Demonstração

201. Demonstração

202. Demonstração

203. Demonstração

204. Demonstração

Capítulo IV

205. a) V b) V c) F d) V e) F f) F g) F h) V i) F j) F

206. $y = \log_e x, x \in \mathbb{R}_+^*$

207. $f(e^3) = -3$

208. $x = \pm 2$

209. a)

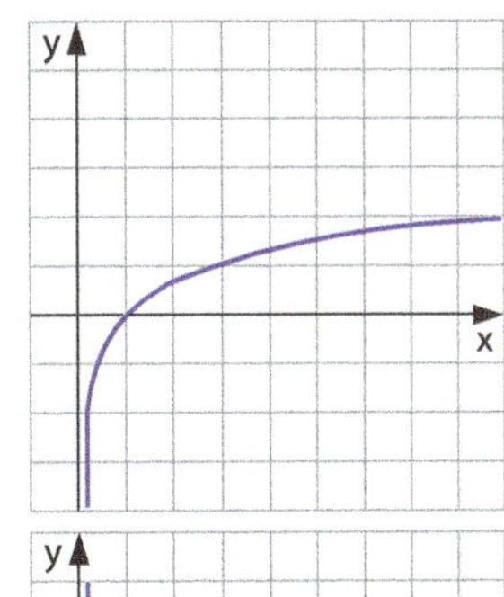

b)

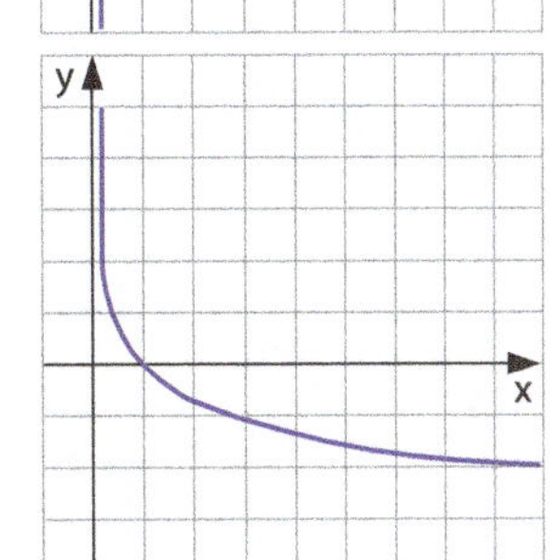

c)

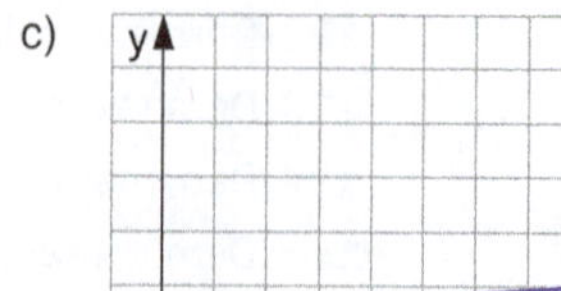

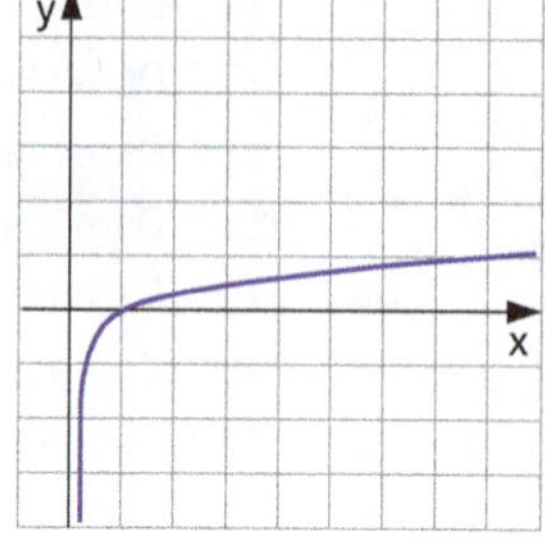

d)

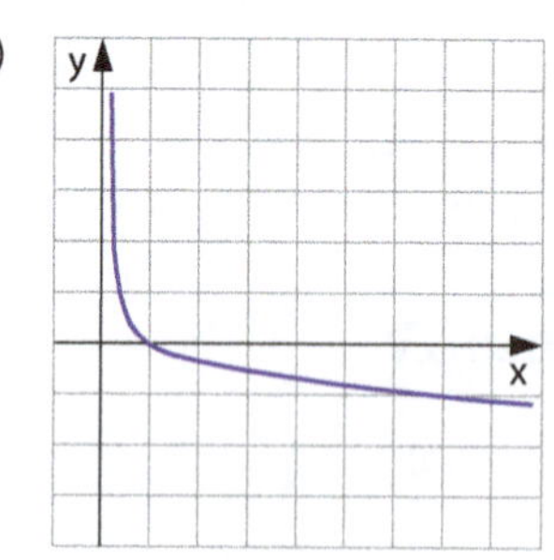

210. a)

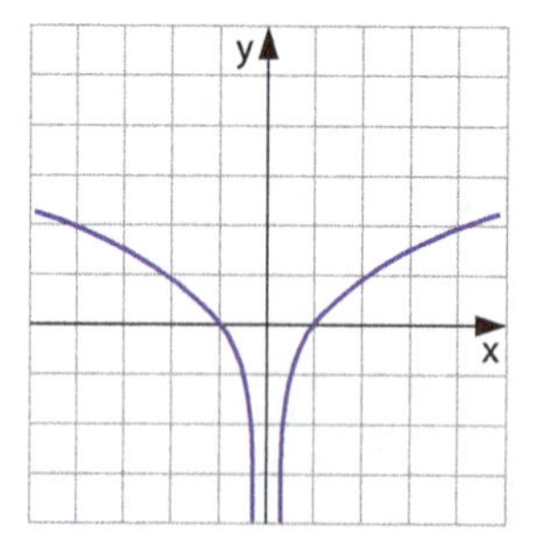

b)

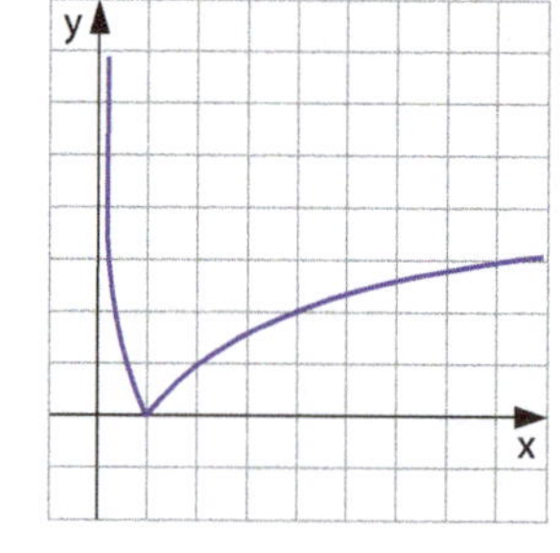

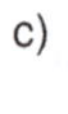

c)

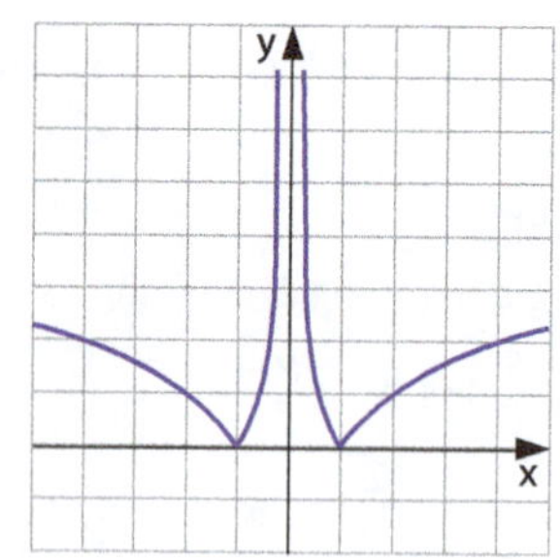

211.

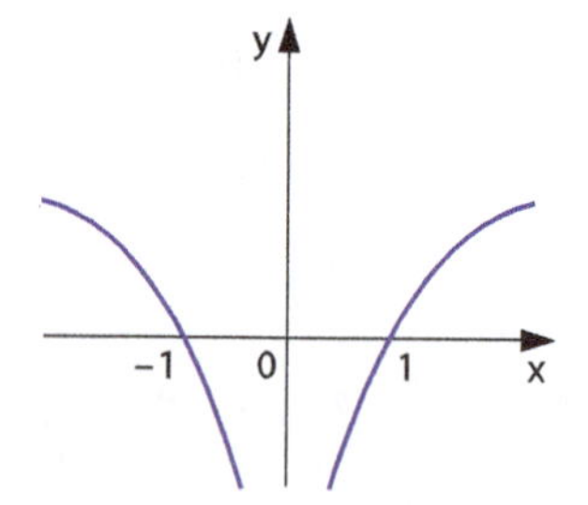

212. a)

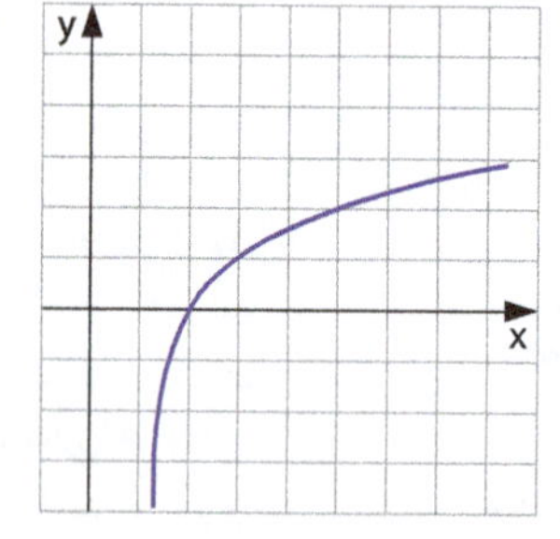

b)

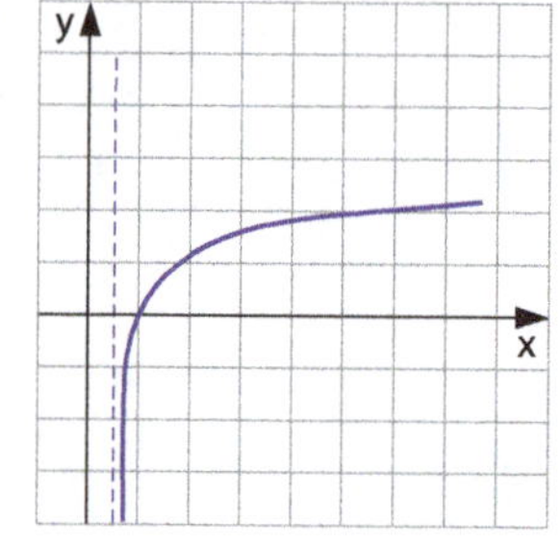

c)

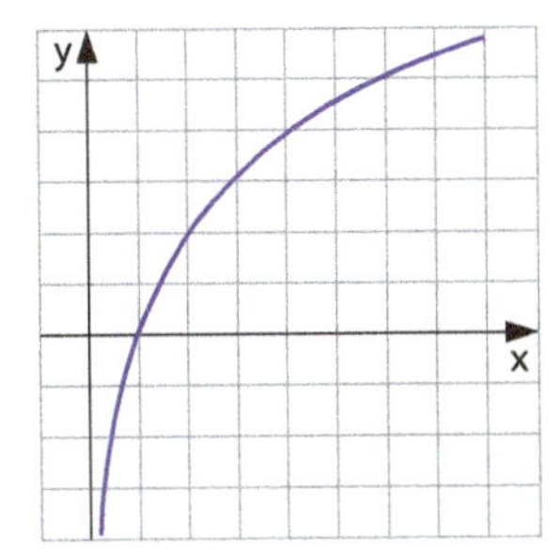

d)

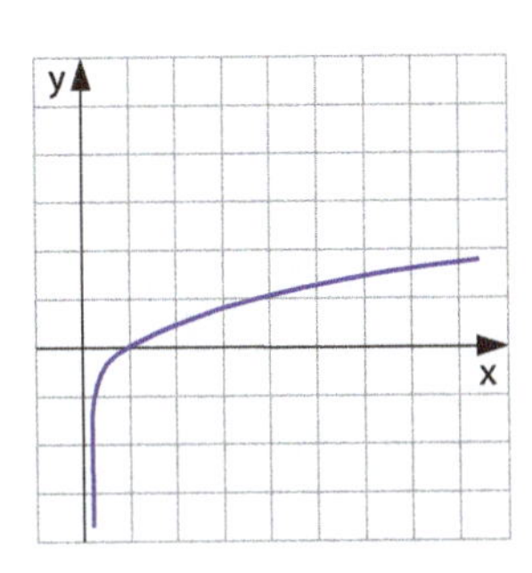

213. a)

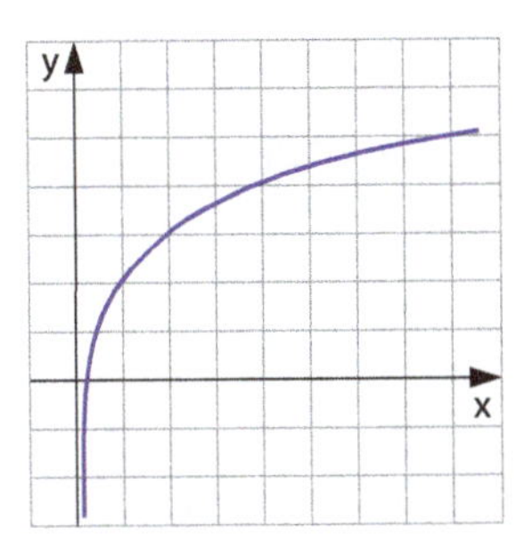

b)

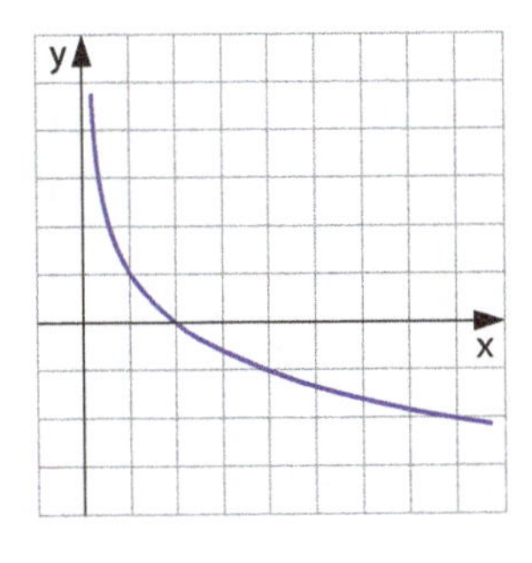

214.

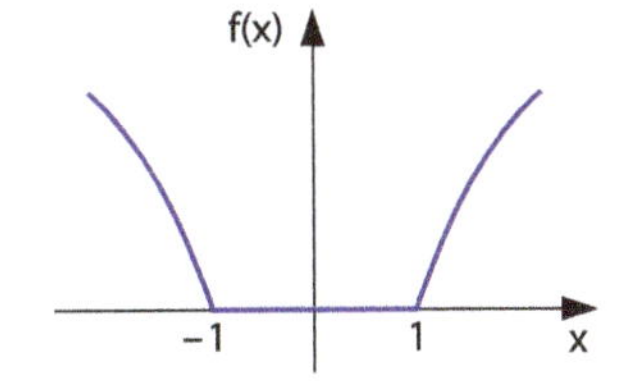

215.

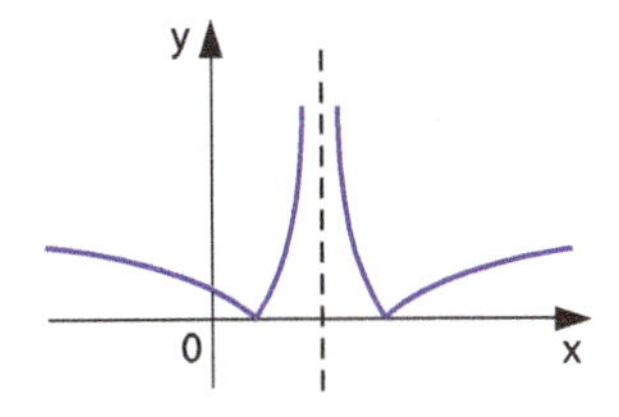

216. 2

218. a) $D = \left\{x \in \mathbb{R} \mid x < \frac{1}{2}\right\}$

b) $D = \mathbb{R} - \left\{\frac{3}{4}\right\}$

c) $D = \{x \in \mathbb{R} \mid -1 < x < 1\}$

d) $D = \{x \in \mathbb{R} \mid x < -4 \text{ ou } x > 3\}$

219. $\mathbb{R} - \{3\}$

220. $0 < k < 4$

222. a) $D = \{x \in \mathbb{R} \mid -2 < x < 3 \text{ e } x \neq 2\}$

b) $D = \{x \in \mathbb{R} \mid x > 1\}$

c) $D = \left\{x \in \mathbb{R} \mid \frac{3}{2} < x < 3 \text{ e } x \neq 2\right\}$

Capítulo V

224. a) $S = \{\log_5 4\}$

b) $S = \left\{\log_3 \frac{1}{2}\right\}$

c) $S = \left\{(\log_7 2)^2\right\}$

d) $S = \left\{\sqrt{\log_3 5}, -\sqrt{\log_3 5}\right\}$

e) $S = \{\log_{625} 62{,}5\}$

f) $S = \left\{\log_9 \frac{2}{3}\right\}$

g) $S = \left\{\log_{343} \frac{49}{5}\right\}$

225. $x = \dfrac{\log b}{\log a}$

227. $t = \ell n \sqrt[3]{2}$

228. $\left(1 - 2^{-\frac{1}{16}}\right)$ da quantidade inicial

230. a) $S = \left\{\log_{\frac{2}{3}} 9\right\}$ c) $S = \{\log_{45} 405\}$
b) $S = \left\{\log_{\frac{49}{27}} 567\right\}$

231. a) $S = \left\{\log_{\frac{3}{2}} 3\right\}$ c) $S = \left\{\log_{\frac{2}{3}} 8\right\}$
b) $S = \left\{\log_{\frac{5}{3}} \dfrac{13}{6}\right\}$

232. $S = \{\log_{72} 6\}$

233. a) $S = \{1, \log_2 3\}$
b) $S = \{0, \log_2 5\}$
c) $S = \{\log_3 4\}$
d) $S = \varnothing$
e) $S = \left\{\log_2 \dfrac{3}{2}, \log_2 \dfrac{5}{2}\right\}$
f) $S = \left\{2, \log_3 \dfrac{2}{3}\right\}$

234. $S = \left\{\log_{\frac{2}{3}} \left(\dfrac{-1 + \sqrt{5}}{2}\right)\right\}$

235. $S = \left\{\log_{\frac{2}{7}} 3\right\}$

236. $S = \left\{\dfrac{1}{2} \log_a \dfrac{-1 + \sqrt{5}}{2}\right\}$

237. $S = \left\{\left(\log_{64} 6, \dfrac{1}{6}\right), \left(\dfrac{1}{6}, \log_{64} 6\right)\right\}$

238. a) $S = \{3\}$ d) $S = \{4, -5\}$
b) $S = \varnothing$ e) $S = \left\{\dfrac{1}{4}\right\}$
c) $S = \{3, 7\}$ f) $S = \varnothing$

239. a) $S = \{2\}$
b) $S = \left\{-\dfrac{2}{5}\right\}$
c) $S = \left\{-2, -\dfrac{1}{3}\right\}$
d) $S = \left\{-4, \dfrac{3}{2}\right\}$
e) $S = \left\{5, -\dfrac{1}{2}\right\}$
f) $S = \{4, -2\}$
g) $S = \{2 + \sqrt{3}, 2 - \sqrt{3}\}$

240. $x = 2$

241. $x = \dfrac{1}{2}$

242. a) $S = \{8\}$ e) $S = \{13\}$
b) $S = \{64\}$ f) $S = \{2, -2\}$
c) $S = \{3\}$ g) $S = \{3\}$
d) $S = \{1\}$

243. $S = \left\{2, -\dfrac{1}{3}\right\}$

244. a) $S = \{4\}$ c) $S = \varnothing$
b) $S = \{8, 2\}$ d) $S = \{5\}$

245. $S = \{(1, 2)\}$

246. a) $S = \left\{64, \dfrac{1}{4}\right\}$
b) $S = \{\sqrt{2}, \sqrt[3]{4}\}$
c) $S = \left\{1000, \dfrac{1}{100}\right\}$
d) $S = \left\{4, \dfrac{1}{\sqrt{2}}\right\}$
e) $S = \{2, 16\}$
f) $S = \left\{1, 100, \dfrac{1}{100}\right\}$

247. $S = \varnothing$

248. a) $S = \{100, 1000\}$ d) $S = \{10^4, 10^{-1}\}$
b) $S = \{4, 512\}$ e) $S = \{16\}$
c) $S = \left\{3, 3^{\frac{-7}{3}}\right\}$

250. a) $S = \left\{5, \dfrac{3}{2}\right\}$ e) $S = \left\{\dfrac{1 + \sqrt{5}}{2}\right\}$
b) $S = \varnothing$ f) $S = \{1, 3\}$
c) $S = \{4\}$ g) $S = \left\{0, -\dfrac{2}{3}\right\}$
d) $S = \varnothing$

251. $S = \{1\}$

253. a) $S = \{2\}$ d) $S = \{-2, 4\}$
b) $S = \varnothing$ e) $S = \varnothing$
c) $S = \varnothing$ f) $S = \{4\}$

254. a) $S = \left\{2, 3, \dfrac{3}{2}\right\}$
b) $S = \left\{\dfrac{\sqrt{5} + 1}{2}, \dfrac{\sqrt{5} - 1}{2}\right\}$
c) $S = \left\{2, \dfrac{11}{9}\right\}$

256. $S = \left\{\frac{5}{3}\right\}$

257. $S = \{1\}$

258. $S = \{1\}$

259. a) $S = \{5\}$
b) $S = \{3\}$
c) $S = \{25\}$
d) $S = \{2\}$
e) $S = \{4\}$
f) $S = \left\{\frac{14}{5}, \frac{10}{11}\right\}$
g) $S = \{-3, 0, 1, 4\}$

260. $S = \{10, 10^5\}$

261. $S = \{1, 2\}$

262. a) $S = \left\{\frac{9}{2}\right\}$
b) $S = \{2, 3\}$
c) $S = \{48\}$

263. $S = \{25\}$

264. $S = \{\log_2 3\}$

266. a) $S = \{5\}$
b) $S = \{-2\}$
c) $S = \{3 + \sqrt{11}\}$
d) $S = \varnothing$
e) $S = \{1\}$
f) $S = \{3\}$
g) $S = \{2\}$

267. $S = \{10\}$

268. $S = \{10\}$

269. a) $S = \{1, 10^4\}$
b) $S = \{10\}$
c) $S = \left\{512, \frac{1}{16}\right\}$

270. $S = \left\{\log_3 10, \log_3 \frac{28}{27}\right\}$

271. a) $S = \{10, \sqrt[9]{10}\}$
b) $S = \{5, \sqrt[5]{5}\}$
c) $S = \left\{\frac{1}{8}, 2\right\}$

272. $S = \{-1, \log 2\}$

274. a) $S = \{(4, 2), (2, 4)\}$
b) $S = \left\{\left(2, \frac{1}{2}\right)\right\}$
c) $S = \{(20, 5), (5, 20)\}$
d) $S = \{6, 3\}$
e) $S = \{(25, 16), (16, 25)\}$

275. $S = \{(\sqrt{2}, 1)\}$

277. a) $S = \{(100, 1\,000)\}$
b) $S = \{(8, 128)\}$

278. $S = \left\{(2, 4), \left(\frac{1}{2}, \frac{1}{4}\right), \left(2, \frac{1}{4}\right), \left(\frac{1}{2}, 4\right)\right\}$

280. a) $S = \{3, 9\}$
b) $S = \left\{100, \frac{1}{10}\right\}$
c) $S = \left\{2, \frac{1}{16}\right\}$
d) $S = \left\{3, \frac{1}{81}\right\}$
e) $S = \left\{3, \frac{1}{9}\right\}$

281. $S = \{2, 4\}$

282. a) $S = \left\{10, \frac{1}{10}\right\}$
b) $S = \left\{100, \frac{1}{10}\right\}$
c) $S = \left\{100, \frac{1}{100}\right\}$

283. a) $S = \{10\}$
b) $S = \left\{9, \frac{1}{9}\right\}$
c) $S = \{1\,000\}$

284. $S = \{2\}$

285. $S = \left\{\frac{3}{2}\right\}$

286. a) $S = \{(8, 2)\}$
b) $S = \{(4, 8), (8, 4)\}$
c) $S = \{(125, 4), (625, 3)\}$

288. a) $S = \{7\}$ b) $S = \{3\}$ c) $S = \{6\}$

290. a) $S = \{9, \sqrt{3}\}$
b) $S = \{8, 2^{-\frac{1}{3}}\}$
c) $S = \left\{9, \frac{1}{3}\right\}$

291. a) $S = \{2\}$ b) $S = \{8\}$

292. a) $S = \{5\}$

293. a) $S = \left\{(3, 4), \left(\frac{-7}{\sqrt{2}}, \frac{1}{\sqrt{2}}\right)\right\}$
b) $S = \{(\sqrt{3}, 4), (-\sqrt{3}, 4)\}$
c) $S = \{(5, 0)\}$
d) $S = \left\{\left(64, \frac{1}{4}\right)\right\}$
e) $S = \{(2^{4a-6b}, 2^{6a-12b})\}$

295. $S = \{19\}$

296. $a = b^2$

297. $x = 2^{2+\sqrt{5}}$ ou $x = 2^{2-\sqrt{5}}$

298. $x = a$

299. $S = \left\{\frac{-1 + \sqrt{5}}{2}\right\}$

300. a) $S = \left\{2, \frac{1}{2}\right\}$ c) $S = \left\{16, \frac{1}{2}\right\}$

b) $S = \left\{9, \frac{1}{3}\right\}$ d) $S = \left\{\frac{1}{4}, \frac{1}{\sqrt[4]{2}}\right\}$

301. a) $S = \left\{\frac{1}{5}\right\}$ b) $S = \left\{\frac{1}{9}\right\}$

302. $S = \{2, 8\}$

303. a) $S = \{(4, 2), (2, 4)\}$

b) $S = \{(3, 27), (27, 3)\}$

304. $S = \{3\}$

306. a) $S = \left\{9, \frac{1}{9}\right\}$ c) $S = \{2\}$

b) $S = \left\{3, \frac{\sqrt{3}}{3}\right\}$ d) $S = \left\{4, 1, \frac{1}{\sqrt{2}}\right\}$

307. $S = \{5\}$

308. $S = \left\{1, 2, 2^{-\frac{3}{4}}\right\}$

309. a) $S = \left\{a^{-2}, a^{-\frac{1}{2}}\right\}$

b) $S = \left\{a^{-\frac{4}{3}}, a^{-\frac{1}{2}}\right\}$

c) $S = \left\{a^{\frac{1}{\sqrt{2}}}, a^{\frac{-1}{\sqrt{2}}}\right\}$

d) $S = \{a^2\}$

310. $S = \left\{1, \sqrt[3]{2b^2}\right\}$

311. $S = \{2^{\log_{108} 9}\}$

312. $S = \{1, 2\}$

313. $S = \left\{\frac{a - b}{2} + \sqrt{ab}, \frac{a - b}{2} - \sqrt{ab}\right\}$

314. a) $S = \{(8, 2), (-12, -\sqrt[3]{12})\}$

b) $S = \{(4, 16)\}$

c) $S = \left\{2^{\frac{3}{5}}, 2^{\frac{2}{5}}\right\}$

315. $S = \left\{\left(\frac{3}{2}, \frac{1}{2}\right)\right\}$

316. $S = \left\{\left(\frac{2}{3}, \frac{27}{8}, \frac{32}{3}\right)\right\}$

317. $S = \{(1, 1), (\log_a b, \log_b a)\}$

318. $S = \{(6, 2), (2, 6)\}$

319. a) $S = \{(1, 1), (4, 2)\}$

b) $S = \{(1, 1), (2, 4)\}$

c) $S = \left\{\left(a^{\frac{a}{a-1}}, a^{\frac{1}{a-1}}\right) \text{ em que } a = \log_2 3\right\}$

320. a) $S = \{(10, 100)\}$ c) $S = \{(10, 10)\}$

b) $S = \{(10, 100)\}$

Capítulo VI

322. a) $S = \{x \in \mathbb{R} \mid x > \log_4 7\}$

b) $S = \left\{x \in \mathbb{R} \mid x \geqslant \log_{\frac{1}{3}} 5\right\}$

c) $S = \left\{x \in \mathbb{R} \mid x > \log_8 \frac{9}{4}\right\}$

d) $S = \{x \in \mathbb{R} \mid x < \log_{625} 15\}$

e) $S = \{x \in \mathbb{R} \mid x > \log_{27} 36\}$

f) $S = \left\{x \in \mathbb{R} \mid x > \log_{\frac{2}{3}} 4\right\}$

g) $S = \left\{x \in \mathbb{R} \mid -\sqrt{\log_2 5} \leqslant x \leqslant \sqrt{\log_2 5}\right\}$

324. a) $S = \left\{x \in \mathbb{R} \mid x > \log_{\frac{2}{3}} \frac{1}{3}\right\}$

b) $S = \{x \in \mathbb{R} \mid x \leqslant \log_{72} 54\}$

c) $S = \left\{x \in \mathbb{R} \mid x < \log_{400} \frac{8}{125}\right\}$

d) $S = \left\{x \in \mathbb{R} \mid x < \log_{\frac{2}{9}} \frac{4}{3}\right\}$

325. a) $S = \left\{x \in \mathbb{R} \mid x > \log_{\frac{5}{3}} 4\right\}$

b) $S = \left\{x \in \mathbb{R} \mid x \leqslant \log_{\frac{3}{2}} \frac{1}{8}\right\}$

c) $S = \left\{x \in \mathbb{R} \mid x < \log_{\frac{2}{3}} \frac{2}{7}\right\}$

d) $S = \varnothing$

e) $S = \mathbb{R}$

326. a) $S = \{x \in \mathbb{R} \mid x > \log_{200} 375\}$

b) $S = \left\{x \in \mathbb{R} \mid x < \log_{\frac{9}{16}} \frac{15}{32}\right\}$

327. a) $S = \{x \in \mathbb{R} \mid x < \log_3 2 \text{ ou } x > 1\}$

b) $S = \{x \in \mathbb{R} \mid 0 < x < \log_2 3\}$

c) $S = \{x \in \mathbb{R} \mid x \geqslant \log_5 3\}$

d) $S = \left\{x \in \mathbb{R} \mid x \leqslant \log_2 \frac{3}{2}\right\}$

e) $S = \varnothing$

f) $S = \mathbb{R}$

328. $S = \left\{x \in \mathbb{R} \mid x > \log_{\frac{3}{2}} \frac{1 + \sqrt{5}}{2}\right\}$

329. $S = \left\{x \in \mathbb{R} \mid \log_{\frac{2}{5}} 4 \leqslant x \leqslant \log_{\frac{2}{5}} 2\right\}$

330. $S = \left\{x \in \mathbb{R} \mid x \leqslant -1 \text{ ou } x \geqslant \log_{\frac{2}{3}} \frac{1}{2}\right\}$

331. a) $S = \left\{x \in \mathbb{R} \mid \frac{2}{5} < x < \frac{6}{5}\right\}$

b) $S = \{x \in \mathbb{R} \mid x > 2\}$

c) $S = \left\{x \in \mathbb{R} \mid \frac{1}{3} < x \leqslant 4\right\}$

d) $S = \left\{x \in \mathbb{R} \mid -\frac{1}{2} \leqslant x < 0 \text{ ou } \frac{5}{2} < x \leqslant 3\right\}$

e) $S = \{x \in \mathbb{R} \mid -2 < x < -1 \text{ ou } 1 < x < 5\}$

f) $S = \left\{x \in \mathbb{R} \mid x > \frac{5}{2}\right\}$

g) $S = \varnothing$

332. a) $S = \{x \in \mathbb{R} \mid x < -2 \text{ ou } x > 3\}$

b) $S = \left\{x \in \mathbb{R} \mid -1 < x < -\frac{1}{2} \text{ ou } \frac{3}{2} < x < 2\right\}$

333. $S = \{x \in \mathbb{R} \mid x > 3\}$

334. a) $S = \left\{x \in \mathbb{R} \mid -1 < x < \frac{1 - \sqrt{5}}{2} \text{ ou } \frac{1 + \sqrt{5}}{2} < x < 2\right\}$

b) $S = \{x \in \mathbb{R} \mid 0 < x < 1 \text{ ou } x \geqslant 2\}$

335. a) $S = \{x \in \mathbb{R} \mid x > 1\}$

b) $S = \left\{x \in \mathbb{R} \mid \frac{3}{4} < x \leqslant \frac{7}{9}\right\}$

c) $S = \{x \in \mathbb{R} \mid -3 \leqslant x < -2 \text{ ou } 1 < x \leqslant 2\}$

d) $S = \left\{x \in \mathbb{R} \mid x < \frac{1}{2} \text{ ou } x > \frac{5}{2}\right\}$

e) $S = \{x \in \mathbb{R} \mid -7 < x < -5 \text{ ou } 1 < x < 3\}$

f) $S = \left\{x \in \mathbb{R} \mid -\frac{1}{2} \leqslant x < -\frac{1}{4} \text{ ou } \frac{3}{4} < x \leqslant 1\right\}$

g) $S = \{x \in \mathbb{R} \mid x < -2 \text{ ou } x > -1\}$

h) $S = \{x \in \mathbb{R} \mid 0 \leqslant x < 2 - \sqrt{3} \text{ ou } 2 + \sqrt{3} < x \leqslant 4\}$

336. $S = \left\{x \in \mathbb{R} \mid \frac{3}{2} < x < 2\right\}$

337. a) $S = \{x \in \mathbb{R} \mid 1 < x < 5\}$

b) $S = \left\{x \in \mathbb{R} \mid -\frac{5}{2} \leqslant x < -\frac{1}{2}\right\}$

c) $S = \left\{x \in \mathbb{R} \mid \frac{1}{4} < x < \frac{1}{\sqrt{8}}\right\}$

d) $S = \{x \in \mathbb{R} \mid 0 < x < 2 - \sqrt{2} \text{ ou } 2 + \sqrt{2} < x < 4\}$

338. $S = \{x \in \mathbb{R} \mid 11 \leqslant x \leqslant 101\}$

339. a) $S = \left\{x \in \mathbb{R} \mid 0 < x < \frac{1}{2} \text{ ou } x > 2\right\}$

b) $S = \left\{x \in \mathbb{R} \mid 3 < x \leqslant \frac{28}{9} \text{ ou } x \geqslant 12\right\}$

c) $S = \left\{x \in \mathbb{R} \mid \frac{1}{10} < x < 10\right\}$

d) $S = \left\{x \in \mathbb{R} \mid 0 < x \leqslant \frac{1}{32} \text{ ou } x \geqslant 2\right\}$

e) $S = \left\{x \in \mathbb{R} \mid -2 < x < -\frac{2}{\sqrt{3}} \text{ ou } \frac{2}{\sqrt{3}} < x < 2\right\}$

340. a) $S = \left\{x \in \mathbb{R} \mid \frac{1}{9} \leqslant x \leqslant \sqrt[3]{3}\right\}$

b) $S = \left\{x \in \mathbb{R} \mid 0 < x < \frac{1}{16} \text{ ou } x > 2\right\}$

c) $S = \left\{x \in \mathbb{R} \mid \frac{1}{4} < x < 4\right\}$

d) $S = \left\{x \in \mathbb{R} \mid \frac{1}{10^{\sqrt{3}}} < x < \frac{1}{10} \text{ ou } 10 < x < 10^{\sqrt{3}}\right\}$

e) $S = \{x \in \mathbb{R} \mid 10^{-2} < x < 10^{-1} \text{ ou } 10 < x < 10^2\}$

f) $S = \{x \in \mathbb{R} \mid 0 < x < 1 \text{ ou } x > 2\}$

341. $S = \{x \in \mathbb{R} \mid 0 < x < e^{-\frac{3}{2}} \text{ ou } x > e^2\}$

342. a) $S = \left\{x \in \mathbb{R} \mid \frac{1}{8} < x < 1 \text{ ou } x > 4\right\}$

b) $S = \left\{x \in \mathbb{R} \mid \frac{1}{2} \leqslant x < 1 \text{ ou } x \geqslant 8\right\}$

c) $S = \left\{x \in \mathbb{R} \mid \frac{1}{16} < x < \frac{1}{8} \text{ ou } 8 < x < 16\right\}$

343. $1 < x < e$

344. $S = \left\{x \in \mathbb{R} \mid 2^{-\frac{12}{17}} < x < 1\right\}$

345. $S = \{x \in \mathbb{R} \mid 0 < x < 2 \text{ ou } x > 4\}$

346. $S = \left\{x \in \mathbb{R} \mid 0 < x < a \text{ ou } 1 < x < \frac{1}{a}\right\}$

348. a) $S = \left\{x \in \mathbb{R} \mid \frac{1}{2} < x < \frac{7}{3}\right\}$

b) $S = \{x \in \mathbb{R} \mid 0 < x < 3\}$

c) $S = \left\{x \in \mathbb{R} \mid \frac{2}{11} < x < \frac{1}{2}\right\}$

d) $S = \left\{x \in \mathbb{R} \mid x > \frac{1}{2}\right\}$
e) $S = \{x \in \mathbb{R} \mid x > 5\}$
f) $S = \{x \in \mathbb{R} \mid 1 < x \leqslant 2\}$

349. $S = \{x \in \mathbb{R} \mid 0 < x < 2\}$

350. a) $S = \left\{x \in \mathbb{R} \mid x > \frac{-7 + \sqrt{97}}{12}\right\}$
b) $S = \left\{x \in \mathbb{R} \mid x > \frac{4 + \sqrt{97}}{9}\right\}$

351. $S = \{x \in \mathbb{R} \mid x \geqslant 1\}$

353. a) $S = \{x \in \mathbb{R} \mid x > 2\}$
b) $S = \left\{x \in \mathbb{R} \mid \frac{1}{3} \leqslant x < 1\right\}$
c) $S = \left\{x \in \mathbb{R} \mid 0 < x \leqslant \frac{1}{4}\right\}$
d) $S = \{x \in \mathbb{R} \mid x > 125\}$
e) $S = \left\{x \in \mathbb{R} \mid 0 < x < \frac{1}{8}\right\}$
f) $S = \{x \in \mathbb{R} \mid 1 < x < \sqrt[4]{3}\}$

354. $S = \left\{x \in \mathbb{R} \mid \frac{1}{3} \leqslant x < 1\right\}$

355. $S = \{x \in \mathbb{R} \mid 1 < x < a\}$

356. $S = \left\{x \in \mathbb{R} \mid x \geqslant \frac{1}{a}\right\}$

357. $S = \left\{x \in \mathbb{R} \mid 1 < x \leqslant a^{\frac{1}{a}}\right\}$

358. $S = \{x \in \mathbb{R} \mid a < x \leqslant a^a\}$

359. a) $S = \{x \in \mathbb{R} \mid x \leqslant 0$ ou $x \geqslant 3\}$
b) $S = \{x \in \mathbb{R} \mid -3 < x < -\sqrt{6}$ ou $\sqrt{6} < x < 3\}$
c) $S = \{x \in \mathbb{R} \mid 2 < x < 4\}$
d) $S = \{x \in \mathbb{R} \mid 3 < x \leqslant 4$ ou $x \geqslant 6\}$

360. a) $S = \{x \in \mathbb{R} \mid x \geqslant 1\}$
b) $S = \{x \in \mathbb{R} \mid 0 < x \leqslant 1\}$
c) $S = \left\{x \in \mathbb{R} \mid 0 < x \leqslant \frac{1}{2}\right\}$
d) $S = \{x \in \mathbb{R} \mid x > 1\}$
e) $S = \{x \in \mathbb{R} \mid -3 \leqslant x < 1$ ou $x \geqslant 2\}$
f) $S = \left\{x \in \mathbb{R} \mid \frac{1 - \sqrt{5}}{2} \leqslant x < 0 \text{ ou } x \geqslant \frac{1 + \sqrt{5}}{2}\right\}$

361. $D = \{x \in \mathbb{R} \mid 1 < x \leqslant 2\}$

362. $0 < a < 1 \Rightarrow S = \left\{x \in \mathbb{R} \mid \frac{a - 3}{a - 2} < x \leqslant 2\right\}$
$1 < a < 2 \Rightarrow S = \left\{x \in \mathbb{R} \mid 2 \leqslant x < \frac{a - 3}{a - 2}\right\}$
$a = 2 \Rightarrow S = \{x \in \mathbb{R} \mid x \geqslant 2\}$
$a > 2 \Rightarrow S = \left\{x \in \mathbb{R} \mid x < \frac{a - 3}{a - 2} \text{ ou } x \geqslant 2\right\}$

363. a) $S = \left\{x \in \mathbb{R} \mid x < \frac{1}{4} \text{ ou } x > 2\right\}$
b) $S = \{x \in \mathbb{R} \mid x \leqslant -8$ ou $x \geqslant 2\}$
c) $S = \left\{x \in \mathbb{R} \mid -1 < x < \frac{1 - \sqrt{17}}{4} \text{ ou } 1 < x < \frac{1 + \sqrt{17}}{4}\right\}$
d) $S = \left\{x \in \mathbb{R} \mid 0 < x < \frac{1}{2} \text{ ou } x > 32\right\}$

364. $S = \left\{x \in \mathbb{R} \mid 0 < x < \frac{1}{8} \text{ ou } 1 < x < 2\right\}$

366. a) $a \geqslant \frac{1}{2}$
b) $0 < a \leqslant 1000$
c) $0 < a \leqslant \frac{1}{81}$ ou $a \geqslant 81$
d) $0 < a \leqslant 1$ ou $a \geqslant 16$

367. $0 < m < \frac{1}{10}$

368. $0 < N < 1$

369. $0 < t < e^{-9}$ ou $t > e^{-1}$

370. $\frac{3}{2} < a < 2$ ou $\frac{5}{2} < a < 3$

371. a) $S = \{x \in \mathbb{R} \mid x \leqslant -2$ ou $0 \leqslant x < 1\}$
b) $S = \left\{x \in \mathbb{R} \mid \frac{4}{3} < x \leqslant \frac{5}{3}\right\}$

372. $S = \{x \in \mathbb{R} \mid 0 < x < \sqrt[10]{10}\}$

374. a) $S = \{x \in \mathbb{R} \mid -2 < x < 1$ ou $x > 2$ e $x \neq -1$ e $x \neq 0\}$
b) $S = \left\{x \in \mathbb{R} \mid -\frac{3}{2} < x < 3 \text{ e } x \neq -1 \text{ e } x \neq 0\right\}$
c) $S = \left\{x \in \mathbb{R} \mid -1 < x < \frac{4}{5} \text{ ou } x > 4 \text{ e } x \neq 0\right\}$
d) $S = \left\{x \in \mathbb{R} \mid \frac{1}{2} < x < 1\right\}$

e) $S = \{x \in \mathbb{R} \mid x < -1 \text{ ou } x > 1\}$
f) $S = \{x \in \mathbb{R} \mid 1 < x < 3\}$
g) $S = \{x \in \mathbb{R} \mid -5 < x \leqslant -2 \text{ ou } x \geqslant 4\}$
h) $S = \left\{x \in \mathbb{R} \mid -\frac{5}{2} < x < -2 \text{ ou } -\frac{3}{2} < x < \frac{8}{3} \text{ e } x \neq \frac{3}{2}\right\}$
i) $S = \left\{x \in \mathbb{R} \mid 1 < x < \frac{3}{2} \text{ ou } 2 < x < \frac{5}{2} \text{ ou } x > 3\right\}$

375. $S = \{x \in \mathbb{R} \mid x > 1\}$

376. $(a > 1 \text{ e } b > 1)$ ou $(0 < a < 1 \text{ e } 0 < b < 1)$

377. $S = \left\{x \in \mathbb{R} \mid \frac{5}{3} < x < 2\right\}$

378. $S = \{x \in \mathbb{R} \mid 0 < x < a^{-\sqrt{2}} \text{ ou } x > a^{\sqrt{2}}\}$

379. $S = \{x \in \mathbb{R} \mid 0 < x < 3^{\log_{\frac{2}{3}} 2}\}$

380. $S = \left\{x \in \mathbb{R} \mid \log_2 \frac{5}{4} < x < \log_2 3\right\}$

381. $S = \left\{x \in \mathbb{R} \mid \frac{3}{2} < x < 3\right\}$

382. $S = \{x \in \mathbb{R} \mid x > 2\}$

Capítulo VII

383. 0, −2, 5, −4

384. a) 3,5065 c) 0,7574 e) $\overline{3}$,5527
b) 1,4048 d) $\overline{1}$,8692

385. a) 7 530 c) 8,27 e) 0,00467
b) 63,6 d) 0,327 f) 0,0134

386. a) 0,00813 c) 0,357
b) 0,00061 d) 0,0223

387. a) 3,5152 c) $\overline{2}$,6605 e) ≅0,4343
b) 1,3751 d) $\overline{1}$,9221

388. a) ≅ 22,65 c) 0,5474
b) 2,727 d) 0,02325

389. 3

391. a) 0,6309 c) 0,6825 e) 0,7737
b) 2,3222 d) 1,1133

392. 6

393. 85 algarismos

394. a) $x \cong 2,86$ c) $x \cong 4,91$ e) $x \cong 3,91$
b) $x \cong 2,73$ d) $x \cong -0,62$

395. a) $S = \{1,58; 2,32\}$ c) $S = \{0,30; 0,69\}$
b) $S = \{0; 1,26\}$ d) $S = \{0,69; 1,10\}$

396. $S = \{-6\}$

398. a) 1,201 c) 10,554
b) 1,778 d) 40,520

399. $R \cong 1,68$ cm

400. 2,60

402. 38 meses

403. 7 trimestres

404. R$ 1 700 000,00

405. R$ 3 273 000,00

406. 2 422 bactérias

407. $k = 0,004845$

Questões de vestibulares

Potências e raízes

1. (PUC-MG) Em ordem decrescente, os números $a = 2^{-3}$, $b = (-2)^3$, $c = 3^{-2}$ e $d = (-2)^{-3}$ formam a sequência:
   a) (a, b, c, d) b) (b, d, a, c) c) (c, a, d, b) d) (a, c, d, b)

2. (UF-PB) A metade do número $2^{21} + 4^{12}$ é:
   a) $2^{20} + 2^{23}$ b) $2^{\frac{21}{2}} + 4^6$ c) $2^{12} + 4^{21}$ d) $2^{20} + 4^6$ e) $2^{22} + 4^{13}$

3. (PUC-MG) O resultado da expressão $\dfrac{\left[2^9 \div (2 \cdot 2^2)^3\right]^3}{2}$ é:
   a) $\dfrac{1}{5}$ b) $\dfrac{1}{4}$ c) $\dfrac{1}{3}$ d) $\dfrac{1}{2}$

4. (UF-ES) O número $N = 2002^2 \cdot 2000 - 2000 \cdot 1998^2$ é igual a
   a) $2 \cdot 10^6$ b) $4 \cdot 10^6$ c) $8 \cdot 10^6$ d) $16 \cdot 10^6$ e) $32 \cdot 10^6$

5. (UFF-RJ) A expressão $\dfrac{10^{10} + 10^{20} + 10^{30}}{10^{20} + 10^{30} + 10^{40}}$ é equivalente a:
   a) $1 + 10^{10}$
   b) $\dfrac{10^{10}}{2}$
   c) 10^{-10}
   d) 10^{10}
   e) $\dfrac{10^{10} - 1}{2}$

6. (PUC-RJ) 0,0000048 é igual a:
   a) $48 \cdot 10^{-7}$ b) $48 \cdot 10^{-8}$ c) $84 \cdot 10^{-5}$ d) $48 \cdot 10^{-5}$ e) $480 \cdot 10^{-5}$

7. (UF-PB) Simplificando a expressão $\frac{(2^{x+2})^2}{2^5(2^{x-3})^2}$, obtém-se:

a) 32
b) 2^{x^2+4}
c) 2^{5x^2-45}
d) 2^{10x-10}
e) $\frac{1}{8}$

8. (PUC-MG) Se $2^n = 15$ e $2^p = 20$, o valor de 2^{n-p+3} é:
a) 6 b) 8 c) 14 d) 16

9. (FGV-RJ) Você tem uma calculadora que só faz multiplicações. Dado um número *a*, o número mínimo de multiplicações que você deve fazer para calcular a^{37} é:
a) 6 b) 7 c) 8 d) 9 e) 10

10. (UE-GO) Marcela costuma brincar com números, para passar o tempo. Certa vez, pensou em um número positivo e elevou-o ao cubo; do resultado que obteve, subtraiu o dobro do número em que pensou; dividiu o resultado pelo mesmo número em que havia pensado e obteve 287. O número em que Marcela pensou foi
a) 13 b) 17 c) 19 d) 23 e) 29

11. (Escola Técnica Estadual-SP) Algumas doenças são caracterizadas pela falta ou excesso de glóbulos vermelhos existentes no corpo humano. Essa quantidade é bastante elevada e para representá-la utilizamos a notação científica. O corpo humano possui cerca de 25 000 000 000 000 de glóbulos vermelhos. Esse número em notação científica é:
a) $25 \cdot 10^{15}$
b) $2{,}5 \cdot 10^{13}$
c) $250 \cdot 10^{14}$
d) $0{,}25 \cdot 10^{15}$
e) $2500 \cdot 10^{12}$

12. (ENCCEJA-MEC) As distâncias entre as estrelas, os planetas e os satélites são muito grandes. Como o quilômetro não é uma unidade adequada para medir essas distâncias, criou-se a unidade "ano-luz". O ano-luz é a distância que a luz percorre em um ano. Considerando que a luz se desloca no vácuo a cerca de 300 mil quilômetros por segundo, o ano-luz equivale a aproximadamente 9 trilhões e 500 bilhões de quilômetros. Usando potências de base 10 podemos escrever:
a) 1 ano-luz = $95 \cdot 10^9$ km
b) 1 ano-luz = $95 \cdot 10^{10}$ km
c) 1 ano-luz = $95 \cdot 10^{11}$ km
d) 1 ano-luz = $95 \cdot 10^{12}$ km

13. (Cefet-SP) A equação de Einstein $E = mc^2$, um dos pilares da *Teoria da Relatividade*, mostra a equivalência existente entre energia e massa. Desta forma, usando que a velocidade da luz é igual a 300 mil km/s, ou seja, 300 milhões de m/s, pode-se dizer que a massa de um quilograma é equivalente à energia de:
obs. $1\ J = 1\ kg \cdot 1\ (m/s)^2$ onde J = joule, m = metro e s = segundo
a) $90 \cdot 10^3$ J
b) $90 \cdot 10^6$ J
c) $90 \cdot 10^9$ J
d) $90 \cdot 10^{12}$ J
e) $90 \cdot 10^{15}$ J

14. (Cefet-SP) Em reportagem publicada pelo jornal *O Estado de São Paulo* em 3/6/2001 e intitulada "Sol pode ajudar País a ser potência energética", o engenheiro e físico José Batista Vidal afirmou: "A grande fonte de energia da Terra é o Sol. É um gigantesco e eterno reator a fusão nuclear. E quem tem o Sol são os trópicos. Fora dos trópicos a incidência da radiação solar vai diminuindo muito. Aqui existe uma incidência fantástica. Calculamos na ponta do lápis que temos uma energia sobre o continente brasileiro equivalente por dia a 360 mil usinas de Itaipu". Se a potência da Usina de Itaipu é de $12{,}5 \cdot 10^3$ MW (MW = megawatts), qual é a "potência solar" que incide sobre o Brasil?

a) 4,5 mil MW
b) 4,5 milhões MW
c) 4,5 bilhões MW
d) 4,5 trilhões MW
e) 4,5 quatrilhões MW

15. (PUC-RJ) A indústria de computação cada vez mais utiliza a denominação 1 K como substituto para o número mil (por exemplo, "Y2K" como o ano dois mil). Há um erro de aproximação neste uso, já que o valor técnico com que se trabalha, $1\ K = 2^{10}$, não é 1 000. Assim, rigorosamente falando, uma notícia como "o índice Dow-Jones pode atingir 3 K" significaria que o índice pode atingir:

a) 3000 b) 2960 c) 3012 d) 2948 e) 3072

16. (Cefet-SP) Um gravador de DVD afirma em seu manual que a taxa média de gravação é de 1,7 Mbyte por segundo. Quanto tempo, aproximadamente, em microssegundos, este gravador demora em média para gravar um byte de informação?

a) 60 b) 6 c) 0,6 d) 0,06 e) 0,006

17. (UF-RN) Carl Friedrich Gauss (1777-1855) é considerado um dos maiores matemáticos de todos os tempos. Aos 10 anos de idade, ele apresentou uma solução genial para somar os números inteiros de 1 a 100. A solução apresentada por Gauss foi 5050, obtida multiplicando-se 101 por 50, como sugere a figura abaixo.

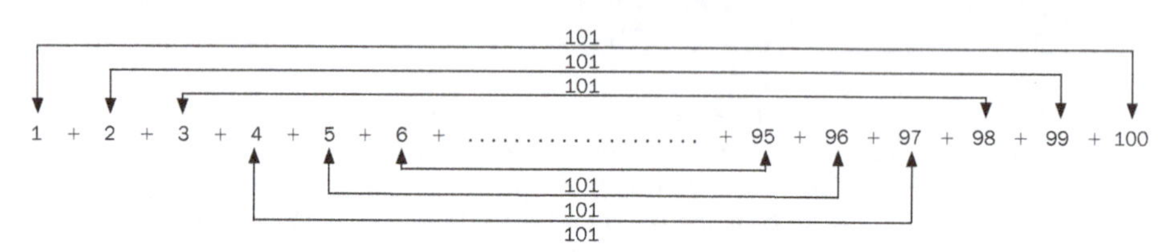

Usando a ideia de Gauss como inspiração, responda quanto vale o produto $1 \cdot 2 \cdot 4 \cdot 8 \cdot$ $\cdot\ 16 \cdot 32 \cdot 64 \cdot 128$

a) 4^{129} b) 4^{128} c) 129^4 d) 128^4

18. (Cefet-SP) "Já falei um bilhão de vezes para você não fazer isso..." Qual filho nunca ouviu esta frase de seu pai? Suponhamos que o pai corrija seu filho 80 vezes ao dia. Quantos dias ele levará para corrigi-lo um bilhão de vezes?

a) $1{,}25 \cdot 10^5$ b) $1{,}25 \cdot 10^6$ c) $1{,}25 \cdot 10^7$ d) $1{,}25 \cdot 10^8$ e) $1{,}25 \cdot 10^9$

19. (Escola Técnica Estadual-SP) A cada segundo que você demorar lendo este texto, 4,3 bebês estarão nascendo em algum lugar do planeta. Serão 258 nascimentos por minuto, 15480 por hora, 371520 por dia, segundo dados da Organização das Nações Unidas (ONU), todos competindo por espaço, comida e água – e produzindo lixo. Isso é motivo de preocupação, pois no ano de 2050 seremos 11 bilhões de pessoas. Considerando constante o índice de nascimentos, o número aproximado de bebês que deverão nascer de 2002 a 2050 (período de 49 anos) é:

a) $3{,}75 \cdot 10^9$ b) $4{,}68 \cdot 10^9$ c) $6{,}64 \cdot 10^9$ d) $7{,}35 \cdot 10^9$ e) $8{,}25 \cdot 10^9$

20. (UF-PB) Uma indústria de equipamentos produziu, durante o ano de 2002, peças dos tipos A, B e C. O preço P de cada unidade, em reais, e a quantidade Q de unidades, produzidas em 2002, são dados na tabela abaixo:

Tipo	P	Q
A	0,25	2^{15}
B	2,00	4^7
C	4,00	8^4

Com base nas informações acima e sabendo-se que a receita de cada tipo é dada, em reais, pelo produto $P \cdot Q$, é correto afirmar:
a) A receita do tipo B foi maior que a do tipo C.
b) A receita do tipo B foi igual à do tipo C.
c) A receita do tipo A foi igual à do tipo C.
d) A receita do tipo A foi maior que a do tipo C.
e) A receita do tipo C foi maior que a do tipo B.

21. (Enem-MEC) A cor de uma estrela tem relação com a temperatura em sua superfície. Estrelas não muito quentes (cerca de 3 000 K) nos parecem avermelhadas. Já as estrelas amarelas, como o Sol, possuem temperatura em torno dos 6 000 K; as mais quentes são brancas ou azuis porque sua temperatura fica acima dos 10 000 K.
A tabela apresenta uma classificação espectral e outros dados para as estrelas dessas classes.

Estrelas da Sequência Principal

Classe espectral	Temperatura	Luminosidade	Massa	Raio
O5	40 000	$5 \cdot 10^5$	40	18
B0	28 000	$2 \cdot 10^4$	18	7
A0	9 900	80	3	2,5
G2	5 770	1	1	1
M0	3 480	0,06	0,5	0,6

Temperatura em Kelvin.
Luminosidade, massa e raio, tomando o Sol como unidade.

Disponível em: <http://www.zenite.nu>. Acesso em: 1 maio 2010 (adaptado).

Se tomarmos uma estrela que tenha temperatura 5 vezes maior que a temperatura do Sol, qual será a ordem de grandeza de sua luminosidade?
a) 20 000 vezes a luminosidade do Sol.
b) 28 000 vezes a luminosidade do Sol.
c) 28 850 vezes a luminosidade do Sol.
d) 30 000 vezes a luminosidade do Sol.
e) 50 000 vezes a luminosidade do Sol.

22. (UF-PR) Quando escrevemos 4307, por exemplo, no sistema de numeração decimal, estamos nos referindo ao número $4 \cdot 10^3 + 3 \cdot 10^2 + 0 \cdot 10^1 + 7 \cdot 10^0$. Seguindo essa mesma ideia, podemos representar qualquer número inteiro positivo utilizando apenas os dígitos 0 e 1, bastando escrever o número como soma de potências de 2. Por exemplo, $13 = 1 \cdot 2^3 + 1 \cdot 2^2 + 0 \cdot 2^1 + 1 \cdot 2^0$ e por isso a notação $[1101]_2$ é usada para representar 13 nesse outro sistema. Note que os algarismos que ali aparecem são os coeficientes das potências de 2 na mesma ordem em que estão na expressão. Com base nessas informações, considere as seguintes afirmativas:

I. $[111]_2 = 7$

II. $[110]_2 + [101]_2 = [1010]_2$

III. Qualquer que seja o número inteiro positivo k, a expressão de 2^k em potências de 2 tem apenas um dígito diferente de 0.

IV. Se $a = [\underbrace{1111...11}_{20 \text{ dígitos}}]_2$, então $2 \cdot a = [\underbrace{1111...110}_{21 \text{ dígitos}}]_2$.

Assinale a alternativa correta.

a) Somente as afirmativas I e III são verdadeiras.
b) Somente as afirmativas II e III são verdadeiras.
c) Somente as afirmativas I e IV são verdadeiras.
d) Somente as afirmativas I, III e IV são verdadeiras.
e) Somente as afirmativas II, III e IV são verdadeiras.

23. (UFF-RJ) Muitos consideram a internet como um novo continente que transpassa fronteiras geográficas e conecta computadores dos diversos países do globo. Atualmente, para que as informações migrem de um computador para outro, um sistema de endereçamento denominado IPv4 (Internet Protocol Version 4) é usado. Nesse sistema, cada endereço é constituído por quatro campos, separados por pontos. Cada campo, por sua vez, é um número inteiro no intervalo $[0, 2^8 - 1]$. Por exemplo, o endereço IPv4 do servidor WEB da UFF é 200.20.0.21. Um novo sistema está sendo proposto: o IPv6. Nessa nova versão, cada endereço é constituído por oito campos e cada campo é número inteiro no intervalo $[0, 2^{16} - 1]$.

Com base nessas informações, é correto afirmar que:

a) O número de endereços diferentes no sistema IPv6 é o quádruplo do número de endereços diferentes do sistema IPv4.
b) Existem exatamente $4(2^8 - 1)$ endereços diferentes no sistema IPv4.
c) Existem exatamente 2^{32} endereços diferentes no sistema IPv4.
d) O número de endereços diferentes no sistema IPv6 é o dobro do número de endereços diferentes do sistema IPv4.
e) Existem exatamente $(2^8 - 1)^4$ endereços diferentes no sistema IPv4.

24. (UFF-RJ) A comunicação eletrônica tornou-se fundamental no nosso cotidiano, mas, infelizmente, todo dia recebemos muitas mensagens indesejadas: propagandas, promessas de emagrecimento imediato, propostas de fortuna fácil, correntes, etc. Isso está se tornando um problema para os usuários da Internet, pois o acúmulo de "lixo" nos computadores compromete o desempenho da rede!
Pedro iniciou uma corrente enviando uma mensagem pela Internet a dez pessoas, que, por sua vez, enviaram, cada uma, a mesma mensagem a outras dez pessoas. E estas, finalizando a corrente, enviaram, cada uma, a mesma mensagem a outras dez pessoas.
O número máximo de pessoas que receberam a mensagem enviada por Pedro é igual a:

a) 30 b) 110 c) 210 d) 1 110 e) 11 110

25. (UF-GO) O número $\sqrt{18} - \sqrt{8} - \sqrt{2}$ é igual a:

a) $\sqrt{8}$ b) 4 c) 0 d) $\sqrt{10} - \sqrt{2}$ e) $\sqrt{18} - \sqrt{6}$

26. (PUC-RJ) O valor de $\frac{\sqrt{1,7777...}}{\sqrt{0,1111...}}$ é

a) 4,444... b) 4 c) 4,777... d) 3 e) $\frac{4}{3}$

27. (UF-MG) O quociente $\left(7\sqrt{3} - 5\sqrt{48} + 2\sqrt{192}\right) \div 3\sqrt{3}$ é igual a:

a) $3\sqrt{3}$ b) $2\sqrt{3}$ c) $\frac{\sqrt{3}}{3}$ d) 2 e) 1

28. (PUC-RJ) $\sqrt[3]{-8} \cdot \sqrt{(-5)^2}$ é igual a:

a) –10 b) $-\sqrt{40}$ c) 40 d) $\sqrt{40}$ e) $2\sqrt{5}$

29. (UF-RN) $\sqrt{13+\sqrt{7+\sqrt{2+\sqrt{4}}}}$ é igual a:

a) 4 b) 5 c) 6 d) 7 e) 8

30. (PUC-RJ) Para a = 1,97, b = $\sqrt{4,2}$ e c = $\frac{7}{3}$ temos:

a) $a < b < c$
b) $a < c < b$
c) $b < a < c$
d) $b < c < a$
e) $c < b < a$

31. (Fatec-SP) O valor da expressão $y = \frac{x^3 - 8}{x^2 + 2x + 4}$, para $x = \sqrt{2}$, é:

a) $\sqrt{2} - 2$ b) $\sqrt{2} + 2$ c) 2 d) –0,75 e) $\frac{-4}{3}$

32. (Cesgranrio-RJ) Racionalizando o denominador, vemos que a razão $\frac{1 + \sqrt{3}}{\sqrt{3} - 1}$ é igual a:

a) $\sqrt{3} - 1$
b) $1 + 2\sqrt{3}$
c) $\sqrt{3} + \sqrt{2}$
d) $2 + \sqrt{3}$
e) $2 + 2\sqrt{3}$

33. (Fuvest-SP) O valor da expressão $\frac{2 - \sqrt{2}}{\sqrt{2} - 1}$ é:

a) $\sqrt{2}$ b) $\frac{1}{\sqrt{2}}$ c) 2 d) $\frac{1}{2}$ e) $\sqrt{2} + 1$

34. (Cesgranrio-RJ) Se $a = \sqrt{8}$ e $b = \sqrt{2}$, então o valor de $a^{-1} + b^{-1}$ é:

a) $\frac{3\sqrt{2}}{4}$ b) $\frac{\sqrt{3}}{2}$ c) $\frac{\sqrt{2}}{2}$ d) $\frac{\sqrt{8}}{\sqrt{2}}$ e) $\frac{1}{\sqrt{10}}$

35. (PUC-MG) Se $x = \frac{2}{3 + 2\sqrt{2}}$ e $y = \frac{56}{4 - \sqrt{2}}$, então x + y é igual a:

a) 22 b) $22\sqrt{2}$ c) $8\sqrt{2}$ d) $22 + 8\sqrt{2}$ e) $160 + 4\sqrt{2}$

36. (Fatec-SP) Se *a*, *b*, *c*, *d* são números reais tais que $\sqrt{10800} = 2^a \cdot 3^b \cdot 5^c$ e $\sqrt{d} = 2^c \cdot 3^a \cdot 5^b$, então *d* é igual a:

a) $450\sqrt{5}$
b) 10 800
c) 40 500
d) 116 640 000
e) 1 640 250 000

37. (PUC-PR) A expressão $\sqrt{27 - 10\sqrt{2}}$ é igual a:

a) $3\sqrt{2} - 5$ b) $3 - 5\sqrt{2}$ c) $9 - 2\sqrt{2}$ d) $6 - \sqrt{2}$ e) $5 - \sqrt{2}$

38. (PUC-MG) Considere os números $m = 3^2\left(\frac{4}{3} - 1\right)$, $n = \frac{1}{2} + \frac{1}{3}$ e $p = 4\sqrt{3} - \sqrt{12}$.

Nessas condições, o valor da expressão $p^2 - \frac{m}{n}$ é:

a) 6,8 b) 8,4 c) 9,6 d) 10,2

39. (PUC-RJ) Seja $a = 12(\sqrt{2} - 1)$, b) $= 4\sqrt{2}$ e $c = 3\sqrt{3}$. Então:

a) $a < c < b$ b) $c < a < b$ c) $a < b < c$ d) $b < c < a$ e) $b < a < c$

40. (PUC-MG) O valor da expressão $\frac{b}{\sqrt[3]{c - a^2}}$ quando $a = 3$, $b = 10$ e $c = 1$ é:

a) um número inteiro cujo módulo é maior do que 4.
b) um número que não pertence ao conjunto dos reais.
c) um número natural cujo módulo é maior do que 3.
d) um número ímpar cujo valor é maior do que 7.

41. (Mackenzie-SP) O valor de $2x^0 + x^{\frac{3}{4}} + 18x^{-\frac{1}{2}}$, quando $x = 81$, é:

a) 30 b) 31 c) 35 d) 36 e) 38

42. (U. F. Lavras-MG) O valor da expressão $\left[\frac{\frac{1}{5} - \frac{1}{3} + \frac{1}{2} \cdot \frac{4}{5}}{\frac{0,6}{0,5} - 0,4}\right]^{-\frac{1}{3}} \cdot \sqrt[3]{9}$ é

a) $\frac{2}{3}$ b) $\sqrt[3]{3}$ c) 3 d) $\frac{5}{8}$ e) $\frac{1}{\sqrt[3]{3}}$

43. (UF-CE) O valor exato de $\sqrt{32 + 10\sqrt{7}} + \sqrt{32 + 10\sqrt{7}}$ é:

a) 12 b) 11 c) 10 d) 9 e) 8

44. (U. F. Ouro Preto-MG) A expressão $\left(\frac{\sqrt{a} - \sqrt{b}}{a - b}\right)^{-1}$ equivale a:

a) $\frac{\sqrt{a} - \sqrt{b}}{\sqrt{a} \cdot \sqrt{b}}$

b) $\sqrt{a} - \sqrt{b}$

c) $\frac{\sqrt{a} \cdot \sqrt{b}}{\sqrt{a} - \sqrt{b}}$

d) $\sqrt{a} + \sqrt{b}$

e) $\frac{b\sqrt{a} - a\sqrt{b}}{b - a}$

45. (Unesp-SP) A expressão $\sqrt{0,25} + 16^{-\frac{3}{4}}$ equivale a

a) 1,65 b) 1,065 c) 0,825 d) 0,625 e) 0,525

46. (FGV-SP) Qual das sentenças abaixo é incorreta:

a) $3^{-4} = \frac{1}{81}$

b) $(0,25)^3 > (0,25)^4$

c) $\sqrt[5]{9} = 3^{0,4}$

d) $(0,68)^4 > (0,68)^2$

e) $(10)^{-4} = 0,0001$

47. (EPCAr) O valor da expressão $\left[\frac{\left(6,25 \cdot 10^{-2}\right)^{\frac{1}{4}}}{\left(6,4 \cdot 10^{-2}\right)^{-\frac{1}{3}}}\right]^{-\frac{1}{2}}$ é

a) $\sqrt{5}$

b) $\frac{\sqrt{5}}{5}$

c) $\sqrt{3}$

d) $\sqrt{7}$

48. (Mackenzie-SP) Para x = 4, o valor de $\left[\left(x^{-2}\right)^2 + x^{\frac{1}{2}} \cdot x^{-3}\right] \div x^{-5}$ é:

a) 20

b) $4\sqrt{6}$

c) 36

d) 4^3

e) 32

49. (UF-RN) O valor que devemos adicionar a 5 para obtermos o quadrado de $\sqrt{2} + \sqrt{3}$ é:

a) $\sqrt{3}$

b) $\sqrt{6}$

c) $2\sqrt{2}$

d) $2\sqrt{3}$

e) $2\sqrt{6}$

50. (UF-RN) Uma calculadora apresentava, em sua tela, o resultado da soma dos gastos do mês realizados por um pai "coruja" que permitiu a seu filho apertar algumas teclas, alterando esse resultado. O pai observou que o menino havia apertado as teclas $\sqrt{\ }$, +, 1 e $\sqrt{\ }$, nessa ordem e uma única vez. Para recuperar o resultado que estava na tela, o pai deverá apertar as teclas

a) x^2, 1, − e x^2

b) x^2, −, 1 e x^2

c) x^2, +, 1 e x^2

d) x^2, 1, + e x^2

51. (PUC-SP) No século 20, uma pessoa tinha *x* anos no ano x^2. Essa pessoa nasceu em

a) 1878

b) 1892

c) 1912

d) 1924

e) 1932

52. (U. F. Lavras-MG) A criptografia estuda os métodos para codificar mensagens, isto é, métodos para obter uma linguagem secreta, de modo que só seu destinatário legítimo consiga decifrá-la. Sem a criptografia, certamente sua senha bancária seria facilmente descoberta. A criptografia moderna se baseia no uso de números inteiros enormes com, por exemplo, 200 dígitos. O número de dígitos de $\sqrt{\sqrt{\sqrt{\text{número com 200 dígitos}}}}$ é de, aproximadamente:

a) 100

b) 25

c) 15

d) 80

e) 50

53. (UPE-PE) Todo número real positivo pode ser escrito na forma 10^x. Sabendo que $2 = 10^{0,30}$ e que *x* é um número tal que $5 = 10^x$, pode-se afirmar que *x* é igual a

a) 0,33

b) 0,55

c) 0,60

d) 0,70

e) 0,80

Função exponencial

54. (U. F. Lavras-MG) A solução da equação abaixo é:

$$\left(\frac{1}{2}\right)^x = \left(\frac{1}{4}\right)^{2x-3}$$

a) 0 b) 1 c) 2 d) 3 e) 4

55. (PUC-RJ) Uma das soluções da equação $10^{x^2-3} = \frac{1}{100}$ é:

a) 1 b) 0 c) $\sqrt{2}$ d) -2 e) 3

56. (Mackenzie-SP) O valor de x na equação $\left(\frac{\sqrt{3}}{9}\right)^{2x-2} = \frac{1}{27}$ é

a) tal que $2 < x < 3$.
b) negativo.
c) tal que $0 < x < 1$.
d) múltiplo de 2.
e) 3

57. (U. E. Ponta Grossa-PR) Sobre A, conjunto de solução da equação $2^{x^2} = \left(\frac{1}{16}\right)^{-x-3}$, e B, o conjunto solução da equação $(x^3 - 9x) \cdot (x + 2) = 0$, assinale o que for correto.

I. $A \cup B = \{-3, -2, 0, 3, 6\}$
II. $\varnothing \subset A$
III. A e B são disjuntos
IV. $A - B = \{6\}$
V. $A \subset B$

A quantidade de proposições verdadeiras é:

a) 1 b) 2 c) 3 d) 4 e) 5

58. (PUC-PR) O valor de *x* que satisfaz a equação $\frac{0,2^{x-0,5}}{\sqrt{5}} = 5 \cdot 0,04^{x-1}$ está compreendido no intervalo:

a) $x \leqslant 0$ b) $0 < x \leqslant 1$ c) $1 < x \leqslant 4$ d) $4 < x \leqslant 20$ e) $x > 20$

59. (UF-PI) A quantidade de números reais e positivos que satisfaz a equação modular $|-2^{2x} + 2^{x+1} + 1| = 1$ é:

a) 0 b) 1 c) 2 d) 3 e) 4

60. (Mackenzie-SP) Se $3^{x+2} + 9^{x+1} = 12 \cdot 3^{x+1}$, então $x - 2$ vale:

a) 0 b) 1 c) -1 d) 2 e) -2

61. (EsPCEx-SP) A soma das raízes da equação $3^x + 3^{1-x} = 4$ é:

a) 2 b) -2 c) 0 d) -1 e) 1

62. (Mackenzie-SP) Se $3^{x+1} - \frac{2}{3^x} = 1$, então o valor de $2x + 1$ é:

a) 0 b) 3 c) 1 d) -3 e) -2

63. (ITA-SP) Considere a equação $\frac{(a^x - a^{-x})}{(a^x + a^{-x})} = m$, na variável real *x*, com $0 < a \neq 1$. O conjunto de todos os valores de *m* para os quais esta equação admite solução real é:

a) $(-1, 0) \cup (0, 1)$
b) $(-\infty, -1) \cup (1, +\infty)$
c) $(-1, 1)$
d) $(0, \infty)$
e) $(-\infty, +\infty)$

64. (FGV-SP) A raiz da equação $(5^x - 5\sqrt{3})(5^x + 5\sqrt{3}) = 50$ é:

a) $-\frac{2}{3}$ b) $-\frac{3}{2}$ c) $\frac{3}{2}$ d) $\frac{2}{3}$ e) $\frac{1}{2}$

65. (Mackenzie-SP) A soma das raízes da equação $x^{\sqrt{x}} = x^2$ com $x > 0$, é:

a) $\frac{1}{2}$ b) 2 c) 5 d) $\frac{3}{4}$ e) 3

66. (Mackenzie-SP) Se $2^x = 4^{y+1}$ e $27^y = 3^{x-9}$, então $y - x$ vale:

a) 5 b) 4 c) 2 d) -3 e) -1

67. (PUC-MG) Os pontos $A = (1, 6)$ e $B = (2, 18)$ pertencem ao gráfico da função $y = m \cdot a^x$. Então, o valor de a^m é:

a) 6 b) 9 c) 12 d) 16

68. (PUC-MG) Considere os conjuntos $A = \{0, 1, 2, 3, 4, 6, 8, 12, 16, 24\}$ e $B = \{0, 1, 3, 4, 6, 10\}$. O número de pares ordenados (x, y), tais que $x \in A$, $y \in B$ e $x = 2^y$, é igual a:

a) 3 b) 4 c) 5 d) 6

69. (Fuvest-SP) Seja $f(x) = 2^{2x+1}$. Se *a* e *b* são tais que $f(a) = 4f(b)$, pode-se afirmar que:

a) $a + b = 2$
b) $a + b = 1$
c) $a - b = 3$
d) $a - b = 2$
e) $a - b = 1$

70. (U.E. Ponta Grossa-PR) Dadas as funções definidas por $f(x) = \left(\frac{4}{5}\right)^x$ e $g(x) = \left(\frac{5}{4}\right)^x$, assinale verdadeiro ou falso para cada proposição:

I. Os gráficos de f(x) e g(x) não se interceptam.
II. f(x) é crescente e g(x) é decrescente.
III. $g(-2) \cdot f(-1) = f(1)$
IV. $f[g(0)] = f(1)$
V. $f(-1) + g(1) = \frac{5}{2}$

A quantidade de proposições verdadeiras é:

a) 1 b) 2 c) 3 d) 4 e) 5

71. (Mackenzie-SP) Considere a função *f* tal que para todo *x* real tem-se $f(x + 2) = 3f(x) + 2^x$. Se $f(-3) = \frac{1}{4}$ e $f(-1) = a$, então o valor de a^2 é

a) $\frac{25}{36}$ b) $\frac{36}{49}$ c) $\frac{64}{100}$ d) $\frac{16}{81}$ e) $\frac{49}{64}$

72. (FEI-SP) Sendo $f(x) = \left(\frac{5}{4}\right)^x$ para $x \in \mathbb{R}$, pode-se afirmar que:

a) O gráfico de *f* intercepta o eixo *x* em apenas um ponto.
b) *f* é decrescente.
c) O conjunto imagem de *f* é dado por $Im(f) =]0, +\infty[$.
d) O gráfico de *f* intercepta o eixo *y* no ponto $\left(0, \frac{5}{4}\right)$.
e) $f(-1) = -\frac{5}{4}$

73. (UE-CE) Uma quantidade *t* varia com o tempo de acordo com a função $Q(t) = \frac{1^t}{2}$. O valor de *t* para o qual $Q(t) = \frac{1}{(2\sqrt{2})}$ é:

a) $\frac{1}{2}$ b) 1 c) $\frac{3}{2}$ d) 2 e) $\frac{5}{2}$

74. (UF-RN) No plano cartesiano abaixo, estão representados o gráfico da função $y = 2^x$, os números *a*, *b*, *c* e suas imagens:

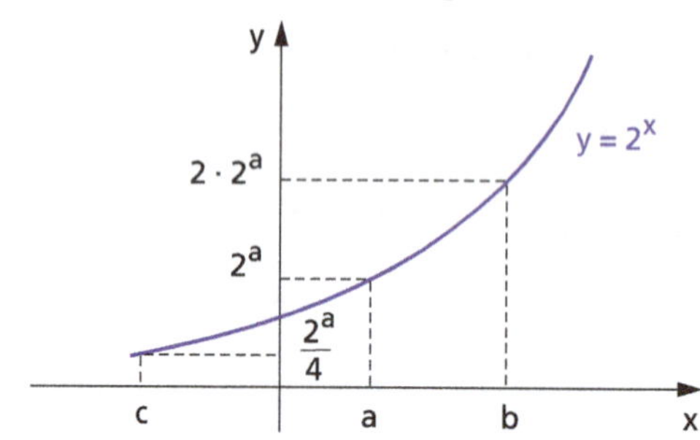

Observando-se a figura, pode-se concluir que, em função de *a*, os valores de *b* e *c* são, respectivamente:

a) $\frac{a}{2}$ e 4a b) a − 1 e a + 2 c) 2a e $\frac{a}{4}$ d) a + 1 e a − 2

75. (Mackenzie-SP) Na figura temos o esboço do gráfico de $y = a^x + 1$. O valor de 2^{3a-2} é:

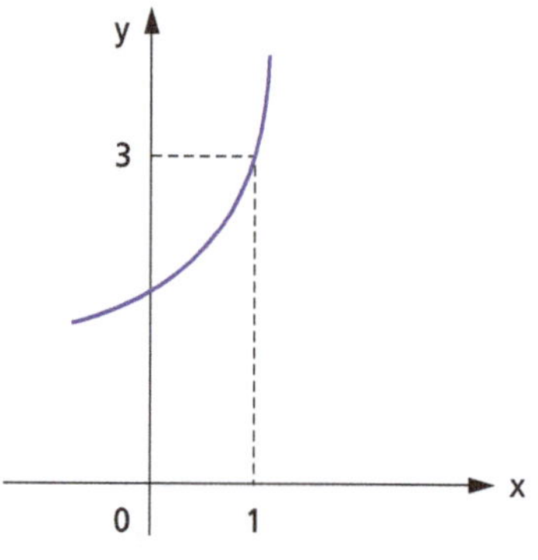

a) 16 b) 8 c) 2 d) 32 e) 64

76. (U.F. Juiz de Fora-MG) A figura abaixo é um esboço do gráfico da função $y = 2^x$ no plano cartesiano. Com base nesse gráfico, é correto afirmar que:

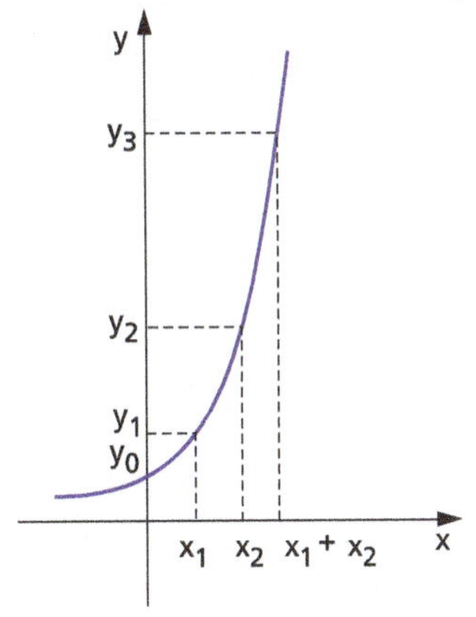

a) $y_0 = y_2 - y_1$ b) $y_1 = y_3 - y_2$ c) $y_1 = y_3 + y_0$ d) $y_2 = y_1 \cdot y_0$ e) $y_3 = y_1 \cdot y_2$

77. (PUC-RS) A função exponencial é usada para representar as frequências das notas musicais. Dentre os gráficos abaixo, o que melhor representa a função $f(x) = e^x + 2$ é:

a)

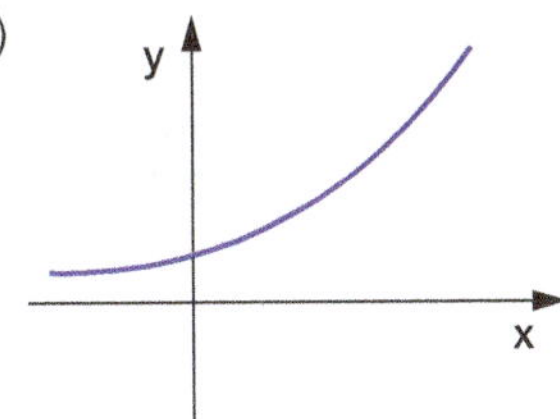

d)

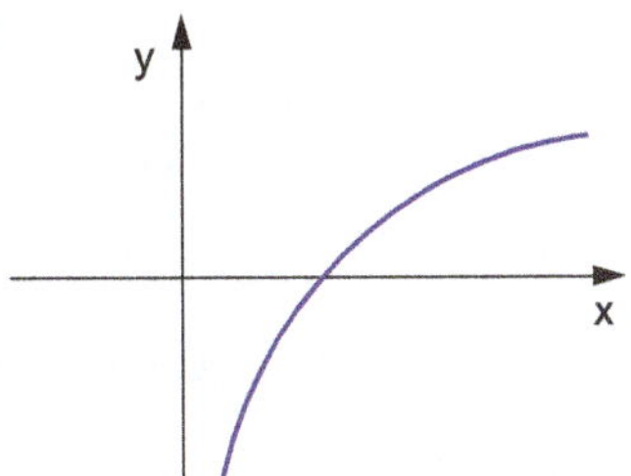

b)

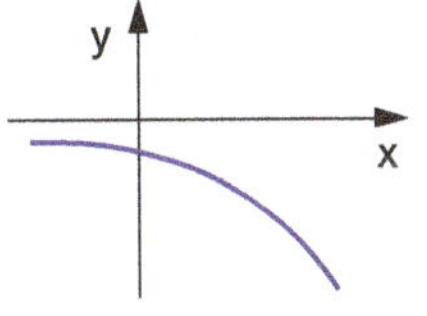

e)

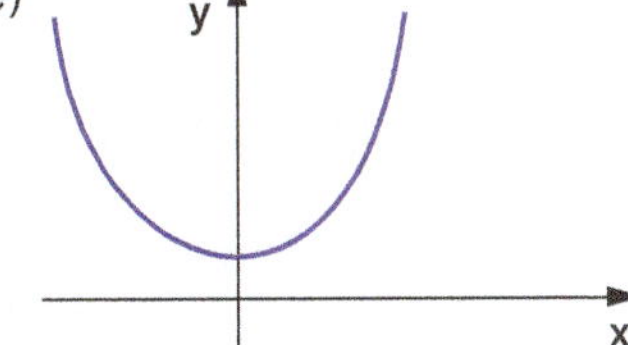

c)

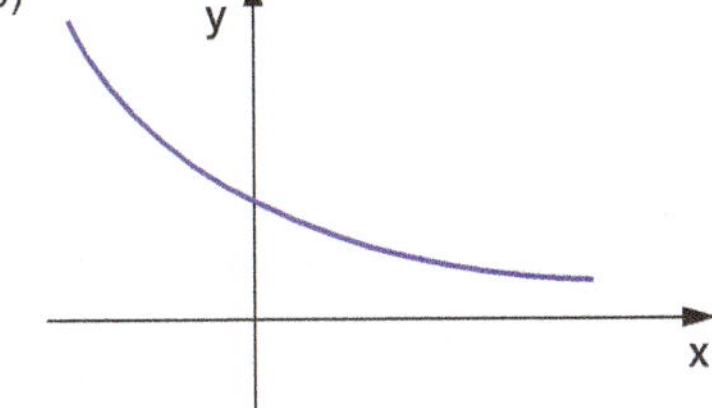

78. (Fatec-SP) Na figura ao lado, os pontos A e B são as intersecções dos gráficos das funções *f* e *g*.
Se $g(x) = (\sqrt{2})^x$, então f(10) é igual a:
a) 3 b) 4 c) 6 d) 7 e) 9

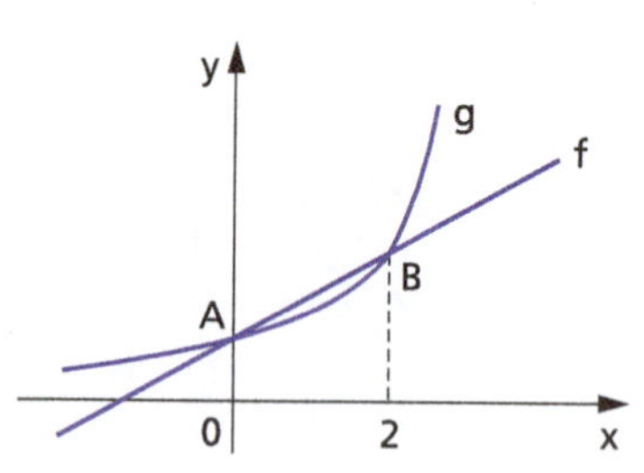

79. (FEI-SP) Sejam as funções $f: \mathbb{R} \to \mathbb{R} \mid f(x) = x^2 + x$ e $g: \mathbb{R} \to \mathbb{R} \mid g(x) = 2^x$.
O resultado de $f(g(0)) - 3 \cdot g(f(2))$ é:
a) −190 b) −30 c) −53 d) 54 e) 180

80. (EsPCEx-SP) O conjunto solução da inequação $\left(\frac{1}{2}\right)^{x-3} \leqslant \frac{1}{4}$ é:
a) $[5, +\infty[$
b) $[4, +\infty[$
c) $]-\infty, 5]$
d) $\{x \in \mathbb{R} \mid x \leqslant -5\}$
e) $\{x \in \mathbb{R} \mid x \geqslant -5\}$

81. (UF-RR) Dados os conjuntos $A = \{x \in \mathbb{R} \mid 9^{x^2+1} \leqslant 243^{1-x}\}$ e $B = \{x \in \mathbb{R} \mid x^2 + 6x + 9 > 0\}$, o conjunto A − B é igual a:
a) $\varnothing$
b) $\{-3\}$
c) $\left[-3, \frac{1}{2}\right]$
d) $]-\infty, -3[\cup]-3, +\infty[$
e) $\left\{\frac{1}{2}\right\}$

82. (EsPCEx-SP) O conjunto solução da inequação $\left(\frac{2}{5}\right)^{x+3} \leqslant \left(\frac{25}{4}\right)^{2x+1} < \left(\frac{2}{5}\right)^{8x+1}$
a) tem módulo de diferença entre os extremos igual a 3,5.
b) inclui o zero.
c) inclui apenas um número inteiro negativo.
d) é vazio.
e) inclui três números inteiros.

83. (FGV-SP) O menor valor do inteiro positivo *n*, de forma que $n^{300} > 3^{500}$, é:
a) 6 b) 7 c) 8 d) 244 e) 343

84. (EsPCEx-SP) O domínio da função $f(x) = \dfrac{1}{\sqrt{3^{-x-2} - \frac{1}{9}}}$ é:
a) $\mathbb{R}_-^*$ b) $\mathbb{R}_-$ c) $\mathbb{R}_+$ d) $\mathbb{R}_+^*$ e) $\mathbb{R}$

85. (PUC-PR) O domínio da função $y = \dfrac{1}{\sqrt{32 - 4^{-x}}}$ pode ser expresso pelo intervalo:
a) $x < 0$
b) $x > -2,5$
c) $-2,5 < x < 0$
d) $x < 2,5$
e) $-2,5 < x < 2,5$

86. (EsPCEx-SP) O menor valor que a função real $y = \left(\frac{1}{2}\right)^{-x^2+6x-9}$ pode assumir é:
a) 1 b) 2 c) $\frac{1}{2}$ d) $\frac{1}{4}$ e) $\frac{1}{8}$

87. (UF-GO) Certas combinações entre as funções e^x e e^{-x} (onde "e" é o número de Euler, $x \in \mathbb{R}$) surgem em diversas áreas, como Matemática, Engenharia e Física. O seno hiperbólico e o cosseno hiperbólico são definidos por:

$\text{senh}(x) = \dfrac{e^x - e^{-x}}{2}$ e $\cosh(x) = \dfrac{e^x + e^{-x}}{2}$

Então, $\cosh^2(x) - \text{senh}^2(x)$ é igual a:

a) 0 b) $\frac{1}{4}$ c) $-\frac{1}{4}$ d) 1 e) −1

88. (Unicamp-SP) Em uma xícara que já contém certa quantidade de açúcar, despeja-se café. A curva ao lado representa a função exponencial M(t), que fornece a quantidade de açúcar não dissolvido (em gramas), t minutos após o café ser despejado. Pelo gráfico, podemos concluir que:

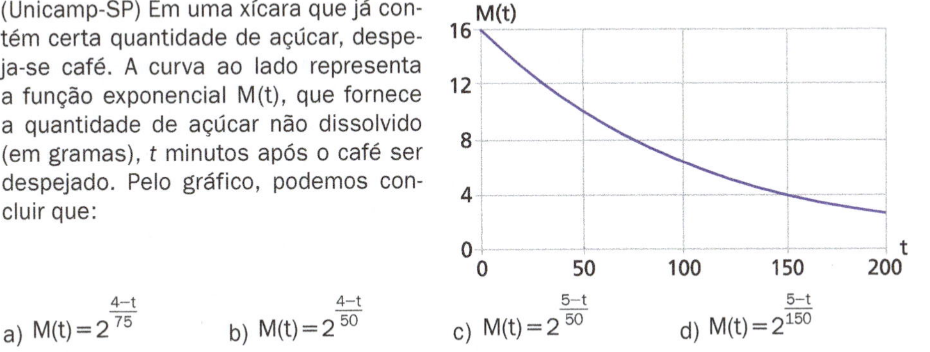

a) $M(t) = 2^{\frac{4-t}{75}}$ b) $M(t) = 2^{\frac{4-t}{50}}$ c) $M(t) = 2^{\frac{5-t}{50}}$ d) $M(t) = 2^{\frac{5-t}{150}}$

89. (EsPCEx-SP) A fórmula $n = 6 \cdot 10^8 \cdot v^{-\frac{3}{2}}$ relaciona numa dada sociedade o número n de indivíduos que possuem renda anual superior ao valor N, em reais. Nessas condições, pode-se afirmar que, para pertencer ao grupo dos 600 indivíduos mais ricos dessa sociedade, é preciso ter no mínimo uma renda mensal de:

a) R$ 10 000,00
b) R$ 100 000,00
c) 1 000 000,00
d) 10 000 000,00
e) R$ 100 000 000,00

(FGV-SP) O texto abaixo se refere às questões 90, 91 e 92.

A *curva de Gompertz* é o gráfico de uma função expressa por $N = C \cdot A^{K^t}$, em que A, C e K são constantes. É usada para descrever fenômenos como a evolução do aprendizado e o crescimento do número de empregados de muitos tipos de organizações.

Suponha que, com base em dados obtidos em empresas de mesmo porte, o Diretor de Recursos Humanos da Companhia Nacional de Motores (CNM), depois de um estudo estatístico, tenha chegado à conclusão de que, após t anos, a empresa terá $N(t) = 10\,000 \cdot (0{,}01)^{0{,}5^t}$ funcionários ($t \geq 0$).

90. Segundo esse estudo, o número inicial de funcionários empregados pela CNM foi de:

a) 10 000 b) 200 c) 10 d) 500 e) 100

91. O número de funcionários que estarão empregados na CNM, após dois anos, será de:

a) $10^{3,5}$ b) $10^{2,5}$ c) 10^2 d) $10^{1,5}$ e) $10^{0,25}$

92. Depois de quanto tempo a CNM empregará 1 000 funcionários?

a) 6 meses
b) 1 ano
c) 3 anos
d) 1 ano e 6 meses
e) 2 anos e 6 meses

93. (U.F. São Carlos-SP) Para estimar a área da figura ABDO (sombreada no desenho), onde a curva AB é parte da representação gráfica da função $f(x) = 2^x$, João demarcou o retângulo OCBD e, em seguida, usou um programa de computador que "plota" pontos aleatoriamente no interior desse retângulo. Sabendo que dos 1 000 pontos "plotados" apenas 540 ficaram no interior da figura ABDO, a área estimada dessa figura, em unidades de área, é igual a:

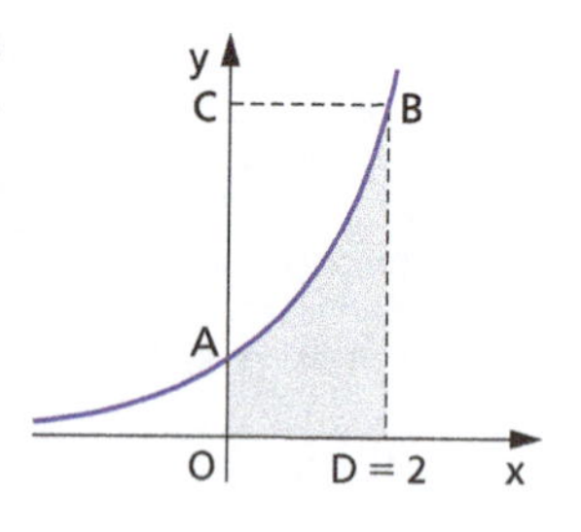

a) 4,32 b) 4,26 c) 3,92 d) 3,84 e) 3,52

94. (Unama-PA) Psicólogos têm chegado à conclusão de que, em várias situações de aprendizado, a taxa com que uma pessoa aprende é rápida no início e depois decresce. A curva de aprendizado de um indivíduo, obtida empiricamente, é representada por $f(t) = 90(1 - 3^{-0,4t})$, onde *t* é o tempo, em horas, destinado à memorização das palavras constantes de uma lista. O número máximo de palavras que esse indivíduo consegue memorizar é 90, mesmo quando lhe é permitido estudar por várias horas. Nestas condições, o tempo gasto por esse indivíduo para memorizar 60 palavras é:

a) 1h e 30min. b) 1h e 45min. c) 2h e 5min. e) 2h e 30min.

95. (UF-PR) Um importante estudo a respeito de como se processa o esquecimento foi desenvolvido pelo alemão Hermann Ebbinghaus no final do século XIX.
Utilizando métodos experimentais, Ebbinghaus determinou que, dentro de certas condições, o percentual P do conhecimento adquirido que uma pessoa retém após *t* semanas pode ser aproximado pela fórmula $P = (100 - a) \cdot b^t + a$, sendo que *a* e *b* variam de uma pessoa para outra. Se essa fórmula é válida para um certo estudante, com $a = 20$ e $b = 0,5$, o tempo necessário para que o percentual se reduza a 28% será:

a) entre uma e duas semanas.
b) entre duas e três semanas.
c) entre três e quatro semanas.
d) entre quatro e cinco semanas.
e) entre cinco e seis semanas.

96. (UF-PI) O gráfico da função $f: [0, +\infty) \to \mathbb{R}$, definida por $f(t) = \dfrac{B}{1 + Ae^{-Bkt}}$, na qual A, B e *k* são constantes positivas, é uma curva denominada curva logística. Essas curvas ilustram modelos de crescimento populacional, diante da influência de fatores ambientais no tamanho possível de uma população, também descrevem expansão de epidemias e, até, boatos numa comunidade! Sendo assim, considere a seguinte situação: admita que, *t* semanas após a constatação de uma forma rara de gripe, aproximadamente $f(t) = \dfrac{36}{1 + 17e^{-1,5t}}$ milhares de pessoas tenham adquirido a doença. Nessas condições, quantas pessoas haviam adquirido a doença quando foi constatada a existência dessa gripe?

a) 1 000 pessoas
b) 2 000 pessoas
c) 2 500 pessoas
d) 3 600 pessoas
e) 4 100 pessoas

97. (FEI-SP) O número de bactérias em uma cultura duplica a cada hora. Sabe-se que, em um dado instante, essa cultura possui 1 000 bactérias. Após quantas horas a cultura terá 1 024 000 bactérias?

a) 11 horas b) 10 horas c) 12 horas d) 9 horas e) 13 horas

98. (UE-CE) Uma colônia de bactérias dobra de número a cada dia. Supondo que cada bactéria consuma uma unidade alimentar (u. a.) por dia, uma colônia que comece no primeiro dia com 10 000 bactérias consumirá, nos dez primeiros dias, cerca de:
a) 256 000 u. a.
b) 1 024 u. a.
c) 10 230 000 u. a.
d) 956 300 u. a.
e) 1 024 000 000 u. a.

99. (UF-PB) Em uma comunidade de bactérias, há inicialmente 10^6 indivíduos. Sabe-se que após *t* horas (ou fração de hora) haverá $Q(t) = 10^6 \cdot 3^{2t}$ indivíduos. Neste caso, para que a população seja o triplo da inicial, o tempo, em minutos, será:
a) 10 b) 20 c) 30 d) 40 e) 50

100. (UF-PE) Admita que o número de pessoas infectadas por um vírus cresça exponencialmente. Admita ainda que o número de pessoas infectadas passou de 150 para 300, em um período de 6 semanas. Contadas a partir do momento em que o número de infectados era 300, em quantas semanas o número de infectados será 4 800?
a) 20 semanas
b) 22 semanas
c) 24 semanas
d) 26 semanas
e) 28 semanas

101. (Unifesp-SP) Sob determinadas condições, o antibiótico gentamicina, quando ingerido, é eliminado pelo organismo à razão de metade do volume acumulado a cada 2 horas. Daí, se K é o volume da substância no organismo, pode-se utilizar a função $f(t) = K\left(\frac{1}{2}\right)^{\frac{t}{2}}$ para estimar a sua eliminação depois de um tempo *t*, em horas. Neste caso, o tempo mínimo necessário para que uma pessoa conserve no máximo 2 mg desse antibiótico no organismo, tendo ingerido 128 mg numa única dose, é de:
a) 12 horas e meia. b) 12 horas. c) 10 horas e meia. d) 8 horas. e) 6 horas.

102. (UF-PA) A quantidade *x* de nicotina no sangue diminui com o tempo *t* de acordo com a função $x = x_0 e^{\frac{kt}{2}}$. Se a quantidade inicial x_0 se reduz à metade em 2 horas, em 5 horas existirá no sangue:
Considerar $\sqrt{2} = 1{,}41$.
a) 17,4% de x_0.
b) 17,7% de x_0.
c) 20,0% de x_0.
d) 20,3% de x_0.
e) 20,6% de x_0.

103. (UFF-RJ) A automedicação é considerada um risco, pois a utilização desnecessária ou equivocada de um medicamento pode comprometer a saúde do usuário: substâncias ingeridas difundem-se pelos líquidos e tecidos do corpo, exercendo efeito benéfico ou maléfico. Depois de se administrar determinado medicamento a um grupo de indivíduos, verificou-se que a concentração (*y*) de certa substância em seus organismos alterava-se em função do tempo decorrido (*t*), de acordo com a expressão $y = y_0 \cdot 2^{-0{,}5t}$ em que y_0 é a concentração inicial e *t* é o tempo em hora. Nessas circunstâncias, pode-se afirmar que a concentração da substância tornou-se a quarta parte da concentração inicial após:
a) $\frac{1}{4}$ de hora b) meia hora c) 1 hora d) 2 horas e) 4 horas

104. (UF-PE/UFR-PE) A informação dada a seguir deverá ser utilizada nesta e na questão que segue. Suponha que um teste possa detectar a presença de esteroides em um atleta, quando a quantidade de esteroides em sua corrente sanguínea for igual ou superior a 1 mg. Suponha também que o corpo elimina $\frac{1}{4}$ da quantidade de esteroides presentes na corrente sanguínea a cada 4 horas. Se um atleta ingere 10 mg de esteroides, passadas quantas horas não será possível detectar esteroides, submetendo o atleta a este teste? $\left(\text{Dado: use a aproximação } 10 \cong \left(\frac{4}{3}\right)^8\right)$.

a) 28 b) 29 c) 30 d) 31 e) 32

105. (UF-PE/UFR-PE) Qual dos gráficos a seguir melhor expressa a quantidade de esteroides na corrente sanguínea do atleta, ao longo do tempo, a partir do instante em que este tomou a dose de 10 mg?

a)

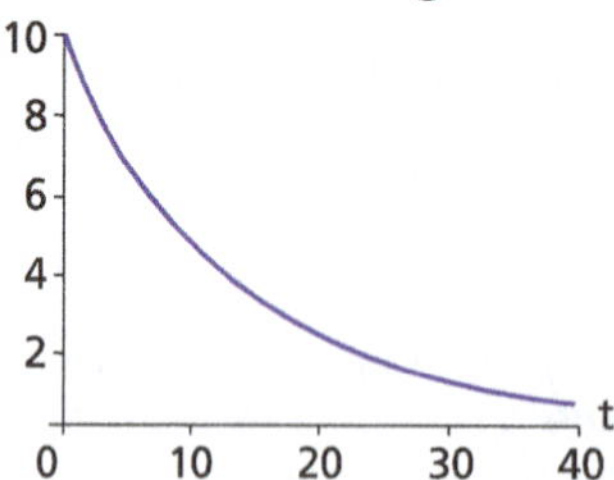

b)

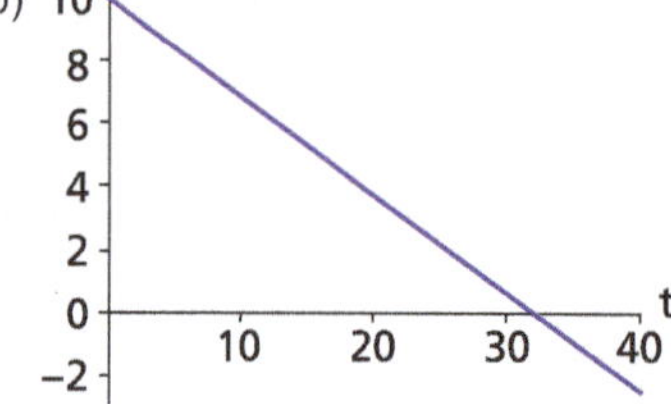

c)

d)

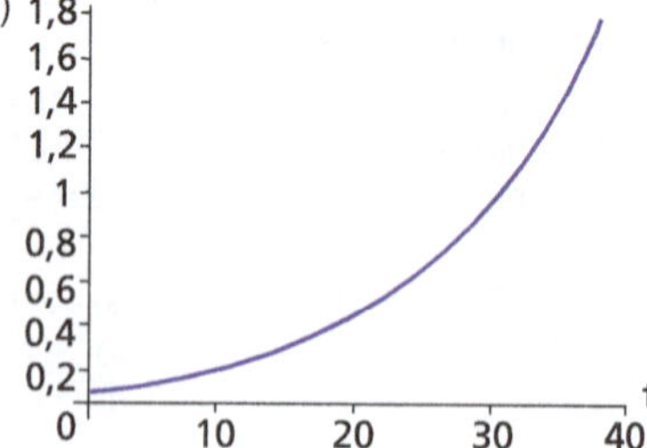

e)

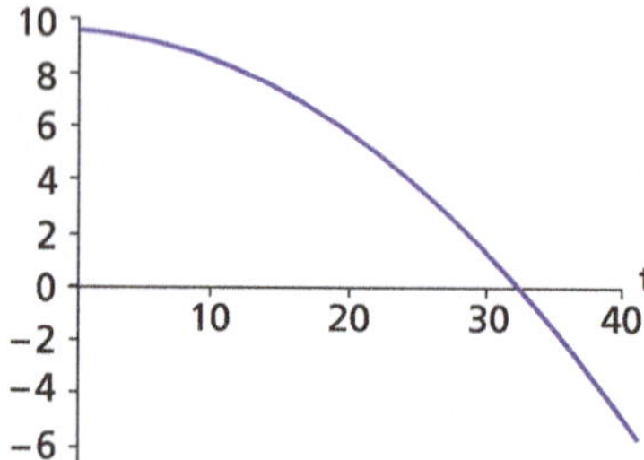

106. (FGV-RJ) Espera-se que a população de uma cidade, hoje com 120 000 habitantes, cresça 2% a cada ano. Segundo esta previsão, a população da cidade, daqui a *n* anos, será igual a:

a) $120\,000 \cdot 1{,}02^n$
b) $120\,000 \cdot 2^n$
c) $120\,000 \cdot (1 + 1{,}02n)$
d) $120\,000 \cdot (0{,}02)^n$
e) $120\,000 \cdot 1{,}02n$

107. (Puccamp-SP) Curiosamente, observou-se que o número de árvores plantadas em certo município podia ser estimado pela lei $N = 100 \cdot 3^t$, em que *t* corresponde ao respectivo mês de plantio das N árvores. Se para t = 0 obtém-se o número de árvores plantadas em maio de 2001, em que mês o número de árvores plantadas foi igual a 9 vezes o número das plantadas em julho de 2001?

a) setembro de 2001
b) outubro de 2001
c) dezembro de 2001
d) janeiro de 2002
e) março de 2002

108. (U.F. Juiz de Fora-MG) A população da cidade A cresce 3% ao ano e a população da cidade B aumenta 3 000 habitantes por ano. Dos esboços de gráficos abaixo, aqueles que melhor representam a população da cidade A em função do tempo e a população da cidade B em função do tempo, respectivamente, são:

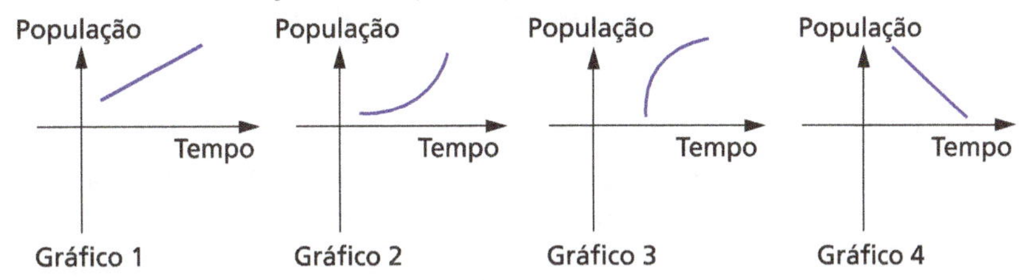

a) Gráfico 2 e Gráfico 1.
b) Gráfico 1 e Gráfico 2.
c) Gráfico 3 e Gráfico 1.
d) Gráfico 2 e Gráfico 4.
e) Gráfico 3 e Gráfico 4.

109. (U.F. São Carlos-SP) Dados do Ministério da Educação indicam um rápido avanço da modalidade de ensino a distância. Uma boa parcela dos universitários no país já estuda entre aulas na internet e em polos presenciais. Admita que a evolução prevista para o número de alunos nos cursos de graduação, na modalidade de ensino a distância, obedeça à lei $N(t) = 127\,000\,(1{,}6)^{\frac{t}{2}}$, em que *t* é o número de anos decorridos após o final de 2005. Desse modo, pode-se concluir que o número previsto de alunos nos cursos de graduação a distância no final de 2011 será, aproximadamente,

a) 680 mil.
b) 650 mil.
c) 520 mil.
d) 450 mil.
e) 400 mil.

110. (UF-PE) As populações de duas cidades, em milhões de habitantes, crescem, em função do tempo *t*, medido em anos, segundo as expressões $200 \cdot 2^{\frac{t}{20}}$ e $50 \cdot 2^{\frac{t}{10}}$, com t = 0 correspondendo ao instante atual. Em quantos anos, contados a partir de agora, as populações das duas cidades serão iguais?

a) 34 anos
b) 36 anos
c) 38 anos
d) 40 anos
e) 42 anos

111. (Unesp-SP) Ambientalistas, após estudos sobre o impacto que possa vir a ser causado à população de certa espécie de pássaros pela construção de um grande conjunto de edifícios residenciais próximo ao sopé da Serra do Japi, em Jundiaí, SP, concluíram que a quantidade de tais pássaros, naquela região, em função do tempo, pode ser expressa, aproximadamente, pela função $P(t) = \frac{P_0}{4 - 3(2^{-t})}$, onde *t* representa o tempo, em anos, e P_0 a população de pássaros na data de início da construção do conjunto. Baseado nessas informações, pode-se afirmar que:

a) após 1 ano do início da construção do conjunto, P(t) estará reduzida a 30% de P_0.
b) após 1 ano do início da construção do conjunto, P(t) será reduzida a 30% de P_0.
c) após 2 anos do início da construção do conjunto, P(t) estará reduzida a 40% de P_0.
d) após 2 anos do início da construção do conjunto, P(t) será reduzida a 40% de P_0.
e) P(t) não será inferior a 25% de P_0.

112. (UF-PB) O valor de um certo imóvel, em reais, daqui a *t* anos é dado pela função $V(t) = 1\,000 \cdot 0{,}8^t$. Daqui a dois anos, esse imóvel sofrerá, em relação ao valor atual, uma desvalorização de:

a) R$ 800,00 b) R$ 640,00 c) R$ 512,00 d) R$ 360,00 e) R$ 200,00

113. (U. F. Viçosa-MG) Uma pessoa deposita uma quantia em dinheiro na caderneta de poupança. Sabendo-se que o montante na conta, após *t* meses, é dado por $M(t) = C \cdot 2^{0{,}01t}$, onde C é uma constante positiva, o tempo mínimo para duplicar a quantia depositada é:

a) 6 anos e 8 meses.
b) 7 anos e 6 meses.
c) 8 anos e 4 meses.
d) 9 anos e 3 meses.
e) 10 anos e 2 meses.

114. (FGV-SP) Se um automóvel custa hoje R$ 45 000,00 e a cada ano sofre uma desvalorização de 4%, o seu valor, em reais, daqui a dez anos, pode ser estimado em:

a) $45 \cdot 10^3 \cdot (1{,}04)^{10}$
b) $45 \cdot 10^3 \cdot (1{,}04)^{-10}$
c) $45 \cdot 10^3 \cdot (0{,}96)^{-10}$
d) $45 \cdot 10^3 \cdot (0{,}96)^{10}$
e) $45 \cdot 10^{-7}$

115. (PUC-MG) O valor de certo equipamento, comprado por R$ 60 000,00, é reduzido à metade a cada 15 meses. Assim, a equação $V(t) = 60000 \cdot 2^{-\frac{t}{15}}$, onde *t* é o tempo de uso em meses e V(t) é o valor em reais, representa a variação do valor desse equipamento. Com base nessas informações, é correto afirmar que o valor do equipamento após 45 meses de uso será igual a:

a) R$ 3 750,00 b) R$ 7 500,00 c) R$ 10 000,00 d) R$ 20 000,00

116. (Mackenzie-SP) Um aparelho celular tem seu preço *y* desvalorizado exponencialmente em função do tempo (em meses) *t*, representado pela equação $y = p \cdot q^t$, com *p* e *q* constantes positivas. Se, na compra, o celular custou R$ 500,00 e, após 4 meses, o seu valor é $\frac{1}{5}$ do preço pago, 8 meses após a compra, o seu valor será:

a) R$ 25,00 b) R$ 24,00 c) R$ 22,00 d) R$ 28,00 e) R$ 20,00

117. (FGV-SP) O valor de um carro decresce exponencialmente, de modo que seu valor, daqui a *x* anos, será dado por $V = Ae^{-kx}$, em que $e = 2{,}7182...$ Hoje, o carro vale R$ 40 000,00 e daqui a 2 anos valerá R$ 30 000,00. Nessas condições, o valor do carro daqui a 4 anos será:

a) R$ 17 500,00
b) R$ 20 000,00
c) R$ 22 500,00
d) R$ 25 000,00
e) R$ 27 500,00

118. (FEI-SP) O valor em reais de certo imóvel, após *t* anos, é dado pela função $V(t) = 100\,000(0{,}9)^t$. Após três anos, esse imóvel sofrerá, em relação ao valor atual, uma desvalorização de:

a) R$ 72 900,00
b) R$ 7 290,00
c) R$ 27 100,00
d) R$ 12 340,00
e) R$ 32 408,00

119. (Unicap-PE) Nas proposições referentes a esta questão, *x* é um número real. Responda verdadeiro ou falso para cada proposição.

I. Se $3^x \leq 243$, então $x \leq 5$.

II. Se $0{,}3^x \leq 0{,}3^2$, então $x \leq 2$.

III. A função exponencial 2^x é sempre crescente.

IV. Se $a \leq b$, então $a^x \leq b^x$.

V. Se $2^{3x-1} = 32^{2x}$, então $x = -\frac{1}{7}$.

A quantidade de proposições verdadeiras é:

a) 1 b) 2 c) 3 d) 4 e) 5

120. (U.E. Maringá-PR) Considerando a função $f: A \subseteq \mathbb{R} \to \mathbb{R}$, definida por $f(x) = 5^{2x} - 4 \cdot 5^x - 5$, responda verdadeiro ou falso para cada proposição.

I. $A = \mathbb{R}$

II. $A = \{x \in \mathbb{R} \mid x < 1\}$

III. $f(x) < 0$, para todo x real, tais que $-1 < x < 5$.

IV. $f(x) > 0$, para todo x real, tais que $x > 1$.

V. $f(-1) = -\frac{144}{25}$.

A quantidade de proposições verdadeiras é:

a) 1 b) 2 c) 3 d) 4 e) 5

121. (UF-PR) Uma empresa de autopeças vem sofrendo sucessivas quedas em suas vendas a partir de julho de 2002. Naquele mês, ela vendeu 100 000 peças e, desde então, a cada mês tem vendido 2 000 peças a menos. Para reverter essa tendência, o departamento de *marketing* da empresa resolveu lançar uma campanha cuja meta é aumentar o volume de vendas à razão de 10% ao mês nos próximos seis meses, a partir de janeiro de 2004. A respeito das vendas dessa empresa, responda verdadeiro ou falso para cada proposição.

I. Neste mês de dezembro, se for confirmada a tendência de queda, serão vendidas 66 000 peças.

II. O total de peças vendidas nos últimos 12 meses, até novembro de 2003, inclusive, é de 900 000 peças.

III. Se a meta da campanha for atingida, os números de peças vendidas mês a mês, a partir do seu lançamento, formarão uma progressão geométrica de razão 10.

IV. Se a meta da campanha for atingida, o número de peças a serem vendidas no mês de março de 2004 será superior a 80 000.

V. Se a campanha não for lançada e as vendas continuarem na mesma tendência de queda, daqui a 24 meses a empresa não estará mais vendendo peça alguma.

A quantidade de proposições verdadeiras é:

a) 1 b) 2 c) 3 d) 4 e) 5

122. (UF-PR) Em estudos realizados numa área de proteção ambiental, biólogos constataram que o número N de indivíduos de certa espécie primata está crescendo em função do tempo *t* (dado em anos), segundo a expressão $N(t) = \frac{600}{5 + 3 \cdot 2^{-0,1t}}$.

Supondo que o instante $t = 0$ corresponda ao início desse estudo e que essa expressão continue sendo válida com o passar dos anos, considere as seguintes afirmativas:

I. O número de primatas dessa espécie presentes na reserva no início do estudo era 75 indivíduos.
II. Vinte anos após o início desse estudo, o número de primatas dessa espécie será superior a 110 indivíduos.
III. A população dessa espécie nunca ultrapassará 120 indivíduos.

Assinale a alternativa correta:

a) Somente a afirmativa I é verdadeira.
b) Somente as afirmativas I e II são verdadeiras.
c) Somente as afirmativas I e III são verdadeiras.
d) Somente as afirmativas II e III são verdadeiras.
e) As afirmativas I, II e III são verdadeiras.

123. (ITA-SP) Considere um número real $a \neq 1$ positivo, fixado, e a equação em x $a^{2x} + 2\beta a^x - \beta = 0$, $\beta \in \mathbb{R}$.

Das afirmações:

I. Se $\beta < 0$, então existem duas soluções reais distintas;
II. Se $\beta = -1$, então existe apenas uma solução real;
III. Se $\beta = 0$, então não existem soluções reais;
IV. Se $\beta > 0$, então existem duas soluções reais distintas,

é (são) sempre verdadeira(s) apenas:

a) I. b) I e III. c) II e III. d) II e IV. e) I, III e IV.

124. (UF-BA) O gráfico representa uma projeção do valor de mercado, v(t), de um imóvel, em função do tempo *t*, contado a partir da data de conclusão de sua construção, considerada como a data inicial t = 0. O valor v(t) é expresso em milhares de reais, e o tempo *t*, em anos.

Com base nesse gráfico, sobre o valor de mercado projetado v(t), pode-se afirmar:

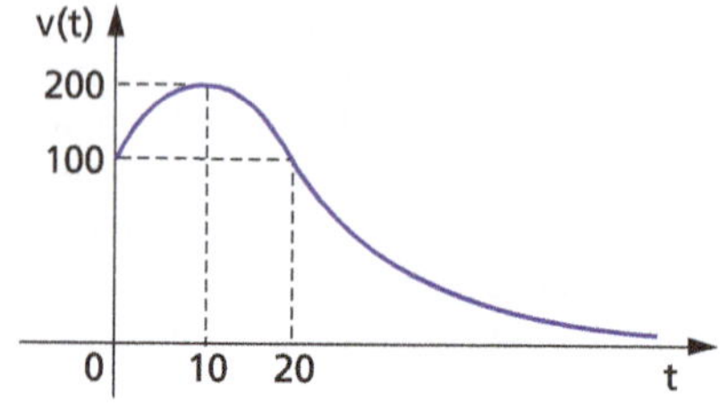

(01) Aos dez anos de construído, o imóvel terá valor máximo.
(02) No vigésimo quinto ano de construído, o imóvel terá um valor maior que o inicial.
(04) Em alguma data, o valor do imóvel corresponderá a 37,5% do seu valor inicial.
(08) Ao completar vinte anos de construído, o imóvel voltará a ter o mesmo valor inicial.
(16) Se $v(t) = 200 \cdot 2^{-\frac{(t-10)^2}{100}}$, então, ao completar trinta anos de construído, o valor do imóvel será igual a um oitavo do seu valor inicial.

Dê como resposta certa a soma dos números dos itens escolhidos.

125. (Unifesp-SP) A figura 1 representa um cabo de aço preso nas extremidades de duas hastes de mesma altura *h* em relação a uma plataforma horizontal. A representação dessa situação num sistema de eixos ortogonais supõe a plataforma de fixação das hastes sobre o eixo das abscissas; as bases das hastes como dois pontos, A e B; e considera o ponto O, origem do sistema, como o ponto médio entre essas duas bases (figura 2). O comportamento do cabo é descrito matematicamente pela função $f(x) = 2^x + \left(\frac{1}{2}\right)^x$, com domínio [A, B].

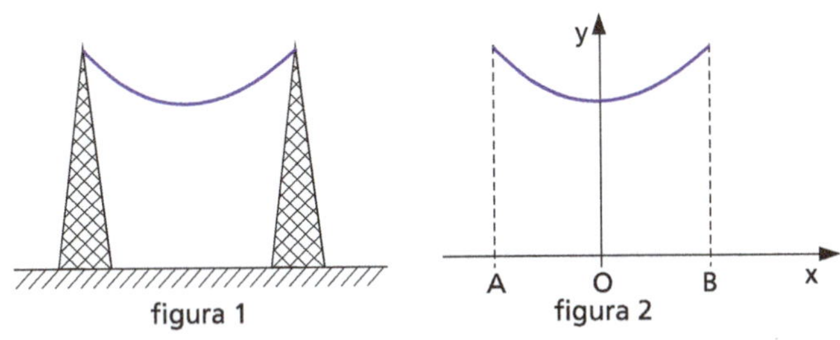

figura 1 figura 2

a) Nessas condições, qual a menor distância entre o cabo e a plataforma de apoio?
b) Considerando as hastes com 2,5 m de altura, qual deve ser a distância entre elas, se o comportamento do cabo seguir precisamente a função dada?

126. (UF-GO) A teoria da cronologia do carbono, utilizada para determinar a idade de fósseis, baseia-se no fato de que o isótopo do carbono 14 (C-14) é produzido na atmosfera pela ação de radiações cósmicas no nitrogênio e que a quantidade de C-14 na atmosfera é a mesma que está presente nos organismos vivos. Quando um organismo morre, a absorção de C-14, através da respiração ou alimentação, cessa, e a quantidade de C-14 presente no fóssil é dada pela função $C(t) = C_0 10^{kt}$, onde *t* é dado em anos a partir da morte do organismo, C_0 é a quantidade de C-14 para $t = 0$ e *k* é uma constante. Sabe-se que 5 600 anos após a morte, a quantidade de C-14 presente no organismo é a metade da quantidade inicial (quando $t = 0$). No momento em que um fóssil foi descoberto, a quantidade de C-14 medida foi de $\frac{C_0}{32}$. Tendo em vista estas informações, calcule a idade do fóssil no momento em que ele foi descoberto.

127. (UF-MG) Um tipo especial de bactéria caracteriza-se por uma dinâmica de crescimento particular. Quando colocada em meio de cultura, sua população mantém-se constante por dois dias e, do terceiro dia em diante, cresce exponencialmente, dobrando sua quantidade a cada 8 horas.
Sabe-se que uma população inicial de 1 000 bactérias desse tipo foi colocada em meio de cultura. Considerando essas informações:
a) Calcule a população de bactérias após 6 dias em meio de cultura.
b) Determine a expressão da população P, de bactérias, em função do tempo *t* em dias.
c) Calcule o tempo necessário para que a população de bactérias se torne 30 vezes a população inicial.
(Em seus cálculos, use $\log 2 = 0{,}3$ e $\log 3 = 0{,}47$.)

128. (UF-MS) Seja F uma função dada por: $F(x) = e^{\sqrt{\frac{12-2x-x^2}{x+2}}}$
Qual é o total de números naturais do domínio máximo da função F?

129. (UF-PR) Um grupo de cientistas decidiu utilizar o seguinte modelo logístico, bastante conhecido por matemáticos e biólogos, para estimar o número de pássaros, P(t), de determinada espécie numa área de proteção ambiental: $P(t) = \frac{500}{1 + 2^{2-t}}$, sendo *t* o tempo em anos e $t = 0$ o momento em que o estudo foi iniciado.
a) Em quanto tempo a população chegará a 400 indivíduos?
b) À medida que o tempo *t* aumenta, o número de pássaros dessa espécie se aproxima de qual valor? Justifique sua resposta.

Logaritmos

130. (Mackenzie-SP) Se $\log \sqrt{0{,}1} = x$, então x^2 é:

a) $\frac{9}{4}$ b) $\frac{1}{4}$ c) $\frac{1}{9}$ d) $\frac{1}{2}$ e) $\frac{4}{9}$

131. (Mackenzie-SP) Se $\log_{\frac{1}{3}} 9 = a$, então $\log_{16} a^2$ é:

a) $\frac{1}{2}$ b) $-\frac{1}{4}$ c) -2 d) 4 e) 2

132. (U.F. Juiz de Fora-MG) O logaritmo de um número na base 64 é $\frac{1}{3}$. O logaritmo desse número na base $\frac{1}{2}$ é:

a) 2 b) $\frac{2}{3}$ c) $-\frac{2}{3}$ d) -2

133. (PUC-MG) O valor da expressão $\log_4 16 - \log_4 32 + 3 \cdot \log_4 2$ é:

a) $\frac{1}{2}$ b) 1 c) $\frac{3}{2}$ d) 4

134. (Mackenzie-SP) Se $7^x = 81$ e $9^y = 7$, então o valor de $\log_8 (xy)$ é

a) $\frac{3}{2}$ b) $\frac{1}{3}$ c) 2 d) 3 e) $\frac{3}{4}$

135. (Mackenzie-SP) Se $\log_2 (\log_3 p) = 0$ e $\log_3 (\log_2 q) = 1$, então $(p + q)$ é igual a:

a) 5 b) 17 c) 11 d) 9 e) 4

136. (EsPCEx-SP) O logaritmo de um número natural *n*, $n > 1$, coincidirá com o próprio *n* se a base for:

a) n^n b) $\frac{1}{n}$ c) n^2 d) n e) $n^{\frac{1}{n}}$

137. (UE-GO) Sejam os números reais $x = \left(\frac{1}{2}\right)^3$, $y = 2^3$, $z = 8^{\frac{1}{3}}$, $w = \left(\frac{1}{2}\right)^{-2}$ e $t = \log_2 \left(\frac{1}{8}\right)$. É correto afirmar que:

a) $t < x < z < w < y$
b) a sequência (z, w, y) é uma P.A.
c) $t + w < x$
d) $w^{\frac{1}{z}}$ não é um número inteiro.
e) $y \cdot t > x + z + w$

138. (Mackenzie-SP) Se $x = \log_3 2$, então $9^{2x} + 81^{\frac{x}{2}}$ é:

a) 12 b) 20 c) 18 d) 36 e) 48

139. (U.F. Lavras-MG) O valor da expressão $3^{(\log_3 (5))(\log_5 (8))}$ é:

a) -1 b) 0 c) 3 d) 5 e) 8

140. (UF-MG) Seja $n = 8^{2 \cdot \log_2 15 - \log_2 45}$. Então, o valor de *n* é:

a) 5^2 b) 8^3 c) 2^5 d) 5^3

141. (U.F. Lavras-MG) Sendo log o logaritmo decimal e *a* e *b* números reais positivos, estão corretas as alternativas, exceto:

a) $\log(10^a) + \log(10^b) = a + b$

b) $\log(a + b) + \log(a - b) = 2\log(a)$ sendo $a > b$

c) $\log(a^2b^2) - 2\log(a \cdot b) + \log\left(\frac{1}{10}\right) = -1$

d) $10^{b \log a} = a^b$

e) $\log\left(\sqrt{a \cdot b}\right) = \frac{1}{2}(\log(a) + \log(b))$

142. (FEI-SP) O valor de $\log(312{,}5) - \log(31{,}25)$ é:

a) -1 b) 10 c) $\frac{\log(312{,}5)}{\log(31{,}25)}$ d) $\log 281{,}25$ e) 1

143. (PUC-PR) Sejam *x* e *y* dois números reais positivos tais que $\log x - \log y = z$, então $\log\frac{1}{x} - \log\frac{1}{y}$ vale:

a) z b) $-z$ c) $z + 1$ d) $-z + 1$ e) 0

144. (Mackenzie-SP) Se $\log x = 0{,}1$, $\log y = 0{,}2$ e $\log z = 0{,}3$, o valor de $\log\frac{x^2 \cdot y^{-1}}{\sqrt{z}}$ é:

a) 0,15 b) $-0{,}15$ c) 0,25 d) $-0{,}25$ e) 0,6

145. (U.F. Ouro Preto-MG) Se $a, b, c \in \mathbb{R}_+^*$ e $\log x = a + \frac{\log b}{2} - \log c$, então o valor de *x* é:

a) $\frac{10^a \cdot \sqrt{b}}{c}$ b) $\frac{a^{10} \cdot \sqrt{b}}{c}$ c) $\frac{10a \cdot \sqrt{b}}{c}$ d) $\frac{a \cdot \sqrt{b}}{c}$ e) $\frac{ab^2}{c}$

146. (Mackenzie-SP) Considerando que $x - y = \sqrt[3]{3}$ e que $x + y = \sqrt{3}$, o valor de $\log_3(x^2 - y^2)$ é:

a) $\frac{\sqrt{3}}{3}$ b) $\frac{2}{5}$ c) $\sqrt{3}$ d) $\frac{3}{2}$ e) $\frac{5}{6}$

147. (UFF-RJ) Considere $p = \log_3 2$, $q = \log_{\sqrt{3}} 4$ e $r = \log_{\frac{1}{3}} \sqrt{2}$. É correto afirmar que:

a) $p < q < r$ b) $r < q < p$ c) $q < r < p$ d) $p < r < q$ e) $r < p < q$

148. (UF-AM) Se $\log x = 3 + \log 3 - \log 2 - 2\log 5$, então *x* é igual a

a) 18 b) 25 c) 30 d) 40 e) 60

149. (FGV-SP) Adotando $\log 2 = 0{,}301$, a melhor aproximação de $\log_5 10$ representada por uma fração irredutível de denominador 7 é:

a) $\frac{8}{7}$ b) $\frac{9}{7}$ c) $\frac{10}{7}$ d) $\frac{11}{7}$ e) $\frac{12}{7}$

150. (UF-CE) Usando as aproximações $\log 2 = 0{,}3$ e $\log 3 = 0{,}4$, podemos concluir que $\log 72$ é igual a:

a) 0,7 b) $-1{,}2$ c) 1,2 d) $-1{,}7$ e) 1,7

151. (U. F. São Carlos-SP) Adotando-se log 2 = a e log 3 = b, o valor de $\log_{1,5} 135$ é igual a

a) $\frac{3ab}{b - a}$ b) $\frac{2b - a + 1}{2b - a}$ c) $\frac{3b - a}{b - a}$ d) $\frac{3b + a}{b - a}$ e) $\frac{3b - a + 1}{b - a}$

152. (UFF-RJ) Se log 6 = a e log 3 = b, então log 2 vale:

a) $\frac{a}{3}$ b) ab c) $\frac{a}{b}$ d) a + b e) a − b

153. (UF-PA) Um professor de Matemática propôs o seguinte problema aos seus alunos: Determine o valor preciso da seguinte expressão em que os algoritmos são todos calculados na base 10 (logaritmos decimais):

$$x = \log\left(\frac{1}{2}\right) + \log\left(\frac{2}{3}\right) + \log\left(\frac{3}{4}\right) + \log\left(\frac{4}{5}\right) + \log\left(\frac{5}{6}\right) + \log\left(\frac{6}{7}\right) + \log\left(\frac{7}{8}\right) + \log\left(\frac{8}{9}\right) + \log\left(\frac{9}{10}\right)$$

Os alunos que resolveram corretamente esta questão concluíram que:

a) $x = -\frac{1}{2}$ b) x = 1 c) x = 2 d) x = −2 e) x = −1

154. (Mackenzie-SP) Se log 16 = a, então $\log \sqrt[3]{40}$ vale

a) $\frac{a + 6}{12}$ b) $\frac{a + 2}{6}$ c) $\frac{a + 6}{3}$ d) $\frac{a + 12}{2}$ e) $\frac{a + 2}{3}$

155. (Mackenzie-SP) Supondo log 2 = 0,3, o valor de $\frac{2^{-5} \cdot \sqrt[3]{10^2}}{\sqrt[6]{10}}$ é:

a) $10^{\frac{1}{2}}$ b) $10^{\frac{3}{2}}$ c) 32 d) $\frac{1}{32}$ e) $\frac{1}{10}$

156. (FGV-SP) Consideramos os seguintes dados: log 2 = 0,3 e log 3 = 0,48. Nessas condições, o valor de log 15 é:

a) 0,78 b) 0,88 c) 0,98 d) 1,08 e) 1,18

157. (Puccamp-SP) A invenção de logaritmos teve como resultado imediato o aparecimento de tabelas, cujos cálculos eram feitos um a um. O projeto de Babbage era construir uma máquina para a montagem dessas tabelas, como, por exemplo,

x	log x
2	0,30
3	0,47
4	0,60
5	0,70
6	0,78

Usando a tabela acima, o valor que se obtém para log 450 é:

a) 2,64 b) 2,54 c) 2,44 d) 2,34 e) 2,24

158. (Mackenzie-SP) Se $\log_\alpha 125 = 3$ e $\log_{\sqrt{5}} \beta = \frac{2}{3}$, então $\log_5 (\alpha \cdot \beta)$ é igual a:

a) $\frac{1}{3}$ b) $\frac{1}{2}$ c) $\frac{3}{2}$ d) $\frac{4}{3}$ e) $\frac{3}{4}$

159. (Mackenzie-SP) Se $\log_m 5 = a$ e $\log_m 3 = b$, $0 < m \neq 1$, então $\log_{\frac{1}{m}} \frac{3}{5}$ é igual a:

a) $\frac{b}{a}$ b) $b - a$ c) $3a - 5b$ d) $\frac{a}{b}$ e) $a - b$

160. (Fatec-SP) Na calculadora obtiveram-se os resultados seguintes: $\log 6 = 0{,}778$ e $\ln 6 = 1{,}7917$. Com estes dados, sem ajuda da calculadora, é verdade que log e, com aproximação de três casas decimais, é
Notação: $\log 6 = \log_{10} 6$ e $\ln 6 = \log_e 6$

a) 0,434 b) 0,778 c) 0,791 d) 1,778 e) 1,791

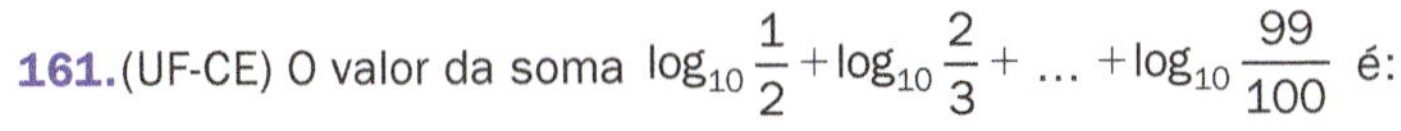

161. (UF-CE) O valor da soma $\log_{10}\frac{1}{2} + \log_{10}\frac{2}{3} + \ldots + \log_{10}\frac{99}{100}$ é:

a) 0 b) −1 c) −2 d) 2 e) 3

162. (UFF-RJ) O valor da expressão $\log_3 2 \cdot \log_4 3 \cdot \ldots \cdot \log_{10} 9$ é:

a) 0 b) $\log_{10} 2$ c) $\log_4 3$ d) $\log_3 4$ e) 1

163. (UF-MG) Numa calculadora científica, ao se digitar um número positivo qualquer e, em seguida, se apertar a tecla *log*, aparece, no visor, o logaritmo decimal do número inicialmente digitado.
Digita-se o número 10 000 nessa calculadora e, logo após, aperta-se, *n* vezes, a tecla *log*, até aparecer um número negativo no visor.
Então, é correto afirmar que o número *n* é igual a:

a) 2 b) 3 c) 4 d) 5

164. (UF-MT) O quadro abaixo apresenta o valor do logaritmo de 2 e 3 nas bases 2, 3 e 6.

	Base do logaritmo		
Logaritmando	2	3	6
2	a	b	c
3	d	e	f

A partir dessas informações, é correto afirmar que

a) $d = \frac{1}{c} - 1$ b) $a = 2e$ c) $c = \frac{b}{f}$ d) $d = 1 - \frac{1}{c}$ e) $b = \frac{f}{c}$

165. (UF-RS) Sabendo-se que os números $1 + \log a$, $2 + \log b$, $3 + \log c$ formam uma progressão aritmética de razão *r*, é correto afirmar que os números *a*, *b*, *c* formam uma

a) progressão geométrica de razão 10^{r-1}.
b) progressão geométrica de razão $10^r - 1$.
c) progressão geométrica de razão $\log r$.
d) progressão aritmética de razão $1 + \log r$.
e) progressão aritmética de razão $10^{1+\log r}$.

166. (FGV-SP) Dados os números reais positivos *x* e *y*, admita que $x \lozenge y = x^y$.
Se $\sqrt{2} \lozenge (x - y) = 16 \lozenge (x - y)$, então $\frac{\log x - \log y}{2}$ é igual a:

a) $\log \frac{3\sqrt{7}}{7}$ b) $\log \frac{2\sqrt{5}}{5}$ c) $\log \frac{2\sqrt{3}}{5}$ d) $\log \frac{\sqrt{2}}{3}$ e) $\log \frac{\sqrt{3}}{4}$

167. (FGV-SP) A, B e C são inteiros positivos, tais que $A \log_{200} 5 + B \log_{200} 2 = C$. Em tais condições, $A + B + C$ é igual a

a) 0 b) C c) 2C d) 4C e) 6C

168. (FEI-SP) O conjunto solução da equação em $\mathbb{R}$, dada por $\log_{12} (x^2 - x) = 1$, contém:

a) dois números pares.
b) dois números negativos.
c) dois números cuja diferença, em valor absoluto, é igual a 5.
d) dois números com produto igual a 12.
e) dois números com soma igual a 1.

169. (UF-RR) O valor de *x* que resolve a equação $\log_3 (x - \log_2 4) = 2$ é:

a) múltiplo de 2.
b) divisível por 3.
c) um valor não inteiro.
d) um quadrado perfeito.
e) um número primo.

170. (UF-CE) Se $\log_2 (\log_{11} (\log_5 x)) = -1$, o valor de *x* é:

a) $11^{\sqrt{2}}$ b) $9^{\sqrt{7}}$ c) $7^{\sqrt{5}}$ d) $5^{\sqrt{11}}$ e) $3^{\sqrt{13}}$

171. (Mackenzie-SP) Se $\frac{1}{4} \log m^5 - \frac{3}{4} \log m = \log \sqrt{3}$, $m > 0$, o valor *m* é:

a) 4 b) 3 c) 2 d) 1 e) 10

172. (U.F. Juiz de Fora-MG) O conjunto solução da equação $\log (x - 1) + \log (x + 2) = 1$ é:

a) vazio.
b) constituído por um número primo.
c) constituído por um número negativo.
d) constituído por um número múltiplo de 6.
e) constituído por dois números, um positivo e outro negativo.

173. (Fuvest-SP) Se *x* é um número real, $x > 2$ e $\log_2 (x - 2) - \log_4 x = 1$, então o valor de *x* é:

a) $4 - 2\sqrt{3}$ b) $4 - \sqrt{3}$ c) $2 + 2\sqrt{3}$ d) $4 + 2\sqrt{3}$ e) $2 + 4\sqrt{3}$

174. (UF-MS) Sendo *x* e *y* números reais tais que $\begin{cases} \log x - \log y = 1 \\ \log x + \log y = -5 \end{cases}$ onde o símbolo log representa logaritmo na base 10, é correto afirmar que:

a) $x + y = -5$ b) $xy = 10^5$ c) $x^2y = 10^{-5}$ d) $x^2y^3 = 10$ e) $x - y = \frac{9}{100}$

175. (UE-CE) Se os números reais *x* e *y* satisfazem simultaneamente as igualdades $2^{x+4} = 0{,}5^y$ e $\log_2 (x + 2y) = 2$, a diferença $y - x$ é igual a

a) −10 b) 10 c) −20 d) 20

176. (UF-MS) Dado o sistema a seguir, e considerando log o logaritmo na base 10, assinale a(s) afirmação(ões) correta(s).

$$\begin{cases} 3^{(8y-x)} = 0{,}111111... \\ \log x - \log y = 1 \end{cases}$$

(001) $\log(x - 9y) = 0$
(002) $\log(x + 9y) = 1$
(004) $(x + y) = 10$
(008) $(x \cdot y) = 10$
(016) $\left(\frac{x}{y}\right) = 10$

177. (FEI-SP) A solução do sistema $\begin{cases} x + y = \frac{4}{3} \\ 2\log_3 x - \log_3 y = 1 \end{cases}$ é um par (x, y) tal que o produto $x \cdot y$ vale:

a) 3 b) 4 c) $\frac{3}{4}$ d) $-\frac{64}{3}$ e) $\frac{1}{3}$

178. (FGV-RJ) A tabela abaixo fornece os valores dos logaritmos naturais (na base *e*) dos números inteiros de 1 a 10. Ela pode ser usada para resolver a equação exponencial $3^x = 24$, encontrando-se, aproximadamente:

x	ln (x)
1	0,00
2	0,69
3	1,10
4	1,39
5	1,61
6	1,79
7	1,95
8	2,08
9	2,20
10	2,30

a) 2,1 b) 2,3 c) 2,5 d) 2,7 e) 2,9

179. (Mackenzie-SP) Supondo log 2 = 0,3, a raiz da equação $2 - 40^{6x} = 0$ é:

a) $\frac{1}{32}$ b) 1 c) 6 d) $\frac{1}{14}$ e) $\frac{1}{16}$

180. (FGV-SP) Adotando-se os valores log 2 = 0,30 e log 3 = 0,48, a raiz da equação 5x = 60 vale aproximadamente:
a) 2,15 b) 2,28 c) 41 d) 2,54 e) 2,67

181. (PUC-SP) Se log 2 = 0,30 e log 3 = 0,48, o número real que satisfaz a equação $3^{2x} = 2^{3x+1}$ está compreendido entre:
a) −5 e 0 b) 0 e 8 c) 8 e 15 d) 15 e 20 e) 20 e 25

182. (UF-PI) Sejam a, b $\in \mathbb{R}$, $a \neq 0$, $b \neq 0$, satisfazendo a equação $2^{3a+b} = 3^a$. Considerando $\log 2 = 0{,}30$ e $\log 3 = 0{,}48$, é correto afirmar que:

a) $\frac{b}{a} = -\frac{7}{5}$

b) se $3a - b = 1$, então $a = \frac{8}{5}$

c) $a = -b$

d) $\frac{b}{a} = 2$

e) $a = b = \log 3$

183. (UF-MS) Resolvendo, no conjunto dos reais, a equação exponencial dada por $2^{3x} \cdot 3^{4x} = 0{,}012$ e considerando, se necessário, que $\log 2 = 0{,}30$ e $\log 3 = 0{,}47$ (onde log 2 e log 3 são, respectivamente, os logaritmos de 2 e 3 na base 10), temos que o valor de *x* encontrado é tal que:

a) $-\frac{3}{4} < x < -\frac{5}{7}$

b) $-\frac{5}{7} < x < -\frac{2}{3}$

c) $-\frac{2}{3} < x < -\frac{3}{5}$

d) $x > -\frac{3}{5}$

e) $x < -\frac{3}{4}$

184. (FGV-SP) Adotando o valor 0,30 para 2 log, a raiz da equação $2^{3x-6} = 5^{1-x}$, arredondada para duas casas decimais, é:

a) 1,32 b) 1,44 c) 1,56 d) 1,65 e) 1,78

185. (U.F. São Carlos-SP) Se $2^{2008} - 2^{2007} - 2^{2006} + 2^{2005} = 9^k \cdot 2^{2005}$, o valor de *k* é:

a) $\frac{1}{\log 3}$ b) $\frac{1}{\log 4}$ c) 1 d) $\frac{1}{2}$ e) $\frac{1}{3}$

Função logarítmica

186. (PUC-MG) Na função $y = 3^{\log_2(2x-1)}$, o valor de x para o qual $y = 27$ é:

a) 1,5 b) 2,5 c) 3,5 d) 4,5

187. (U.F. Juiz de Fora-MG) O domínio $D \subset \mathbb{R}$ da função $f(x) = \frac{\ln(x^2 - 3x + 2)}{\sqrt{e^x - 1}}$ é:

a) $[0, 1) \cup (2, \infty)$

b) $(0, 1) \cup (2, \infty)$

c) $(0, \infty)$

d) $(0, 1) \cup (1, 2) \cup (2, \infty)$

188. (EsPCEx-SP) O domínio da função real $f(x) = \log_{x+1}(2x^2 - 5x + 2)$ é o conjunto:

a) $D = \left\{x \in \mathbb{R} \mid -1 \leqslant x \leqslant \frac{1}{2} \text{ ou } x > 2 \text{ e } x \neq 0\right\}$

b) $D = \left\{x \in \mathbb{R} \mid -1 < x < \frac{1}{2} \text{ ou } x > 2 \text{ e } x \neq 0\right\}$

c) $D = \{x \in \mathbb{R} \mid x \neq -1, x \neq 0 \text{ e } x > 2\}$

d) $D = \varnothing$

e) $D = \mathbb{R}$

189. (UFF-RJ) O valor mínimo da função de variável real *f* definida por $f(x) = |(\log_{10} x) + 1|$ é obtido para *x* igual a:
a) 10^{-2} b) 10^{-1} c) 1 d) 10 e) 10^2

190. (ITA-SP) Considere os conjuntos $A, B \subset \mathbb{R}$ e $C \subset (A \cup B)$. Se $A \cup B$, $A \cap C$ e $B \cap C$ são os domínios das funções reais definidas por $\ln(x - \sqrt{\pi})$, $\sqrt{-x^2 + 6x - 8}$ e $\sqrt{\frac{x - \pi}{5 - x}}$, respectivamente, pode-se afirmar que:
a) $C =]\sqrt{\pi}, 5[$
b) $C = [2, \pi]$
c) $C = [2, 5[$
d) $C = [\pi, 4]$
e) C não é intervalo.

191. (FEI-SP) O domínio mais amplo da função $f(x) = \sqrt{\frac{x-2}{x^2 - 9}} + \log_3(-x + 4)$ é um conjunto que contém *n* números inteiros. Neste caso:
a) n = 0 b) n = 5 c) n = 8 d) n = 7 e) n = 9

192. (FGV-SP) Quantos números inteiros pertencem ao domínio da função $f(x) = \log(9 - x^2) + \log(2 - x)$?
a) 4 b) 3 c) 6 d) 5 e) infinitos

193. (FEI-SP) O domínio da função $f(x) = \log(x^2 - 4) + \sqrt{x + 3}$ é:
a) $\{x \in \mathbb{R} \mid x \geq 3\}$
b) $\{x \in \mathbb{R} \mid -3 \leq x < -2 \text{ ou } x > 2\}$
c) $\{x \in \mathbb{R} \mid -3 < x < -2 \text{ ou } x > 2\}$
d) $\{x \in \mathbb{R} \mid x \leq 3\}$
e) $\{x \in \mathbb{R} \mid -2 < x < 2\}$

194. (FGV-SP) O gráfico que representa uma função logarítmica do tipo $f(x) = 2 + a \log(bx)$, com *a* e *b* reais, passa pelos pontos de coordenadas $\left(\frac{1}{50}, 6\right)$ e $\left(\frac{1}{5}, 2\right)$. Esse gráfico cruza o eixo *x* em um ponto de abscissa
a) $\frac{\sqrt[3]{10}}{4}$ b) $\frac{14}{25}$ c) $\frac{\sqrt{10}}{5}$ d) $\frac{7}{10}$ e) $\frac{\sqrt{10}}{4}$

195. (UF-RS) Representando no mesmo sistema de coordenadas os gráficos das funções reais de variável real $f(x) = \log |x|$ e $g(x) = x(x^2 - 4)$, verificamos que o número de soluções da equação $f(x) = g(x)$ é
a) 0 b) 1 c) 2 d) 3 e) 4

196. (UE-CE) Se $f(x) = \begin{cases} |x|, \text{ se } -3 \leq x \leq 3 \\ 3, \text{ se } x > 3 \text{ ou } x < -3 \end{cases}$, defina, para $x \neq 0$, $g(x)$ por $g(x) = \log_3 f(x)$. O conjunto imagem de *g*, dado por $\{y \in \mathbb{R};\ y = g(x),\ x \neq 0\}$, é
a) $(-\infty, 0]$ b) $(-\infty, 1]$ c) $[0, +\infty)$ d) $[1, +\infty)$

197. (FGV-SP) A reta definida por $x = k$, com *k* real, intersecta os gráficos de $y = \log_5 x$ e $y = \log_5 (x + 4)$ em pontos de distância $\frac{1}{2}$ um do outro. Sendo $k = p + \sqrt{q}$, com *p* e *q* inteiros, então $p + q$ é igual a:
a) 6 b) 7 c) 8 d) 9 e) 10

198. (Fatec-SP) Seja a função f: $\mathbb{R}_+^* \to \mathbb{R}$ definida por $f(x) = \log_{10} x - \log_{10}\left(\frac{x^3}{10^4}\right)$. A abscissa do ponto de intersecção do gráfico de *f* com a reta de equação $y - 2 = 0$ é

a) 10^{-7} b) 10^{-3} c) 10 d) 10^2 e) 10^4

199. (FGV-SP) Considere o gráfico das funções reais $f(x) = 2 \log x$ e $g(x) = \log 2x$, nos seus respectivos domínios de validade. A respeito dos gráficos de *f* e *g*, é correto afirmar que

a) não se interceptam.
b) se interceptam em apenas um ponto.
c) se interceptam em apenas dois pontos.
d) se interceptam em apenas três pontos.
e) se interceptam em infinitos pontos.

200. (Puccamp-SP) A curva ao lado representa o gráfico da função *f* de $\mathbb{R}_+^*$ em $\mathbb{R}$, definida por $f(x) = \log_4 x$. A área da região sombreada é numericamente igual a:

a) 5 b) 5,5 c) 6 d) 6,5 e) 7

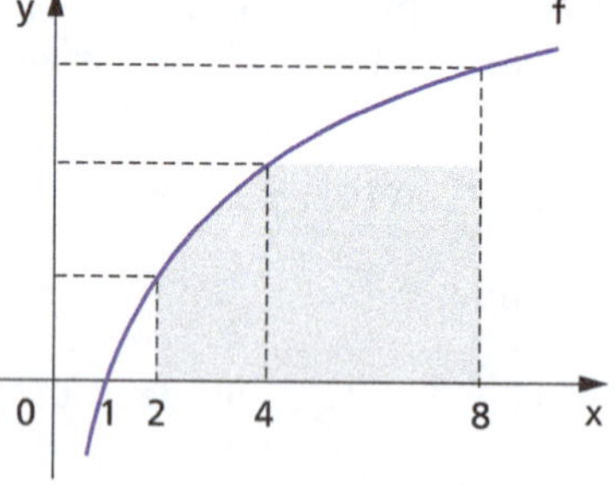

201. (U.F. Juiz de Fora-MG) A figura ao lado é um esboço, no plano cartesiano, do gráfico da função $f(x) = \log_b x$ com alguns pontos destacados. Supondo que a abscissa do ponto A seja igual a 9, é incorreto afirmar que:

a) a base *b* é igual a 3.
b) a abscissa de C é igual a 1.
c) $f(x) < 0$ para todo $x \in (0, 1)$.
d) a abscissa de B é igual a 2.
e) f(x) é crescente.

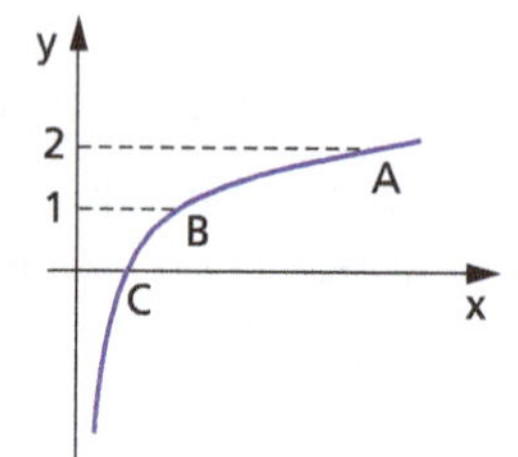

202. (UF-ES) A figura ao lado representa melhor o gráfico da função:

a) $f_1(x) = |\log_{10} (x + 1)|$

b) $f_2(x) = 1 + |\log_{10} (x + 1)|$
c) $f_3(x) = |1 + \log_{10} (x + 1)|$
d) $f_4(x) = \sqrt{x + 0,9}$
e) $f_5(x) = 1 + \sqrt{x + 0,9}$

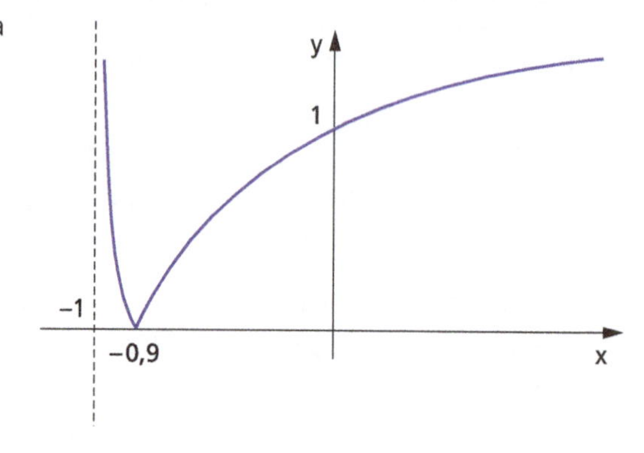

203. (UF-AM) Na figura ao lado a curva representa o gráfico da função $f(x) = \log_3 x$. A área do triângulo ABC é igual a:

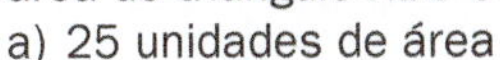

a) 25 unidades de área
b) 24 unidades de área
c) 23 unidades de área
d) 21 unidades de área
e) 20 unidades de área

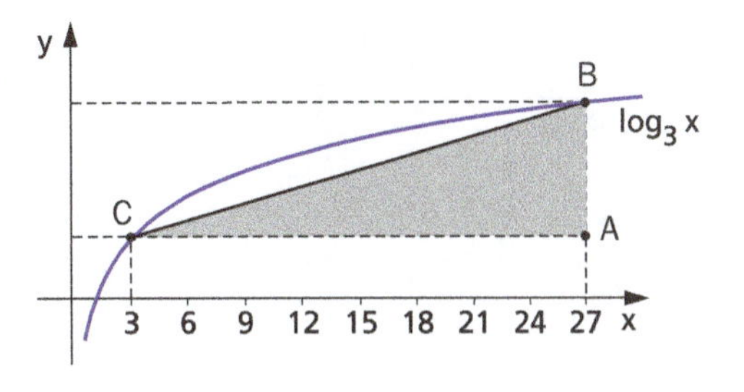

204. (PUC-RS) Observe a representação da função dada por $y = \log(x)$, ao lado. Pelos dados da figura, podemos afirmar que o valor de $\log(a \cdot b)$ é:

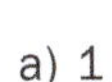

a) 1
b) 10
c) $10^{\frac{2}{5}}$
d) $10^{\frac{3}{5}}$
e) 10^5

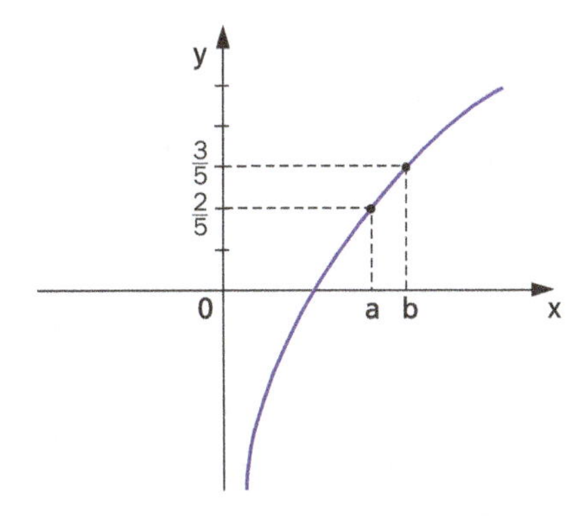

205. (Unesp-SP) A função $f(x) = 2 \ln x$ apresenta o gráfico ao lado:

Qual o valor de $\ln 100$?

a) 4,6
b) 3,91
c) 2,99
d) 2,3
e) 1,1109

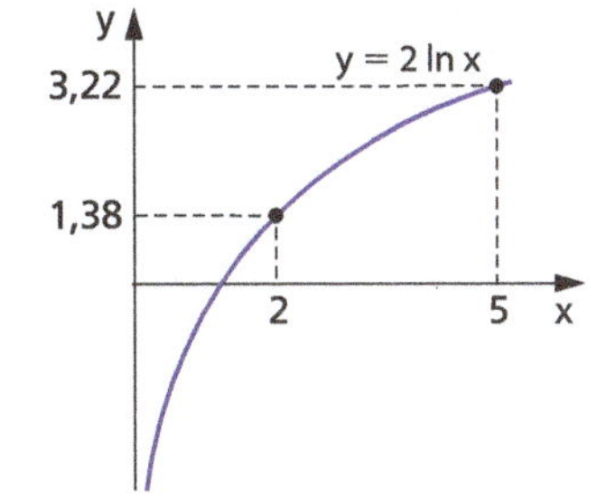

206. (Unifesp-SP) A figura ao lado refere-se a um sistema cartesiano ortogonal em que os pontos de coordenadas (a, c) e (b, c), com $a = \dfrac{1}{\log_5 10}$, pertencem aos gráficos de $y = 10^x$ e $y = 2^x$, respectivamente.

A abscissa *b* vale:

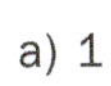

a) 1
b) $\dfrac{1}{\log_3 2}$
c) 2
d) $\dfrac{1}{\log_5 2}$
e) 3

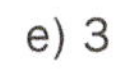

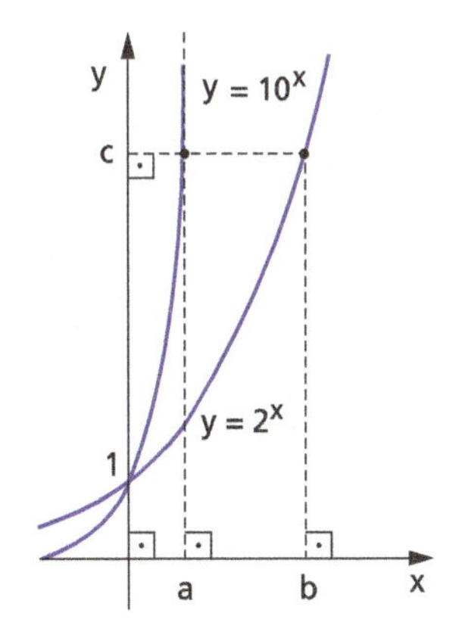

207. (UF-AM) A figura ao lado representa o gráfico da função $f: (0, +\infty) \to \mathbb{R}$, sendo $f(x) = \ln x$.
Se $\overline{OA} \equiv \overline{BC}$, então podemos afirmar que:

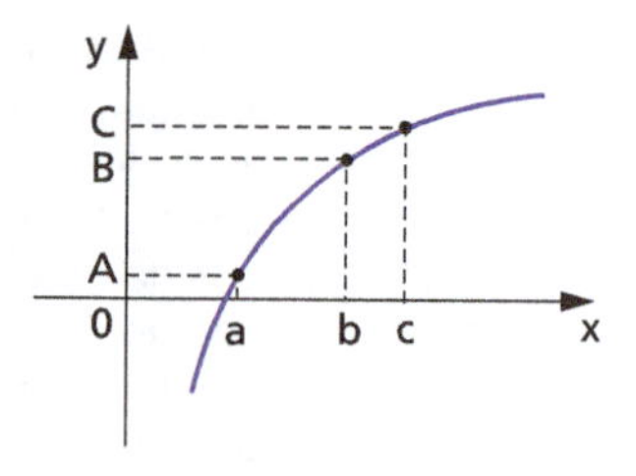

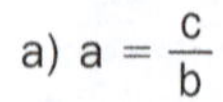

a) $a = \frac{c}{b}$

b) $c = \frac{a}{b}$

c) $\ln a = \ln (b + c)$

d) $b = a^c$

e) $c = \frac{\ln a}{\ln b}$

208. (Fatec-SP) Na figura estão representados, no plano cartesiano xOy, parte do gráfico da função real *f* definida por $f(x) = \log_{\frac{1}{10}} (x + 2)$ e a reta *r* que intercepta o gráfico de *f* nos pontos A(a; 1) e B(98; b).

Sendo assim, a abscissa do ponto de intersecção da reta *r* com o eixo Ox é

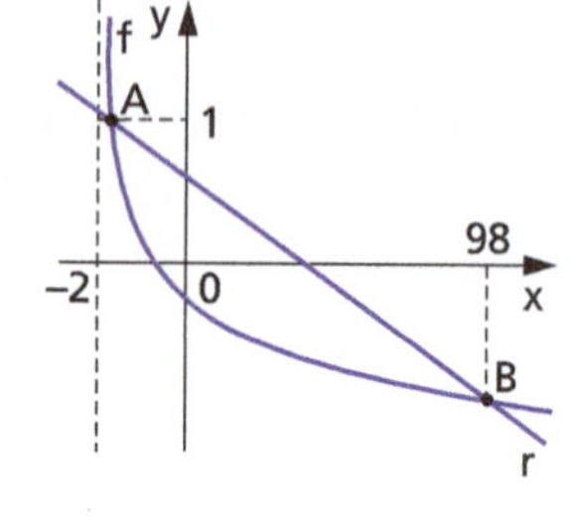

a) 62,30

b) 52,76

c) 49,95

d) 31,40

e) 27,55

209. (FGV-SP) Na figura ao lado estão representados os gráficos de uma função linear e de uma função logarítmica que se interceptam em 2 pontos.
Então:

a) $a = p - 1$

b) $a = \log_{(p-2)} (p - 1)$

c) $a = (p - 1)^{p-2}$

d) $a = (p - 1)^{(p-2)^{-1}}$

e) $a = (p - 1)^{2-p}$

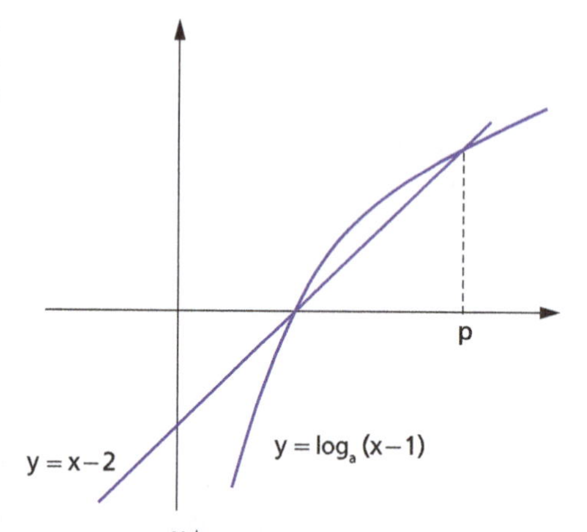

210. (Mackenzie-SP) A figura mostra os esboços dos gráficos das funções $f(x) = 2^{2x}$ e $g(x) = \log_2 (x + 1)$. A área do triângulo ABC é

a) $\frac{1}{4}$

b) $\frac{5}{2}$

c) $\frac{3}{2}$

d) $\frac{2}{5}$

e) $\frac{1}{3}$

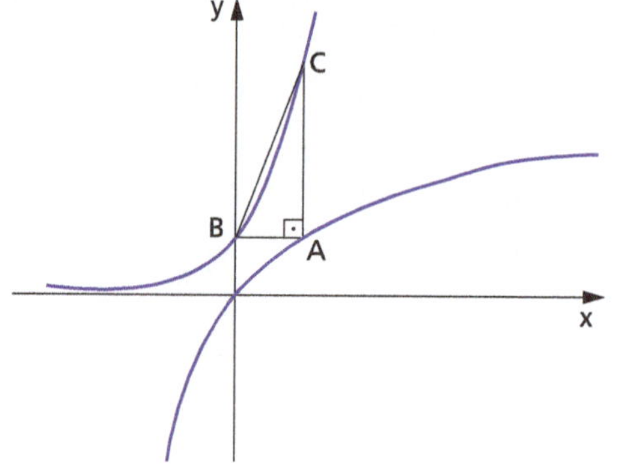

211. (UF-MA) Considere as funções e os gráficos dados abaixo:

$f_1(x) = 2^x$, $f_2(x) = \left(\frac{1}{2}\right)^{x+2}$, $f_3(x) = \left|\log_{\frac{1}{2}} x\right|$, $f_4(x) = |\log_2 (x - 2)|$

I. 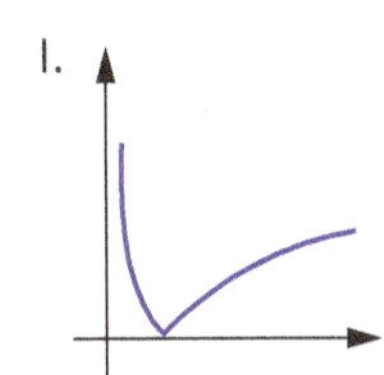 II. 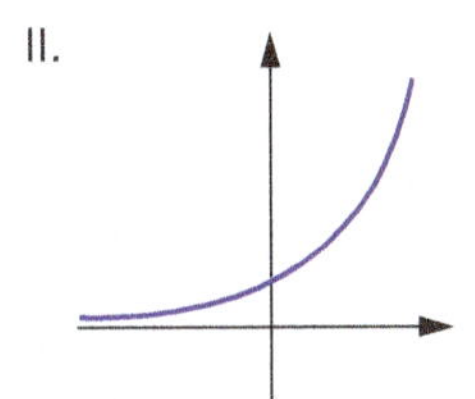 III. 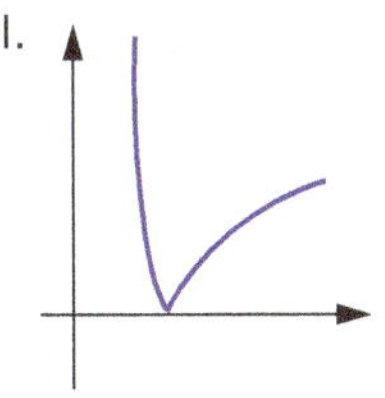 IV. 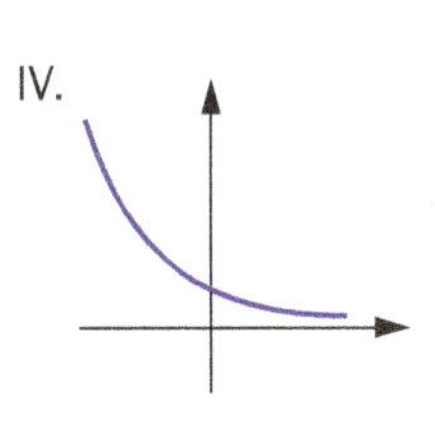

Assinale a alternativa que indica corretamente os gráficos das funções f_1, f_2, f_3 e f_4, respectivamente:

a) I, II, III, IV b) II, I, IV, III c) III, IV, II, I d) II, IV, I, III e) II, IV, III, I

212. (UE-CE) Se *f* e *g* são as funções definidas por $f(x) = \text{sen } x$ e $g(x) = \cos x$, podemos afirmar corretamente que a expressão $\log[(f(x) + g(x))^2 - f(2x)]$ é igual a:

a) $f(x) \cdot g(x)$ b) 0 c) 1 d) $\log(f(x) + 2) + \log(g(x) + 2)$

213. (UF-RJ) Os pontos (5, 0) e (6, 1) pertencem ao gráfico da função $y = \log_{10} (ax + b)$. Os valores de *a* e *b* são, respectivamente,

a) 9 e −44. b) 9 e 11. c) 9 e −22. d) −9 e −44. e) −9 e 11.

214. (FGV-SP) Considere a função $f(x) = \log_{1\,319} x^2$. Se $n = f(10) + f(11) + f(12)$, então:

a) $n < 1$ b) $n = 1$ c) $1 < n < 2$ d) $n = 2$ e) $n > 2$

215. (PUC-RS) A equação $3^x = 6$ pode ser solucionada por meio da análise do gráfico da função *f* dada por:

a) $f(x) = 2x$ c) $f(x) = \sqrt[3]{x}$ e) $f(x) = \log_3 x$

b) $f(x) = 3x$ d) $f(x) = x^3$

216. (UFR-RJ) A abscissa do ponto de intersecção do gráfico f(x) com a reta y = 2, sendo *f* a função definida no conjunto dos números reais não negativos, $\mathbb{R}_+$ por $f(x) = \log_3 27x^3 - \log_3 x$ é:

a) $\frac{2\sqrt{2}}{3}$ b) $\frac{\sqrt{2}}{3}$ c) $\frac{\sqrt{3}}{2}$ d) $\frac{\sqrt{3}}{3}$ e) $\frac{\sqrt{3}}{5}$

217. (ITA-SP) Um subconjunto D de $\mathbb{R}$ tal que a função $f: D \to \mathbb{R}$, definida por $f(x) = |\ln(x^2 - x + 1)|$ é injetora, é dado por:

a) $\mathbb{R}$ b) $(-\infty, 1]$ c) $\left[0, \frac{1}{2}\right]$ d) $(0, 1)$ e) $\left[\frac{1}{2}, \infty\right)$

218. (FGV-SP) Se a probabilidade de ocorrência de um evento é igual a $\log (x + 1) - \log x$, então x é um valor qualquer do conjunto

a) $\left]-1, \frac{1}{9}\right]$ b) $\left[\frac{1}{9}, +\infty\right[$ c) $\left[0, \frac{1}{10}\right[$ d) $\left[\frac{1}{10}, \frac{1}{9}\right]$ e) $\left]-\infty, \frac{1}{10}\right]$

219. (UF-BA) Considerando-se as funções f: $\mathbb{R} \to \mathbb{R}$ e g: $\mathbb{R} \to \mathbb{R}$ definidas por $f(x) = x - 1$ e $g(x) = \log(x^2 + 1)$, é correto afirmar:

(01) A função *f* é bijetora, e sua inversa é a função h: $\mathbb{R} \to \mathbb{R}$ definida por $h(x) = x + 1$.
(02) O conjunto imagem da função *g* é o intervalo $[0, +\infty[$.
(04) A função *g* é uma função par.
(08) Existe um número real *x* tal que $f(g(x)) = g(f(x))$.
(16) O ponto (0, 0) pertence ao gráfico da função *g*.
Dê como resposta a soma dos números dos itens escolhidos.

220. (UF-BA) Considerando-se as funções $f(x) = x - 2$ e $g(x) = 2^x$, definidas para todo *x* real, e a função $h(x) = \log_3 x$, definida para todo *x* real positivo, é correto afirmar:

(01) O domínio da função $\frac{g}{h}$ é o conjunto dos números reais positivos.
(02) A função $\frac{f \cdot h}{f \cdot g}$ se anula em dois pontos.
(04) A função composta $h \cdot g$ é uma função linear.
(08) O gráfico da função $h \cdot f$ intercepta o eixo Ox em um único ponto.
(16) O gráfico da função $f \cdot g$ intercepta o gráfico de h(x) no ponto de abscissa igual a 1.
(32) Se $g(h(a)) = 8$ e $h(g(2b)) = \log_3 8$, então $\frac{a}{b} = 18$.

Dê como resposta a soma dos números dos itens escolhidos.

221. (ITA-SP) Analise se a função f: $\mathbb{R} \to \mathbb{R}$, $f(x) = \frac{3x - 3^{-x}}{2}$ é bijetora e, em caso afirmativo, determine a função inversa f^{-1}.

222. (FGV-SP) A figura indica os gráficos das funções *f*, *g*, *h*, todas de $\mathbb{R}$ em $\mathbb{R}$, e algumas informações sobre elas.

I. $f(x) = 3 - 2^{x+2}$
II. $g(x) = 2^{2x}$
III. $h(x) = f(x) + g(x)$, para qualquer *x*.

a) Indique quais são os gráficos das funções *f*, *g*, *h*. Em seguida, calcule *p*.
b) Calcule *q*.

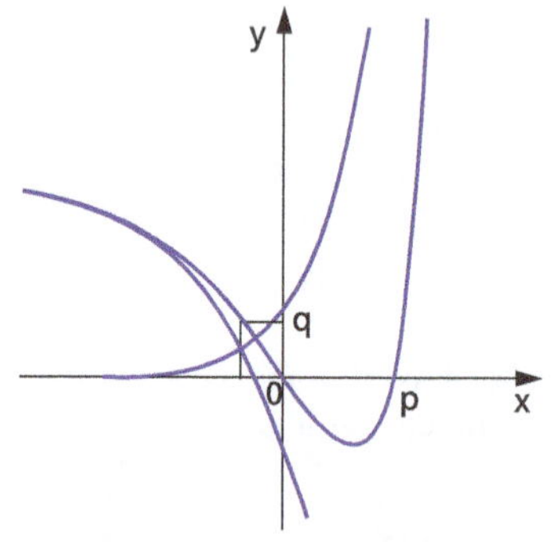

223. (ITA-SP) Seja $f(x) = \ln(x^2 + x + 1)$, $x \in \mathbb{R}$. Determine as funções h, g: $\mathbb{R} \to \mathbb{R}$ tais que $f(x) = g(x) + h(x)$, $\forall x \in \mathbb{R}$, sendo *h* uma função par e *g* uma função ímpar.

224. (UF-PR) O gráfico ao lado corresponde a uma função exponencial da forma $f(x) = 2^{ax+b}$, sendo *a* e *b* constantes e $x \in \mathbb{R}$.

a) Calcule os valores *a* e *b* da expressão de f(x) que correspondem a esse gráfico.
b) Calcule o valor de *x* para o qual se tem $f(x) = 1$.
c) Dado $k > 0$ qualquer, mostre que o ponto $x = \log_2(4k^2)$ satisfaz a equação $f(x) = k$.

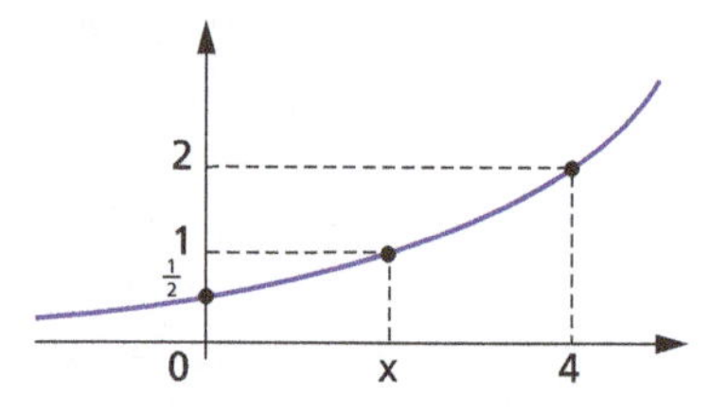

225. (UF-GO) Dados dois números reais positivos *a* e *b*, com $b \neq 1$, o número *y* tal que $b^y = a$ é denominado logaritmo de *a* na base *b*, e é representado por $\log_b a$.

a) Faça um esboço do gráfico da função $f(x) = \log_{\frac{1}{2}} 2x$, $x > 0$.

b) Mostre que $\log_2\left(\frac{1}{2}\right) = \log_{\frac{1}{2}} 2$.

Equações e inequações

226. (Unifesp-SP) Uma das raízes da equação $2^{2x} - 8 \cdot 2^x + 12 = 0$ é $x = 1$. A outra raiz é:

a) $1 + \log_{10}\left(\frac{3}{2}\right)$

b) $1 + \frac{\log_{10} 3}{\log_{10} 2}$

c) $\log_{10} 3$

d) $\frac{\log_{10} 6}{2}$

e) $\log_{10}\left(\frac{3}{2}\right)$

227. (Fuvest-SP) Se (x, y) é solução do sistema $\begin{cases} 2^x \cdot 4^y = \frac{3}{4} \\ y^3 - \frac{1}{2}xy^2 = 0 \end{cases}$ pode-se afirmar que:

a) $x = 0$ ou $x = -2 - \log_2 3$

b) $x = 1$ ou $x = 3 + \log_2 3$

c) $x = 2$ ou $x = -3 + \log_2 3$

d) $x = \frac{\log_2 3}{2}$ ou $x = -1 + \log_2 3$

e) $x = -2 + \log_2 3$ ou $x = -1 + \frac{\log_2 3}{2}$

228. (UE-CE) Se $x = p$ é a solução em $\mathbb{R}$ da equação $2 - \log_x 2 - \log_2 x = 0$, então:

a) $\frac{1}{2} < p < \frac{3}{2}$ b) $\frac{3}{2} < p < \frac{5}{2}$ c) $\frac{5}{2} < p < \frac{7}{2}$ d) $\frac{7}{2} < p < \frac{9}{2}$

229. (UE-CE) Se os números *p* e *q* são as soluções da equação $(2 + \log_2 x)^2 - \log_2 x^9 = 0$, então o produto $p \cdot q$ é igual a:

a) 16 b) 32 c) 36 d) 48

230. (UF-MS) Sobre as raízes da equação $(\log_{10} x)^2 - 5\log_{10} x + 6 = 0$, assinale verdadeiro ou falso para cada proposição.

I. Não são reais.
II. São potências de dez.
III. São números inteiros consecutivos.
IV. São opostas.
V. O quociente da maior raiz pela menor raiz é igual a dez.

A quantidade de proposições verdadeiras é:

a) 1 b) 2 c) 3 d) 4 e) 5

231. (Fatec-SP) A soma dos valores reais de *x* que satisfazem a equação $3 \log_8^2 x = \log_2 x$ é:

a) 0 b) 1 c) 3 d) 7 e) 9

232. (FEI-SP) Resolvendo a equação $\log_5 (x^2 - x + 6) - \log_5 (2x + 1) = \log_5 (x - 2)$, podemos afirmar que o conjunto solução contém um número:

a) par. b) múltiplo de 7. c) negativo. d) primo. e) divisível por 5.

233. (FEI-SP) Se $\log_2 (x + 112) = \log_2 x + 3$, então $\log_4 x$ é:

a) 2 b) 1 c) 4 d) $\frac{1}{2}$ e) $\frac{1}{4}$

234. (ITA-SP) Sejam x e y dois números reais tais que e^x, e^y e o quociente $\frac{e^x + 2\sqrt{5}}{4 - e^y\sqrt{5}}$ são todos racionais. A soma $x + y$ é igual a

a) 0 b) 1 c) $2 \log_5 3$ d) $\log_5 2$ e) $3 \log_e 2$

235. (Fuvest-SP) O número real a é o menor dentre os valores de x que satisfazem a equação $2 \log_2 (1 + \sqrt{2}x) - \log_2 (\sqrt{2}x) = 3$. Então, $\log_2 \left(\frac{2a + 4}{3}\right)$ é igual a:

a) $\frac{1}{4}$ b) $\frac{1}{2}$ c) 1 d) $\frac{3}{2}$ e) 2

236. (UPE-PE) Considerando o sistema: $\begin{cases} 2^x \cdot 2^y \cdot 2^z = 4 \\ [(2^x)^y]^z = \frac{1}{4} \\ 5^{y \cdot z} = \frac{1}{25} \end{cases}$

tem-se:

a) o sistema só admite soluções irracionais.
b) o sistema admite uma única solução real.
c) o sistema admite mais de uma solução real.
d) o sistema não admite solução real.
e) qualquer que seja a solução do sistema, os valores de x, y e z encontrados têm o mesmo sinal.

237. (PUC-PR) As raízes da equação $x^{1-\log x} = 0{,}01$ estão contidas no intervalo:

a) $[0, 200]$
b) $[2, 20]$
c) $[10, 10\,000]$
d) $[0, 10]$
e) $[-10, 50]$

238. (ITA-SP) Sejam x, y e z números reais positivos tais que seus logaritmos numa dada base k são números primos satisfazendo

$\log_k (xy) = 49$,

$\log_k \left(\frac{x}{z}\right) = 44$.

Então, $\log_k (xyz)$ é igual a:

a) 52 b) 61 c) 67 d) 80 e) 97

239. (ITA-SP) Considere a equação em x $a^{x+1} = b^{\frac{1}{x}}$, onde a e b são números reais positivos, tais que $\ln b = 2 \ln a > 0$. A soma das soluções da equação é:

a) 0 b) -1 c) 1 d) $\ln 2$ e) 2

240. (PUC-PR) Os valores de x que satisfazem a inequação $\log_4 (x + 3) \geqslant 2$ estão contidos no intervalo:

a) $x \geqslant 2$
b) $-2 \leqslant x \leqslant 2$
c) $0 \leqslant x \leqslant 20$
d) $2 \leqslant x \leqslant 15$
e) $13 \leqslant x < \infty$

241. (Fatec-SP) No universo $\mathbb{R}$, o conjunto solução da inequação $\log_{0,5}(x^2 - x + 2) > -3$ é:
a) $]-\infty, -2[\cup]3, +\infty[$
b) $]-\infty, -3[\cup]2, +\infty[$
c) $]-3, 2[$
d) $]-2, 3[$
e) $\varnothing$

242. (Mackenzie-SP) Assinale, dentre os valores abaixo, um possível valor de x tal que $\log_{\frac{1}{4}} x > \log_4 7$.
a) $\frac{1}{4}$
b) $\frac{14}{15}$
c) $\frac{1}{5}$
d) $\frac{\sqrt{2}}{2}$
e) $\frac{3}{5}$

243. (PUC-MG) Se $\log_a 3 > \log_a 5$, então:
a) $a < -1$
b) $a > 3$
c) $-1 < a < 0$
d) $0 < a < 1$

244. (U.F. Juiz de Fora-MG) O conjunto solução da inequação $\ln(x^2 - 2x - 7) < 0$ é:
a) $\{x \in \mathbb{R} \mid x < -2 \text{ ou } x > 4\}$
b) $\{x \in \mathbb{R} \mid -2 < x < 4\}$
c) $\{x \in \mathbb{R} \mid 1 - 2\sqrt{2} \text{ ou } x > 1 + 2\sqrt{2}\}$
d) $\{x \in \mathbb{R} \mid -2 < x < 1 - 2\sqrt{2} \text{ ou } 1 + 2\sqrt{2} < x < 4\}$

245. (PUC-PR) Sabendo que a desigualdade $\log_{(3-5x)} 0,6 > \log_{(3-5x)} 0,7$ é verdadeira, então:
a) $x > 1$
b) $x < 1$
c) $0,4 < x < 0,6$
d) $0,6 < x < 0,7$
e) $0,7 < x < 1$

246. (EsPCEx-SP) O conjunto solução da inequação $\log_{\frac{1}{2}}(\log_3 x) > 0$ é:
a) $S = \{x \in \mathbb{R} \mid 1 < x < 3\}$
b) $S = \{x \in \mathbb{R} \mid x < 1\}$
c) $S = \{x \in \mathbb{R} \mid x < 1 \text{ ou } x > 3\}$
d) $S = \{x \in \mathbb{R} \mid x > 3\}$
e) $S = \{x \in \mathbb{R} \mid x < 2 \text{ ou } x > 3\}$

247. (Mackenzie-SP) Os valores inteiros pertencentes ao domínio da função $y = \log_2 \log_{\frac{1}{2}}(x^2 - x + 1)$ são em número de:
a) 0
b) 1
c) 2
d) 3
e) 4

248. (U.F. Juiz de Fora-MG) O conjunto de todos os números reais x para os quais $\frac{\log_x}{1 - x^2} < 0$ é:
a) $\{x \in \mathbb{R} \mid x > 0 \text{ e } x \neq 1\}$
b) $\{x \in \mathbb{R} \mid 0 < x < 1\}$
c) $\{x \in \mathbb{R} \mid x > 1\}$
d) $\{x \in \mathbb{R} \mid x > 0\}$
e) $\{x \in \mathbb{R} \mid x < -1 \text{ ou } x > 1\}$

249. (Fuvest-SP) Tendo em vista as aproximações $\log_{10} 2 \simeq 0,30$, $\log_{10} 3 \simeq 0,48$, então o maior número inteiro *n*, satisfazendo $10^n \leqslant 12^{418}$, é igual a:
a) 424
b) 437
c) 443
d) 451
e) 460

250. (UF-MA) O conjunto dos números reais x para os quais $\log_3 x + 3\log_x 3 - 4 \geqslant 0$ é:
a) $\{x \in \mathbb{R} \mid 0 < x \leqslant 1 \text{ ou } x \geqslant 3\}$
b) $\{x \in \mathbb{R} \mid 0 \leqslant x < 1 \text{ ou } x \geqslant 3\}$
c) $\{x \in \mathbb{R} \mid 0 < x < 1 \text{ ou } x > 3\}$
d) $\{x \in \mathbb{R} \mid 1 < x < 3 \text{ ou } x > 27\}$
e) $\{x \in \mathbb{R} \mid 0 < x \leqslant 3 \text{ ou } x \geqslant 27\}$

251. (UF-RS) Um número real satisfaz somente uma das seguintes inequações:
I. $\log x \leqslant 0$
II. $2 \log x \leqslant \log (4x)$
III. $2^{x^2 + 8} \leqslant 2^{6x}$
Então, esse número está entre
a) 0 e 1.
b) 1 e 2.
c) 2 e 3.
d) 2 e 4.
e) 3 e 4.

252. (U.F. Ouro Preto-MG) Pedro pretende triplicar o seu capital numa poupança, cujas regras são estabelecidas pela equação: $M(t) = C(1,25)^t$, em que *t* é o número de anos da aplicação, C é o capital aplicado e M é o total depois de *t* anos. Supondo que log 3 = 0,47 e log 1,25 = 0,09, Pedro terá triplicado seu capital somente depois de:

a) 3 anos b) 4 anos c) 5 anos d) 6 anos

253. (UE-PA) Dispondo de um capital C, uma pessoa deseja aplicá-lo de maneira a duplicar seu valor. Sabendo que o montante M de um investimento é calculado por meio da fórmula $M = C \cdot e^{rt}$, na qual *e* é a base do logaritmo neperiano, calcule o tempo *t* que esse capital deverá ficar aplicado em uma instituição financeira que propõe juros compostos capitalizados continuamente à taxa *r* de 20% ao ano. (Considere ln 2 = 0,7.)

a) 2 anos
b) 2 anos e meio
c) 3 anos
d) 3 anos e meio
e) 4 anos

254. (Fuvest-SP) João, Maria e Antônia tinham, juntos, R$ 100 000,00. Cada um deles investiu sua parte por um ano, com juros de 10% ao ano. Depois de creditados seus juros no final desse ano, Antônia passou a ter R$ 11 000,00 mais o dobro do novo capital de João. No ano seguinte, os três reinvestiram seus capitais, ainda com juros de 10% ao ano. Depois de creditados os juros de cada um no final desse segundo ano, o novo capital de Antônia era igual à soma dos novos capitais de Maria e João. Qual era o capital inicial de João?

a) R$ 20 000,00
b) R$ 22 000,00
c) R$ 24 000,00
d) R$ 26 000,00
e) R$ 28 000,00

255. (Unesp-SP) Uma instituição bancária oferece um rendimento de 15% ao ano para depósitos feitos numa certa modalidade de aplicação financeira. Um cliente deste banco deposita 1 000 reais nessa aplicação. Ao final de *n* anos, o capital que esse cliente terá em reais, relativo a esse depósito, é:

a) $1000 + 0,15n$
b) $1000 \cdot 0,15n$
c) $1000 \cdot 0,15^n$
d) $1000 + 1,15^n$
e) $1000 \cdot 1,15^n$

256. (FGV-SP) Em regime de juros compostos, um capital inicial aplicado à taxa mensal de juros *i* irá triplicar em um prazo, indicado em meses, igual a:

a) $\log_{1+i} 3$
b) $\log_i 3$
c) $\log_3 (1 + i)$
d) $\log_3 i$
e) $\log_{3i} (1 + i)$

257. (EsPCEx-SP) Há números reais para os quais o quadrado de seu logaritmo decimal é igual ao logaritmo decimal do seu quadrado. A soma dos números que satisfazem essa igualdade é:

a) 90 b) 99 c) 100 d) 101 e) 201

258. (PUC-RS) Tales caminhou muitas vezes sobre a Ponte Carlos, em Praga, para admirar as estátuas que estão espalhadas ao longo da ponte. Para descobrir o número de estátuas existentes sobre a ponte, ele teve que resolver a equação $\log_2 (3x - 30) - \log_2 x = 1$. Concluiu, então, que o número de estátuas é

a) 31 b) 30 c) 16 d) 15 e) 10

259. (U.F. São Carlos-SP) A altura média do tronco de certa espécie de árvore, que se destina à produção de madeira, evolui, desde que é plantada, segundo o seguinte modelo matemático:

$h(t) = 1{,}5 + \log_3 (t + 1)$, com h(t) em metros e *t* em anos. Se uma dessas árvores foi cortada quando seu tronco atingiu 3,5 m de altura, o tempo (em anos) transcorrido do momento da plantação até o do corte foi de:

a) 9 b) 8 c) 5 d) 4 e) 2

260. (Acafe-SC) O número de bactérias numa certa cultura duplica a cada hora. Se, num determinado instante, a cultura tem 1 000 bactérias, então, o tempo aproximado, em horas, em que a cultura terá 1 bilhão de bactérias é de:
(Usar $\log 2 = 0{,}3$.)

a) 20 b) 200 c) 10 d) 3 e) 5

261. (Unesp-SP) A expectativa de vida em anos em uma região, de uma pessoa que nasceu a partir de 1900, no ano *x* ($x \geqslant 1900$), é dada por $L(x) = 12(199\log_{10} x - 651)$. Considerando $\log_{10} 2 = 0{,}3$, uma pessoa dessa região que nasceu no ano 2000 tem expectativa de viver:

a) 48,7 anos. b) 54,6 anos. c) 64,5 anos. d) 68,4 anos. e) 72,3 anos.

262. (UF-PR) Para se calcular a intensidade luminosa L, medida em lumens, a uma profundidade de *x* centímetros num determinado lago, utiliza-se a lei de Beer-Lambert, dada pela seguinte fórmula: $\log\left(\frac{L}{15}\right) = -0{,}08x$.
Qual a intensidade luminosa L a uma profundidade de 12,5 cm?

a) 150 lumens. b) 15 lumens. c) 10 lumens. d) 1,5 lúmen. e) 1 lúmen.

263. (UE-RJ) Um pesquisador, interessado em estudar uma determinada espécie de cobras, verificou que, numa amostra de trezentas cobras, suas massas M, em gramas, eram proporcionais ao cubo de seus comprimentos L, em metros, ou seja, $M = a \cdot L^3$, em que *a* é uma constante positiva. Observe os gráficos a seguir.

I.
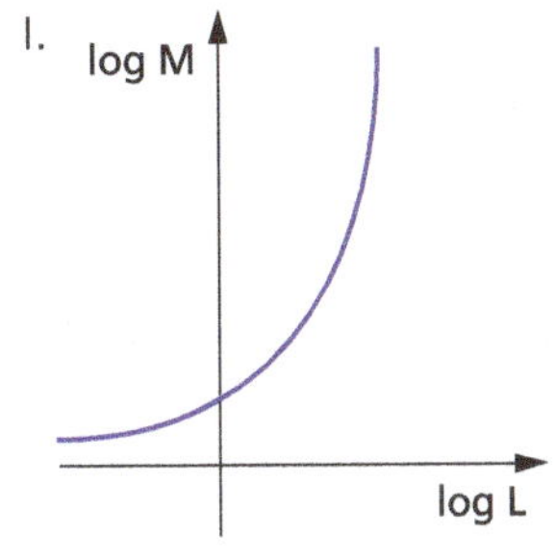

III.
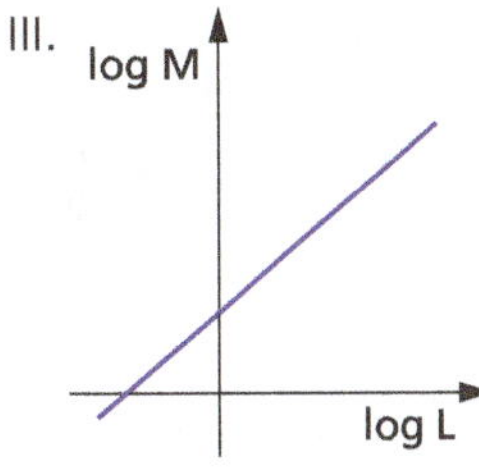

II.
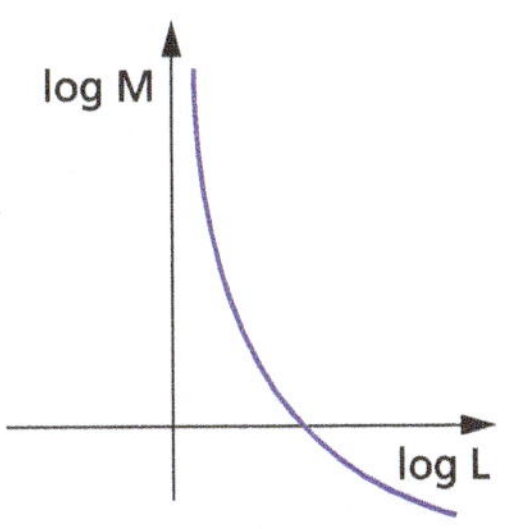

IV.
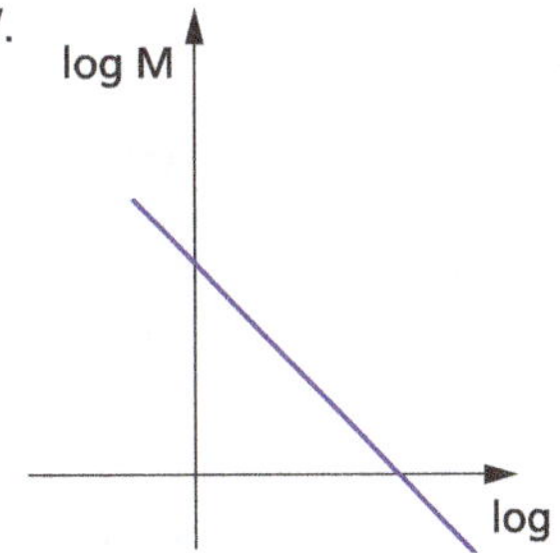

Aquele que melhor representa log M em função de log L é o indicado pelo número:

a) I b) II c) III d) IV

264. (UF-PR) Um método para se estimar a ordem de grandeza de um número positivo N é usar uma pequena variação do conceito de notação científica. O método consiste em determinar o valor x que satisfaz a equação $10^x = N$ e usar propriedades dos logaritmos para saber o número de casas decimais desse número. Dados $\log 2 = 0{,}30$ e $\log 3 = 0{,}47$, use esse método para decidir qual dos números abaixo mais se aproxima de $N = 2^{120}3^{30}$.

a) 10^{45} b) 10^{50} c) 10^{55} d) 10^{60} e) 10^{65}

265. (PUC-PR) Calculando manualmente o valor de uma certa grandeza x, um engenheiro obteve $\log_{10} x = 5{,}552832$. Não dispondo de uma máquina de calcular, nem de uma tábua de logaritmos, e necessitando de uma estimativa de ordem de grandeza de x, pôs-se a pensar um instante, ao fim do qual descobriu o que precisava saber. Você é capaz de indicar a ordem de grandeza de x, em termos de unidade de medida de x?

a) centenas de unidades
b) milhares de unidades
c) dezenas de milhares de unidades
d) centenas de milhares de unidades
e) milhões de unidades

266. (UF-RJ) Após tomar dois cálices de vinho, um motorista verificou que o índice de álcool em seu sangue era de 0,5 g/L. Ele foi informado de que esse índice decresceria de acordo com a seguinte igualdade:

$I(t) = k \cdot 2^{-t}$

(Onde k = índice constatado quando foi feita a medida: t = tempo, medido em horas, a partir do momento dessa medida.)

Sabendo-se que o limite do índice permitido pela lei seca é de 0,2 g/L, para dirigir mantendo-se dentro da lei, o motorista deverá esperar, pelo menos:

(Use 0,3 para $\log_{10} 2$.)

a) 50 min b) 1 h c) 1h20min d) 1h30min e) 2 h

267. (Unifesp-SP) A tabela apresenta valores de uma escala logarítmica decimal das populações de grupo A, B, C, ... de pessoas.

Grupo	A	B	C	D	E	F
População (P)	5	35	1800	60000		10009000
$\log_{10}$ (p)	0,69897	1,54407	3,25527	4,77815	5,54407	7,00039

Por algum motivo, a população do grupo E está ilegível. A partir de valores da tabela, pode-se deduzir que a população do grupo E é:

a) 170000
b) 180000
c) 250000
d) 300000
e) 350000

268. (PUC-MG) O volume de determinado líquido volátil, guardado em um recipiente aberto, diminuiu à razão de 15% por hora. Com base nessas informações, pode-se estimar que o tempo, em horas, necessário para que a quantidade desse líquido fique reduzida à quarta parte do volume inicial é:

(Use $\log_{10} 5 = 0{,}7$ e $\log_{10} 17 = 1{,}2$.)

a) 4 b) 5 c) 6 d) 7

269. (Unifesp-SP) A relação $P(t) = P_0(1 + r)^t$, onde $r > 0$ é constante, representa uma quantidade P que cresce exponencialmente em função do tempo $t > 0$. P_0 é a quantidade inicial e r é a taxa de crescimento num dado período de tempo. Neste caso, o tempo de dobra da quantidade é o período de tempo necessário para ela dobrar. O tempo de dobra T pode ser calculado pela fórmula

a) $T = \log_{(1+r)} 2$
b) $T = \log_r 2$
c) $T = \log_2 r$
d) $T = \log_2 (1 + r)$
e) $T = \log_{(t+r)} (2r)$

270. (FEI-SP) O lucro mensal, em reais, de uma empresa é expresso pela lei $L(t) = 2\,000 \cdot (1{,}2)^t$, sendo L(t) o lucro após *t* meses. Das alternativas abaixo, a que indica o tempo necessário (em meses) para que o lucro seja de R$ 36 000,00 é:

a) $t = \dfrac{\log 36}{\log 1{,}2}$
b) $t = \dfrac{\log 1{,}2}{\log 18}$
c) $t = \dfrac{\log 18}{\log 1{,}2}$
d) $t = \dfrac{\log 36}{\log 2}$
e) $t = \dfrac{\log 2}{\log 36}$

271. (FGV-SP) Meia-vida de uma grandeza que decresce exponencialmente é o tempo necessário para que o valor dessa grandeza se reduza à metade.
Uma substância radioativa decresce exponencialmente de modo que sua quantidade, daqui a *t* anos, será $Q = A \cdot (0{,}975)^t$.
Adotando os valores $\ln 2 = 0{,}693$ e $\ln 0{,}975 = -0{,}025$, o valor da meia-vida dessa substância é aproximadamente:

a) 25,5 anos
b) 26,6 anos
c) 27,7 anos
d) 28,8 anos
e) 29,9 anos

272. (UE-CE) Uma das técnicas para datar a idade das árvores de grande porte da Floresta Amazônica é medir a quantidade do isótopo radioativo C^{14} presente no centro dos troncos. Ao tirar uma amostra de uma castanheira, verificou-se que a quantidade de C^{14} presente era de 84% da quantidade existente na atmosfera. Sabendo-se que o C^{14} tem decaimento exponencial e sua vida média é de 5 730 anos e considerando os valores de $\ln (0{,}50) = -0{,}69$ e $\ln (0{,}84) = -0{,}17$, podemos afirmar que a idade, em anos, da castanheira é aproximadamente

a) 420
b) 750
c) 1 030
d) 1 430
e) 1 700

273. (UF-RN) O valor arrecadado com a venda de um produto depende da quantidade de unidades vendidas. A tabela abaixo apresenta alguns exemplos de arrecadação ou receita.

Unidades vendidas	Arrecadação (R$)
25	625
50	1 250
75	1 875
100	2 500

Com base nos dados da tabela, a função que melhor descreve a arrecadação é a

a) exponencial.
b) quadrática.
c) linear.
d) logarítmica.

274. (UFF-RJ) O decaimento de isótopos radioativos pode ser usado para medir a idade de fósseis. A equação que rege o processo é a seguinte: $N = N_0 e^{-\lambda t}$, sendo $N_0 > 0$ o número inicial de núcleos radioativos, N o número de núcleos radioativos no tempo *t* e $\lambda > 0$ a taxa de decaimento.

O intervalo de tempo necessário para que o número de núcleos radioativos seja reduzido à metade é denominado tempo de meia-vida. Pode-se afirmar que o tempo de meia-vida:

a) é igual a $\ln \frac{2}{\lambda}$
b) é igual a $\frac{1}{2}$
c) é igual a 2
d) é igual a $-\ln \frac{2}{\lambda}$
e) depende de N_0

275. (FGV-SP) É consenso, no mercado de veículos usados, que o preço de revenda de um automóvel importado decresce exponencialmente com o tempo, de acordo com a função $v = K \cdot x^t$. Se 18 mil dólares é o preço atual de mercado de um determinado modelo de uma marca famosa de automóvel importado, que foi comercializado há 3 anos por 30 mil dólares, depois de quanto tempo, a partir da data atual, seu valor de revenda será reduzido a 6 mil dólares?
É dado que $\log_{15} 3 = 0{,}4$.

a) 5 anos.
b) 7 anos.
c) 6 anos.
d) 8 anos.
e) 3 anos.

276. (U.E. Londrina-PR) Um empresário comprou um apartamento com intenção de investir seu dinheiro. Sabendo-se que esse imóvel valorizou 12% ao ano, é correto afirmar que seu valor duplicou em, aproximadamente:
(Dados: $\log_{10} 2 = 0{,}30$ e $\log_{10} 7 = 0{,}84$.)

a) 3 anos.
b) 4 anos e 3 meses.
c) 5 anos.
d) 6 anos e 7 meses.
e) 7 anos e 6 meses.

277. (FGV-SP) Admita que oferta (S) e demanda (D) de uma mercadoria sejam dadas em função de *x* real pelas funções $S(x) = 4^x + 2^{x+1}$ e $D(x) = -2^x + 40$. Nessas condições, a oferta será igual à demanda para *x* igual a

a) $\frac{1}{\log 2}$
b) $\frac{2 \log 3}{\log 2}$
c) $\frac{\log 2 + \log 3}{\log 2}$
d) $\frac{1 - \log 2}{\log 2}$
e) $\frac{\log 3}{\log 2}$

278. (FGV-SP) Estima-se que o valor V em reais de uma máquina industrial, daqui a *t* anos, seja dado por $V = 400\,000(0{,}8)^t$. Usando o valor 0,3 para log 2, podemos afirmar que o valor da máquina será inferior a R$ 50 000,00 quando:

a) $t > 5$
b) $t > 6$
c) $t > 7$
d) $t > 8$
e) $t > 9$

279. (Enem-MEC) A Escala de Magnitude de Momento (abreviada como MMS e denotada como M_w), introduzida em 1979 por Thomas Haks e Hiroo Kanamori, substituiu a escala de Richter para medir a magnitude dos terremotos em termos de energia liberada. Menos conhecida pelo público, a MMS é, no entanto, a escala usada para estimar as magnitudes de todos os grandes terremotos da atualidade. Assim como a escala Richter, a MMS é uma escala logarítmica. M_w e M_0 se relacionam pela fórmula:

$$M_w = -10{,}7 + \frac{2}{3}\log_{10}(M_0)$$

onde M_0 é o momento sísmico (usualmente estimado a partir dos registros de movimento da superfície, através dos sismogramas), cuja unidade é o dina · cm.
O terremoto de Kobe, acontecido no dia 17 de janeiro de 1995, foi um dos terremotos que causaram maior impacto no Japão e na comunidade científica internacional. Teve magnitude $M_w = 7,3$.

U.S. Geological Survey. *Historic Earthquakes*.
Disponível em: <http://earthquake.usgs.gov>. Acesso em: 1 maio 2010 (adaptado).
U.S. Geological Survey. *USGS Earthquake Magnitude Policy*.
Disponível em: <http://earthquake.usgs.gov>. Acesso em: 1 maio 2010 (adaptado).

Mostrando que é possível determinar a medida por meio de conhecimentos matemáticos, qual foi o momento sísmico M_0 do terremoto de Kobe (em dina · cm)?

a) $10^{-5,10}$
b) $10^{-0,73}$
c) $10^{12,00}$
d) $10^{21,65}$
e) $10^{27,00}$

280. (UF-RN) Na década de 30 do século passado, Charles F. Richter desenvolveu uma escala de magnitude de terremotos – conhecida hoje em dia por escala Richter –, para quantificar a energia, em joules, liberada pelo movimento tectônico. Se a energia liberada nesse movimento é representada por E e a magnitude medida em grau Richter é representada por M, a equação que relaciona as duas grandezas é dada pela seguinte equação logarítmica: $\log_{10} E = 1,44 + 1,5\ M$. Comparando o terremoto de maior magnitude ocorrido no Chile em 1960, que atingiu 9.0 na escala Richter, com o terremoto ocorrido em San Francisco, nos EUA, em 1906, que atingiu 8.0, podemos afirmar que a energia liberada no terremoto do Chile é aproximadamente

a) 10 vezes maior que a energia liberada no terremoto dos EUA.
b) 15 vezes maior que a energia liberada no terremoto dos EUA.
c) 21 vezes maior que a energia liberada no terremoto dos EUA.
d) 31 vezes maior que a energia liberada no terremoto dos EUA.

281. (Unesp-SP) O altímetro dos aviões é um instrumento que mede a pressão atmosférica e transforma esse resultado em altitude. Suponha que a altitude *h* acima do nível do mar, em quilômetros, detectada pelo altímetro de um avião seja dada, em função da pressão atmosférica *p*, em atm, por:

$$h(p) = 20 \cdot \log_{10}\left(\frac{1}{p}\right)$$

Num determinado instante, a pressão atmosférica medida pelo altímetro era 0,4 atm. Considerando a aproximação $\log_{10} 2 = 0,3$, a altitude *h* do avião nesse instante, em quilômetros, era de

a) 5
b) 8
c) 9
d) 11
e) 12

282. (UF-RN) No ano de 1986, o município de João Câmara – RN foi atingido por uma sequência de tremores sísmicos, todos com magnitude maior do que ou igual a 4,0 na escala Richter. Tal escala segue a fórmula empírica $M = \frac{2}{3} \log_{10} \frac{E}{E_0}$, em que M é a magnitude, E é a energia liberada em kWh e $E_0 = 7 \cdot 10^{-3}$ kWh.
Recentemente, em março de 2011, o Japão foi atingido por uma inundação provocada por um terremoto. A magnitude desse terremoto foi de 8,9 na escala Richter. Considerando um terremoto de João Câmara com magnitude 4,0, pode-se dizer que a energia liberada no terremoto do Japão foi

a) $10^{7,35}$ vezes maior do que a do terremoto de João Câmara.
b) cerca de duas vezes maior do que a do terremoto de João Câmara.
c) cerca de três vezes maior do que a do terremoto de João Câmara.
d) $10^{13,35}$ vezes maior do que a do terremoto de João Câmara.

283. (UF-GO) Segundo reportagem da *Revista Aquecimento Global* (ano 2, n. 8, 2009, p. 20-23), o acordo ambiental conhecido como "20-20-20", assinado por representantes dos países-membros da União Europeia, sugere que, até 2020, todos os países da comunidade reduzam em 20% a emissão de dióxido de carbono (CO_2), em relação ao que cada país emitiu em 1990.
Suponha que em certo país o total estimado de CO_2 emitido em 2009 foi 28% maior que em 1990. Com isso, após o acordo, esse país estabeleceu a meta de reduzir sua emissão de CO_2, ano após ano, de modo que a razão entre o total emitido em um ano $n \cdot (E_n)$ e o total emitido no ano anterior (E_{n-1}) seja constante, começando com a razão E_{2010}/E_{2009} até E_{2020}/E_{2019}, atingindo em 2020 a redução preconizada pelo acordo. Assim, essa razão de redução será de:
Use: $\log 5 = 0{,}695$.

a) $10^{-0,01}$ b) $10^{-0,02}$ c) $10^{-0,12}$ d) $10^{-0,28}$ e) $10^{-0,30}$

284. (PUC-SP) A energia nuclear, derivada de isótopos radiativos, pode ser usada em veículos espaciais para fornecer potência. Fontes de energia nuclear perdem potência gradualmente, no decorrer do tempo. Isso pode ser descrito pela função exponencial $P = P_0 \cdot e^{-\frac{t}{250}}$, na qual P é a potência instantânea, em watts, de radioisótopos de um veículo espacial; P_0 é a potência inicial do veículo; *t* é o intervalo de tempo, em dias, a partir de $t_0 = 0$; e é a base do sistema de logaritmos neperianos. Nessas condições, quantos dias são necessários, aproximadamente, para que a potência de um veículo espacial se reduza à quarta parte da potência inicial? (Dado: $\ln 2 = 0{,}693$).

a) 336 b) 338 c) 340 d) 342 e) 346

285. (UF-MG) Um químico deseja produzir uma solução com pH = 2, a partir de duas soluções: uma com pH = 1 e uma com pH = 3.
Para tanto, ele mistura *x* litros da solução de pH = 1 com *y* litros da solução de pH = 3.
Sabe-se que $pH = -\log_{10} [H^+]$ em que $[H^+]$ é a concentração de íons, dada em mol por litro.
Considerando-se essas informações, é correto afirmar que $\frac{x}{y}$ é

a) $\frac{1}{100}$ b) $\frac{1}{10}$ c) 10 d) 100

286. (UF-MG) Em uma danceteria, há um aparelho com várias caixas de som iguais. Quando uma dessas caixas é ligada no volume máximo, o nível R de ruído contínuo é de 95 dB.
Sabe-se que:

- $R = 120 + 10 \cdot \log_{10} I_s$, em que I_s é a intensidade sonora, dada em watt/m^2; e
- a intensidade sonora I_s é proporcional ao número de caixas ligadas.

Seja N o maior número dessas caixas de som que podem ser ligadas, simultaneamente, sem que se atinja o nível de 115 dB, que é o máximo suportável pelo ouvido humano.
Então, é correto afirmar que N é

a) menor ou igual a 25.
b) maior que 25 e menor ou igual a 50.
c) maior que 50 e menor ou igual a 75.
d) maior que 75 e menor ou igual a 100.

287. (UF-RN) Os modelos matemáticos que representam os crescimentos populacionais, em função do tempo, de duas famílias de micro-organismos, B_1 e B_2, são expressos, respectivamente, por meio das funções $F_1(t) = t^2 + 96$ e $F_2(t) = 9 \cdot 2t + 64$, para $t \geqslant 0$. Com base nestas informações, é correto afirmar que,

a) após o instante $t = 2$, o crescimento populacional de B_1 é maior que o de B_2.
b) após o instante $t = 2$, o crescimento populacional de B_1 é menor que o de B_2.
c) quando *t* varia de 2 a 4, o crescimento populacional de B_1 aumenta 10% e o de B_2 aumenta 90%.
d) quando *t* varia de 4 a 6, o crescimento populacional de B_1 cresce 20 vezes menos que o de B_2.

288. (UFF-RJ) Um dos grandes legados de Kepler para a ciência foi a sua terceira lei: "o quadrado do período de revolução de cada planeta é proporcional ao cubo do raio médio da respectiva órbita". Isto é, sendo T o período de revolução do planeta e *r* a medida do raio médio de sua órbita, esta lei nos permite escrever que: $T^2 = Kr^3$, onde a constante de proporcionalidade K é positiva.
Considerando $x = \log(T)$ e $y = \log(r)$, pode-se afirmar que:

a) $y = \dfrac{2x - K}{3}$

b) $y = \dfrac{2x}{3 \log K}$

c) $y = \sqrt[3]{\dfrac{x^2}{K}}$

d) $y = \dfrac{2x}{3K}$

e) $y = \dfrac{2x - \log K}{3}$

289. (UFF-RJ) A Escala de Palermo foi desenvolvida para ajudar especialistas a classificar e estudar riscos de impactos de asteroides, cometas e grandes meteoritos com a Terra. O valor P da Escala de Palermo em função do risco relativo R é definido por $P = \log_{10}(R)$. Por sua vez, R é definido por $R = \dfrac{\sigma}{f \cdot \Delta T}$, sendo σ a probabilidade de o impacto ocorrer, ΔT o tempo (medido em anos) que resta para que o impacto ocorra e $f = 0{,}03 \cdot E^{-\frac{4}{5}}$ a frequência anual de impactos com energia E (medida em megatoneladas de TNT) maior do que ou igual à energia do impacto em questão.

Fonte: http://neo.jpl.nasa.gov/risk/doc/palermo.html

De acordo com as definições acima, é correto afirmar que:

a) $P = \log_{10}(\sigma) + 2 - \log_{10}(3) + \dfrac{4}{5}\log_{10}(E) + \log_{10}(\Delta T)$

b) $P = \log_{10}(\sigma) + 2 - \log_{10}(3) - \dfrac{4}{5}\log_{10}(E) + \log_{10}(\Delta T)$

c) $P = \log_{10}(\sigma) + 2 - \log_{10}(3) + \dfrac{4}{5}\log_{10}(E) - \log_{10}(\Delta T)$

d) $P = \log_{10}(\sigma) + 2\log_{10}(3) + \dfrac{4}{5}\log_{10}(E) - \log_{10}(\Delta T)$

e) $P = \log_{10}(\sigma) - 2\log_{10}(3) + \dfrac{4}{5}\log_{10}(E) - \log_{10}(\Delta T)$

290. (Unesp-SP) Em 2010, o Instituto Brasileiro de Geografia e Estatística (IBGE) realizou o último censo populacional brasileiro, que mostrou que o país possuía cerca de 190 milhões de habitantes. Supondo que a taxa de crescimento populacional do nosso país

não se altere para o próximo século, e que a população se estabilizará em torno de 280 milhões de habitantes, um modelo matemático capaz de aproximar o número de habitantes (P), em milhões, a cada ano (t), a partir de 1970, é dado por:
$P(t) = [280 - 190 \cdot e^{-0,019 \cdot (t - 1970)}]$
Baseado nesse modelo, e tomando a aproximação para o logaritmo natural
$\ln\left(\frac{14}{95}\right) \cong -1,9$
a população brasileira será 90% da suposta população de estabilização aproximadamente no ano de:
a) 2065. b) 2070. c) 2075. d) 2080. e) 2085.

291. (UE-CE) Em 2007, um negociante de arte nova-iorquino vendeu um quadro a um perito, por 19000 dólares. O perito pensou tratar-se da obra hoje conhecida como *La Bella Principessa*, de Leonardo Da Vinci, o que, se comprovado, elevaria o valor da obra a cerca de 150 milhões de dólares.

THE BRIDGEMAN ART LIBRARY/ GRUPO KEYSTONE

Uma das formas de se verificar a autenticidade da obra adquirida seria atestar sua idade usando a datação por carbono-14. Esse processo consiste em se estimar o tempo a partir da concentração relativa de carbono-14 (em relação à quantidade de carbono-12) em uma amostra de algum componente orgânico presente na obra.
Considere as seguintes afirmações sobre essa verificação de autenticidade da obra:

I. A concentração de carbono é dada por uma função do tipo $C(t) = C_0 \cdot e^{-kt}$, com C_0 e k constantes positivas;

II. A meia-vida do carbono-14 é 5 700 anos, ou seja, a concentração se reduz à metade após 5 700 anos:
$C(5\,700) = \frac{C_0}{2}$;

III. Na análise da obra de arte, verificou-se que a concentração de carbono era 95,25%, isto é, que $C(\bar{t}) = 0,9525 \cdot C_0$.

Tendo por base as informações acima e considerando que $\log_2 (0,9525) \cong -0,0702$, é correto afirmar que a idade da obra ($\bar{t}$) é, aproximadamente,
a) 200 anos. b) 300 anos. c) 400 anos. d) 500 anos. e) 600 anos.

292. (UF-PR) Um medicamento é administrado continuamente a um paciente, e a concentração desse medicamento em mg/mL de sangue aumenta progressivamente, aproximando-se de um número fixo S, chamado nível de saturação. A quantidade desse medicamento na corrente sanguínea é dada pela fórmula $q(t) = S \cdot [1 - 0,2^t]$, sendo t dado em horas.
Com base nessas informações, considere as afirmativas a seguir:

I. Se $q(t_0) = \frac{S}{2}$, então $t_0 = \log 2$

II. Se $t > 4$, então $q(t) > 0{,}99 \cdot S$

III. $q(1) = \frac{8S}{10}$

Assinale a alternativa correta:

a) Somente a afirmativa III é verdadeira.

b) Somente as afirmativas II e III são verdadeiras.

c) Somente a afirmativa II é verdadeira.

d) As afirmativas I, II e III são verdadeiras.

e) Somente as afirmativas I e II são verdadeiras.

293. (UF-MS) Dado o sistema a seguir e considerando log o logaritmo na base 10, assinale a(s) afirmação(ões) correta(s).

$$\begin{cases} (a + b)^3 = 1\,000(a - b) \\ a^2 - b^2 = 10 \end{cases}$$

(01) $\log(a + b) = 2$

(02) $\log(a - b) = 0$

(04) $(a + b) = 100$

(08) $(4a - 2b) = 13$

(16) $(a - b) = 0$

Dê como resposta a soma dos números dos itens escolhidos.

294. (ITA-SP) Determine o(s) valor(es) de x que satisfaça(m)
$\log_{(2x+3)}(6x^2 + 23x + 21) = 4 - \log_{(3x+7)}(4x^2 + 12x + 9)$.

295. (ITA-SP) Resolva a inequação em $\mathbb{R}$: $16 < \left(\frac{1}{4}\right)^{\log_{\frac{1}{5}}(x^2 - x + 19)}$.

296. (Fuvest-SP) Determine o conjunto de todos os números reais x para os quais vale a desigualdade

$\left|\log_{16}(1 - x^2) - \log_4(1 + x)\right| < \frac{1}{2}$

297. (UF-CE) Considere a função $f: (0, \infty) \to \mathbb{R}$, $f(x) = \log_3 x$.

a) Calcule $f\left(\frac{6}{162}\right)$.

b) Determine os valores de $a \in \mathbb{R}$ para os quais $f(a^2 - a + 1) < 1$.

298. (UF-CE) Calcule o menor valor inteiro de n tal que $2^n > 5^{20}$, sabendo que $0{,}3 < \log_{10} 2 <$ $< 0{,}302$.

299. (ITA-SP) Seja S o conjunto solução da inequação

$(x - 9)\left|\log_{x+4}(x^3 - 26x)\right| \leqslant 0$.

Determine o conjunto S^C.

300. (UF-CE) Considere o número real $3^{\sqrt{4,1}}$.

a) Mostre que $3^{\sqrt{4,1}} > 9$.

b) Mostre que $3^{\sqrt{4,1}} < 10$. Sugestão: $\log_{10} 3 < 0,48$ e $\sqrt{4,1} < 2,03$.

301. (ITA-SP) Determine o conjunto C, sendo A, B e C conjuntos de números reais tais que:
$A \cup B \cup C = \{x \in \mathbb{R}: x^2 + x \geqslant 2\}$,
$A \cup B = \{x \in \mathbb{R}: 8^{-x} - 3 \cdot 4^{-x} - 2^{2-x} > 0\}$,
$A \cap C = \{x \in \mathbb{R}: \log (x + 4) \leqslant 0\}$,
$B \cap C = \{x \in \mathbb{R}: 0 \leqslant 2x + 7 < 2\}$.

302. (FGV-SP) O serviço de compras via internet tem a umentado cada vez mais. O gráfico ilustra a venda anual de *e-books*, livros digitais, em milhões de dólares nos Estados Unidos.

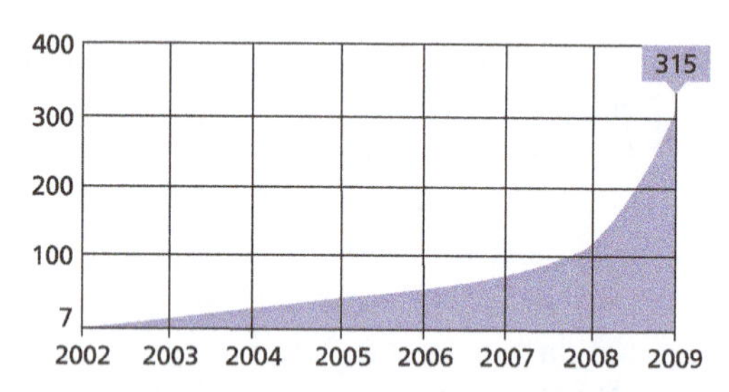

Suponha que as vendas anuais, em US$ milhões, possam ser estimadas por uma função como $y = a \cdot e^{kx}$, em que $x = 0$ representa o ano 2002, $x = 1$, o ano 2003, e assim por diante; e é o número de Euler. Assim, por exemplo, em 2002 a venda foi de 7 milhões de dólares. A partir de que ano a venda de livros digitais nos Estados Unidos vai superar 840 milhões de dólares?
Use as seguintes aproximações para estes logaritmos neperianos:
$\ln 2 = 0,7$; $\ln 3 = 1,1$; $\ln 5 = 1,6$

303. (UE-RJ) A International Electrotechnical Commission – IEC padronizou as unidades e os símbolos a serem usados em Telecomunicações e Eletrônica. Os prefixos kibi, mebi e gibi, entre outros, empregados para especificar múltiplos binários, são formados a partir de prefixos já existentes no Sistema Internacional de Unidades – SI, acrescidos de bi, primeira sílaba da palavra binário. A tabela abaixo indica a correspondência entre algumas unidades do SI e da IEC.

SI		
nome	**símbolo**	**magnitude**
quilo	k	10^3
mega	M	10^6
giga	G	10^9

IEC		
nome	**símbolo**	**magnitude**
kibi	Ki	2^{10}
mebi	Mi	2^{20}
gibi	Gi	2^{30}

Um fabricante de equipamentos de informática, usuário do SI, anuncia um disco rígido de 30 gigabytes. Na linguagem usual de computação, essa medida corresponde a $p \cdot 2^{30}$ bytes. Considere a tabela de logaritmos a seguir.

x	2,0	2,2	2,4	2,6	2,8	3,0
log x	0,301	0,342	0,380	0,415	0,447	0,477

Calcule o valor de *p*.

304. (UF-PE) Diferentes quantidades de fertilizantes são aplicadas em plantações de cereais com o mesmo número de plantas, e é medido o peso do cereal colhido em cada plantação. Se *x* kg de fertilizantes são aplicados em uma plantação onde foram colhidas *y* toneladas (denotadas por *t*) de cereais, então, admita que estes valores estejam relacionados por $y = k \cdot x^r$, com *k* e *r* constantes. Se, para x = 1 kg, temos y = 0,2t e, para x = 32 kg, temos y = 0,8t, encontre o valor de *x*, em kg, quando y = 1,8t e assinale a soma dos seus dígitos.

305. (UF-PR) Suponha que o tempo *t* (em minutos) necessário para ferver água em um forno de micro-ondas seja dado pela função $t(n) = a \cdot n^b$, sendo *a* e *b* constantes e *n* o número de copos de água que se deseja aquecer.

Número de copos	Tempo de aquecimento
1	1 minuto e 30 segundos
2	2 minutos

a) Com base nos dados da tabela acima, determine os valores de *a* e *b*. Sugestão: use log 2 = 0,30 e log 3 = 0,45.

b) Qual é o tempo necessário para se ferverem 4 copos de água nesse forno de micro-ondas?

306. (FGV-RJ) A descoberta de um campo de petróleo provocou um aumento nos preços dos terrenos de certa região. No entanto, depois de algum tempo, a comprovação de que o campo não podia ser explorado comercialmente provocou a queda nos preços dos terrenos.

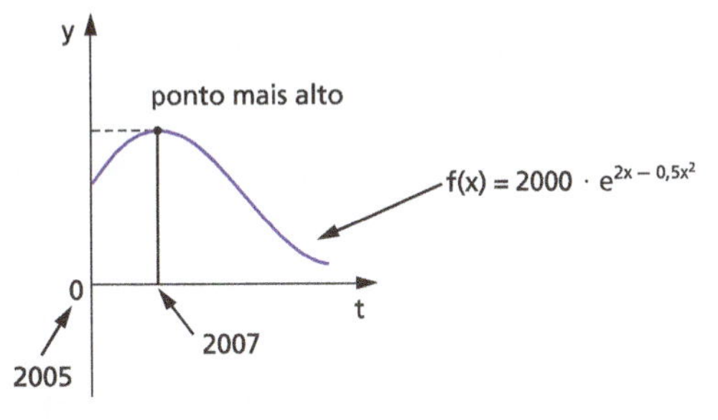

Uma pessoa possui um terreno nessa região, cujo valor de mercado, em reais, pode ser expresso pela função $f(x) = 2\,000 \cdot e^{2x - 0,5x^2}$, em que *x* representa o número de anos transcorridos desde 2005.

Assim: f(0) é o preço do terreno em 2005, f(1) o preço em 2006, e assim por diante.

a) Qual foi o maior valor de mercado do terreno, em reais?

b) Em que ano o preço do terreno foi igual ao preço de 2005?

c) Em que ano o preço do terreno foi um décimo do preço de 2005?

Use as aproximações para resolver as questões acima:

...$e^2 \approx 7,4$; $\ln 2 \approx 0,7$; $\ln 5 \approx 1,6$; $\sqrt{34,4} \approx 6$

307. (Unicamp-SP) Uma bateria perde permanentemente sua capacidade ao longo dos anos. Essa perda varia de acordo com a temperatura de operação e armazenamento da bateria. A função que fornece o percentual de perda anual de capacidade de uma bateria, de acordo com a temperatura de armazenamento, T (em °C), tem a forma $P(T) = a \cdot 10^{bT}$, em que *a* e *b* são constantes reais positivas. A tabela abaixo fornece, para duas temperaturas específicas, o percentual de perda de uma determinada bateria de íons de lítio.

Temperatura (°C)	Perda anual de capacidade (%)
0	1,6
55	20,0

Com base na expressão de P(T) e nos dados da tabela:

a) esboce a curva que representa a função P(T), exibindo o percentual exato para T = 0 e T = 55;

b) Determine as constantes *a* e *b* para a bateria em questão. Se necessário, use $\log_{10}(2) \approx 0{,}30$, $\log_{10}(3) \approx 0{,}48$ e $\log_{10}(5) \approx 0{,}70$.

308. (Unesp-SP) A temperatura média da Terra começou a ser medida por volta de 1870 e em 1880 já apareceu uma diferença: estava (0,01) °C (graus Celsius) acima daquela registrada em 1870 (10 anos antes). A função $t(x) = (0{,}01) \cdot 2^{(0{,}05)x}$, com t(x) em °C e *x* em anos, fornece uma estimativa para o aumento da temperatura média da Terra (em relação àquela registrada em 1870) no ano (1880 + x), $x \geqslant 0$. Com base na função, determine em que ano a temperatura média da Terra terá aumentado 3 °C. (Use as aproximações $\log_2(3) = 1{,}6$ e $\log_2(5) = 2{,}3$).

309. (Unicamp-SP) O sistema de ar-condicionado de um ônibus quebrou durante uma viagem. A função que descreve a temperatura (em graus Celsius) no interior do ônibus em função de *t*, o tempo transcorrido, em horas, desde a quebra do ar-condicionado, é $T(t) = (T_0 - T_{ext}) \cdot 10^{-\frac{t}{4}} + T_{ext}$, onde T_0 é a temperatura interna do ônibus enquanto a refrigeração funcionava, e T_{ext} é a temperatura externa (que supomos constante durante toda a viagem). Sabendo que $T_0 = 21$ °C e $T_{ext} = 30$ °C, responda às questões abaixo.

a) Calcule a temperatura no interior do ônibus transcorridas 4 horas desde a quebra do sistema de ar-condicionado. Em seguida, esboce o gráfico de T(t).

b) Calcule o tempo gasto, a partir do momento da quebra do ar-condicionado, para que a temperatura subisse 4 °C. Se necessário, use $\log_{10} 2 \approx 0{,}30$, $\log_{10} 3 \approx 0{,}48$ e $\log_{10} 5 \approx 0{,}70$.

310. (U.F. São Carlos-SP) Um forno elétrico estava em pleno funcionamento quando ocorreu uma falha de energia elétrica, que durou algumas horas. A partir do instante em que ocorreu a falha, a temperatura no interior do forno pôde ser expressa pela função: $T(t) = 2^t + 400 \cdot 2^{-t}$, com *t* em horas, $t \geqslant 0$, e a temperatura em graus Celsius.

a) Determine as temperaturas do forno no instante em que ocorreu a falha de energia elétrica e uma hora depois.

b) Quando a energia elétrica voltou, a temperatura no interior do forno era de 40 graus. Determine por quanto tempo houve falta de energia elétrica. (Use a aproximação $\log_2 5 = 2{,}3$.)

311. (Unicamp-SP) O decaimento radioativo do estrôncio 90 é descrito pela função $P(t) = P_0 \cdot 2^{-bt}$, onde *t* é um instante de tempo, medido em anos, *b* é uma constante real e P_0 é a concentração inicial de estrôncio 90, ou seja, a concentração no instante t = 0.

a) Se a concentração de estrôncio 90 cai pela metade em 29 anos, isto é, se a meia vida do estrôncio 90 é de 29 anos, determine o valor da constante *b*.

b) Dada uma concentração inicial P_0, de estrôncio 90, determine o tempo necessário para que a concentração seja reduzida a 20% de P_0. Considere $\log_2 10 \approx 3{,}32$.

312. (Unicamp-SP) Para certo modelo de computadores produzidos por uma empresa, o percentual dos processadores que apresentam falhas após T anos de uso é dado pela seguinte função:

$P(T) = 100(1 - 2^{-0{,}1T})$

a) Em quanto tempo 75% dos processadores de um lote desse modelo de computadores terão apresentado falhas?

b) Os novos computadores dessa empresa vêm com um processador menos suscetível a falhas. Para o modelo mais recente, embora o percentual de processadores que apresentam falhas também seja dado por uma função na forma $Q(t) = 100(1 - 2^{cT})$, o percentual de processadores defeituosos após 10 anos de uso equivale a $\frac{1}{4}$ do valor observado, nesse mesmo período, para o modelo antigo (ou seja, o valor obtido empregando-se a função P(T) acima). Determine, nesse caso, o valor da constante *c*. Se necessário, utilize $\log_2 (7) \approx 2{,}81$.

313. (UF-PR) Em um experimento feito em laboratório, um pesquisador colocou numa mesma lâmina dois tipos de bactérias, sabendo que as bactérias do tipo I são predadoras das bactérias do tipo II. Após acompanhar o experimento por alguns minutos, o pesquisador conclui que o número de bactérias do tipo I era dado pela função $f(t) = 2 \cdot 3^{t+1}$, e que o número de bactérias do tipo II era dado pela função $g(t) = 3 \cdot 2^{4-2t}$, ambas em função do número *t* de horas.

a) Qual era o número de bactérias, de cada um dos tipos, no instante inicial do experimento?

b) Esboce, no plano cartesiano, o gráfico das funções *f* e *g* apresentadas acima.

c) Após quantos minutos a lâmina terá o mesmo número de bactérias do tipo I e II? (Use $\log 2 = 0{,}30$ e $\log 3 = 0{,}47$.)

314. (Unifesp-SP) Pesquisa feita por biólogos de uma reserva florestal mostrou que a população de uma certa espécie de animal está diminuindo a cada ano. A partir do ano em que se iniciou a pesquisa, o número de exemplares desses animais é dado aproximadamente pela função $f(t) = 750 \cdot 2^{-(0{,}05)t}$, com *t* em anos, $t \geqslant 0$.

a) Determine, com base na função, em quantos anos a população de animais estará reduzida à metade da população inicial.

b) Considerando $\log_2 3 = 1{,}6$ e $\log_2 5 = 2{,}3$, e supondo que nada seja feito para conter o decrescimento da população, determine em quantos anos, de acordo com a função, haverá apenas 40 exemplares dessa espécie de animal na reserva florestal.

315. (UF-GO) Uma unidade de medida muito utilizada, proposta originalmente por Alexander Graham Bell (1847-1922) para comparar as intensidades de duas ocorrências de um mesmo fenômeno é o decibel (dB).

Em um sistema de áudio, por exemplo, um sinal de entrada, com potência P_1, resulta em um sinal de saída, com potência P_2. Quando $P_2 > P_1$, como em um amplificador de áudio, diz-se que o sistema apresenta um ganho, em decibéis, de:

$$G = 10 \log \left(\frac{P_2}{P_1}\right)$$

Quando $P_2 < P_1$, a expressão acima resulta em um ganho negativo, e diz-se que houve uma atenuação do sinal.

Desse modo,

a) para um amplificador que fornece uma potência P_2 de saída igual a 80 vezes a potência P_1 de entrada, qual é o ganho em dB?

b) em uma linha de transmissão, na qual há uma atenuação de 20 dB, qual a razão entre as potências de saída e de entrada, nesta ordem?

Dado: $\log 2 = 0{,}30$

316. (UF-PR) O teste de alcoolemia informa a quantidade de álcool no sangue levando em conta fatores como a quantidade e o tipo de bebida ingerida. O Código de Trânsito Brasileiro determina que o limite tolerável de álcool no sangue, para uma pessoa dirigir um automóvel, é de até 0,6 g/L. Suponha que um teste de alcoolemia acusou a presença de 1,8 g/L de álcool no sangue de um indivíduo. A partir do momento em que ele para de beber, a quantidade, em g/L, de álcool no seu sangue decresce segundo a função:

$Q(t) = 1{,}8 \cdot 2^{-0{,}5t}$

sendo o tempo *t* medido em horas.

a) Quando $t = 2$, qual é a quantidade de álcool no sangue desse indivíduo?

b) Quantas horas após esse indivíduo parar de beber a quantidade de álcool no seu sangue atingirá o limite tolerável para ele poder dirigir? (Use $\log 2 = 0{,}30$ e $\log 3 = 0{,}47$.)

317. (FGV-SP) Os diretores de uma empresa de consultoria estimam que, com *x* funcionários, o lucro mensal que pode ser obtido é dado pela função:

$P(x) = 20 + \ln\left(\frac{x^2}{25}\right) - 0{,}1x$ mil reais.

Atualmente a empresa trabalha com 20 funcionários.

Use as aproximações: $\ln 2 = 0{,}7$; $\ln 3 = 1{,}1$ para responder às questões seguintes:

a) Qual é o valor do lucro mensal da empresa?

b) Se a empresa tiver necessidade de contratar mais 10 funcionários, o lucro mensal vai aumentar ou diminuir? Quanto?

318. (Unesp-SP) O brilho de uma estrela percebido pelo olho humano, na Terra, é chamado de magnitude aparente da estrela. Já a magnitude absoluta da estrela é a magnitude aparente que a estrela teria se fosse observada a uma distância padrão de 10 parsecs (1 parsec é aproximadamente $3 \cdot 10^{13}$ km). As magnitudes aparente e absoluta de uma estrela são muito úteis para se determinar sua distância do planeta Terra. Sendo *m* a magnitude aparente e M a magnitude absoluta de uma estrela, a relação entre *m* e M é dada aproximadamente pela fórmula:

$M = m + 5\log_3 (3^{d-0{,}48})$

onde *d* é a distância da estrela em parsecs. A estrela Rigel tem aproximadamente magnitude aparente 0,2 e magnitude absoluta $-6{,}8$. Determine a distância, em quilômetros, de Rigel ao planeta Terra.

319. (Unicamp-SP) A escala de um aparelho de medir ruídos é definida como $R_\beta = 12 + \log_{10} I$, em que R_β é a medida do ruído, em bels, e I é a intensidade sonora, em W/m^2. No Brasil, a unidade mais usada para medir ruídos é o decibel, que equivale a um décimo do bel. O ruído dos motores de um avião a jato equivale a 160 decibéis, enquanto o tráfego em uma esquina movimentada de uma grande cidade atinge 80 decibéis, que é o limite a partir do qual o ruído passa a ser nocivo ao ouvido humano.

a) Escreva uma fórmula que relacione a medida do ruído $R_{\alpha\beta}$, em decibéis, com a intensidade sonora I, em W/m^2. Empregue essa fórmula para determinar a intensidade sonora máxima que o ouvido humano suporta sem sofrer qualquer dano.

b) Usando a fórmula dada no enunciado ou aquela que você obteve no item (a), calcule a razão entre as intensidades sonoras do motor de um avião a jato e do tráfego em uma esquina movimentada de uma grande cidade.

320. (UF-MG) Inicialmente, isto é, quando t = 0, um corpo, à temperatura de T_0 °C é deixado para esfriar num ambiente cuja temperatura é mantida constante é igual a T_a °C.
Considere $T_0 > T_a$.
Suponha que, após *t* horas, a temperatura T do corpo satisfaz a esta Lei de Resfriamento de Newton:
$T = T_a + c5^{-kt}$,
em que *c* e *k* são constantes positivas.
Suponha, ainda, que:

- a temperatura inicial é $T_0 = 150$ °C;
- a temperatura ambiente é $T_a = 25$ °C; e
- a temperatura do corpo após 1 hora é $T_1 = 30$ °C.

Considerando essas informações,

a) Calcule os valores das constantes *c* e *k*.

b) Determine o instante em que a temperatura do corpo atinge 26 °C.

c) Utilizando a aproximação $\log_{10} 2 \approx 0,3$, determine o instante em que a temperatura do corpo atinge 75 °C.

321. (UF-PR) Uma quantia inicial de R$ 1 000,00 foi investida em uma aplicação financeira que rende juros de 6%, compostos anualmente. Qual é, aproximadamente, o tempo necessário para que essa quantia dobre? (Use $\log_2 (1,06) \approx 0,084$.)

322. (UF-PE) A população de peixes de um lago é atacada por uma doença e deixa de se reproduzir. A cada semana, 20% da população morre. Se inicialmente havia 400 000 peixes no lago e, ao final da décima semana, restavam *x* peixes, assinale 10 log x. Dado: use a aproximação $\log 2 \approx 0,3$.

323. (UF-PE) Admita que, quando a luz incide em um painel de vidro, sua intensidade diminui em 10%. Qual o número mínimo de painéis necessários para que a intensidade da luz, depois de atravessar os painéis, se reduza a $\frac{1}{3}$ de sua intensidade? Dado: use a aproximação para o logaritmo decimal $\log 3 \approx 0,48$.

RESPOSTAS DAS QUESTÕES DE VESTIBULARES

1. d
2. a
3. d
4. e
5. c
6. a
7. a
8. a
9. b
10. b
11. b
12. c
13. e
14. c
15. e
16. c
17. d
18. c
19. c
20. a
21. a
22. d
23. c
24. d
25. c
26. b
27. e
28. a
29. a
30. a
31. a
32. d
33. a
34. a
35. a
36. c
37. e
38. b
39. a
40. a
41. b
42. c
43. c
44. d
45. d
46. d
47. a
48. c
49. e
50. b
51. b
52. b
53. d
54. c
55. a
56. d
57. c
58. c
59. c
60. c
61. e
62. c
63. c
64. c
65. c
66. a
67. b
68. b
69. e
70. c
71. e
72. c
73. c
74. d
75. a
76. e
77. a
78. c
79. a
80. a
81. b
82. c
83. b
84. a
85. b
86. a
87. d
88. a
89. a
90. e
91. a
92. b
93. a
94. e
95. c
96. b
97. b
98. c
99. c
100. c
101. b
102. b
103. e
104. e
105. a
106. a
107. a
108. a
109. c
110. d
111. e
112. d
113. c
114. d
115. b
116. e
117. c
118. c
119. c
120. d
121. b
122. c
123. c
124. 29
125. a) 2
b) 2
126. 28 mil anos
127. a) 4 096 000
b) $P(t) = \begin{cases} 1\,000, \text{ se } t > 0 \text{ ou } t = 1 \\ 1\,000 \cdot 2^{3(t-2)}, \text{ se } t \geq 2 \end{cases}$
c) 3 dias e 16 horas
128. 3
129. a) 4 anos
b) 500
130. b
131. a
132. d
133. b
134. b
135. c
136. e
137. a
138. b
139. e
140. d
141. b
142. e
143. b
144. b
145. a
146. e
147. e
148. e
149. c
150. e
151. e
152. e
153. e
154. b
155. e
156. e
157. a
158. d
159. e
160. a

161. c
162. b
163. b
164. a
165. a
166. a
167. e
168. e
169. e
170. d
171. b
172. b
173. d
174. e
175. d
176. (001), (008) e (016)
177. e
178. e
179. a
180. d
181. b
182. a
183. b
184. c
185. d
186. d
187. b
188. b
189. b
190. c
191. b
192. a
193. b
194. c
195. d
196. b
197. a
198. c
199. b
200. b
201. d
202. c
203. b
204. a
205. a
206. d
207. a
208. d
209. d
210. c
211. d
212. b
213. a
214. e
215. e
216. d
217. c

218. b
219. 23
220. 60
221. *f* é bijetora e $f^{-1}: \mathbb{R} \to \mathbb{R}$ tal que
$f^{-1}(x) = \log_3\left(x + \sqrt{x^2+1}\right)$

222. a)

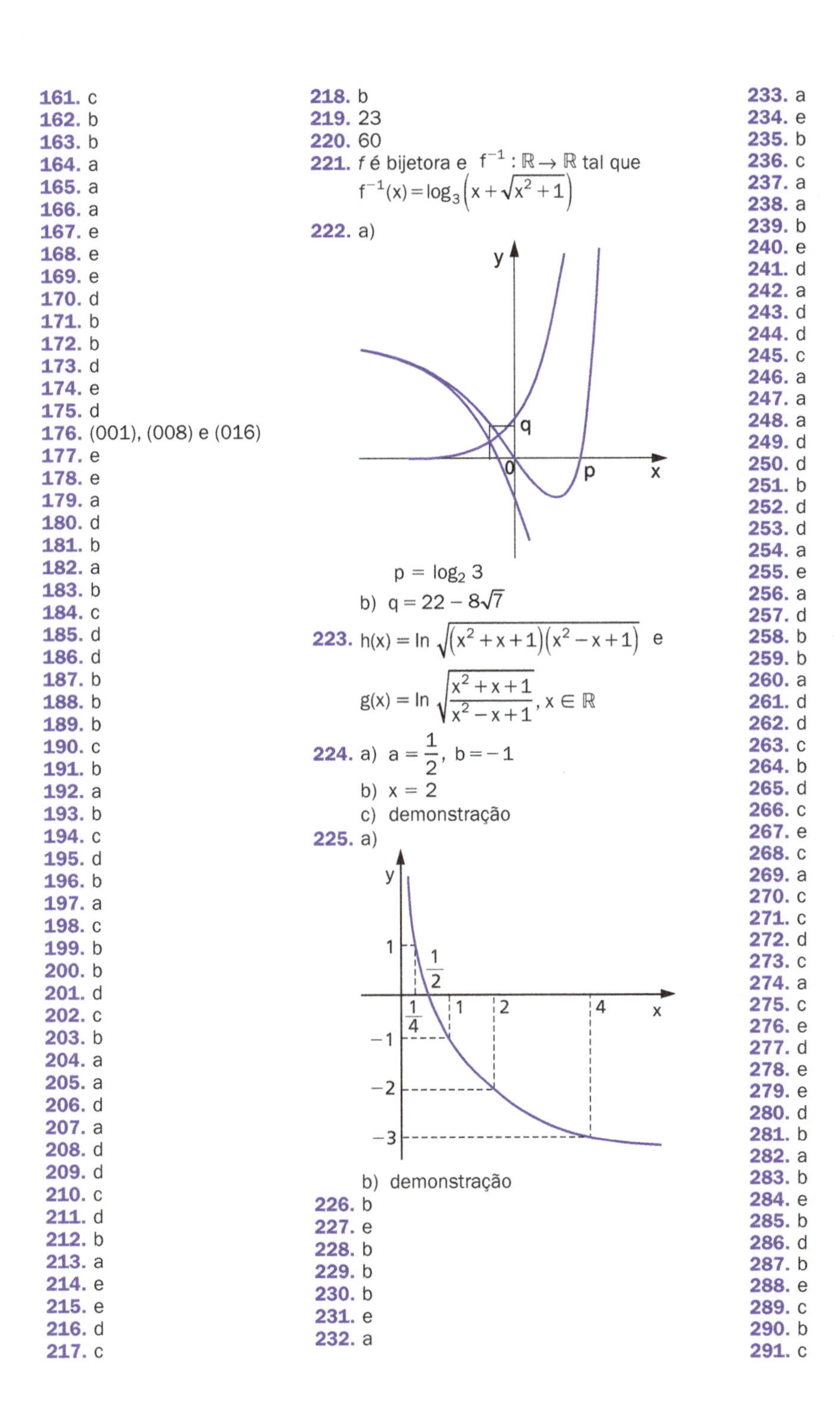

$p = \log_2 3$

b) $q = 22 - 8\sqrt{7}$

223. $h(x) = \ln\sqrt{\left(x^2+x+1\right)\left(x^2-x+1\right)}$ e

$g(x) = \ln\sqrt{\dfrac{x^2+x+1}{x^2-x+1}}, x \in \mathbb{R}$

224. a) $a = \dfrac{1}{2}$, $b = -1$

b) $x = 2$

c) demonstração

225. a)

y, 1, $\frac{1}{2}$, $\frac{1}{4}$, 1, 2, 4, x, −1, −2, −3

b) demonstração

226. b
227. e
228. b
229. b
230. b
231. e
232. a

233. a
234. e
235. b
236. c
237. a
238. a
239. b
240. e
241. d
242. a
243. d
244. d
245. c
246. a
247. a
248. a
249. d
250. d
251. b
252. d
253. d
254. a
255. e
256. a
257. d
258. b
259. b
260. a
261. d
262. d
263. c
264. b
265. d
266. c
267. e
268. c
269. a
270. c
271. c
272. d
273. c
274. a
275. c
276. e
277. d
278. e
279. e
280. d
281. b
282. a
283. b
284. e
285. b
286. d
287. b
288. e
289. c
290. b
291. c

292. b

293. 10

294. $-\dfrac{1}{4}$

295. $S = \{x \in \mathbb{R} \mid x < -2 \text{ ou } x > 3\}$

296. $V = \left\{x \in \mathbb{R} \mid -\dfrac{3}{5} < x < \dfrac{3}{5}\right\}$

297. a) -3

b) $1 < a < 2$

298. $n = 47$

299.

$S^C = \{x \in \mathbb{R} \mid x \leqslant -4 \text{ ou } x = -3 \text{ ou } 0 \leqslant x \leqslant \sqrt{26} \text{ ou } x > 9\}$

300. a) demonstração

b) demonstração

301. $C = \left\{x \in \mathbb{R} \mid -4 < x < -\dfrac{5}{2} \text{ ou } x = -2 \text{ ou } x \geqslant 1\right\}$

302. a partir de 2011

303. $p = 28$

304. 09

305. a) $a = 1{,}5$ e $b = 0{,}5$

b) $t = 3$ min

306. a) R$ 14 800,00

b) 2009

c) 2010

307. a)

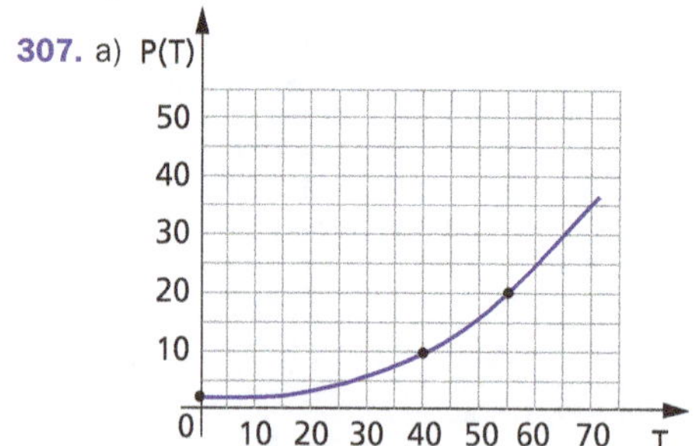

b) $a = 1{,}6$ e $b = 0{,}02$

308. 2044

309. a) 29,1°C

b) aproximadamente 1,04 hora

310. a) A temperatura no instante em que ocorreu a falha foi de T(0) = 402 °C e após 1 hora foi de T(1) = 202 °C.

b) Durante 4,3 horas ou 4 horas e 18 minutos.

311. a) $b = \dfrac{1}{29}$

b) 67,28 anos

312. a) 20 anos

b) $c = -0{,}019$

313. a) Tipo I = 6

Tipo II = 48

b)

t	f(t)	g(t)
0	6	48
1	18	12

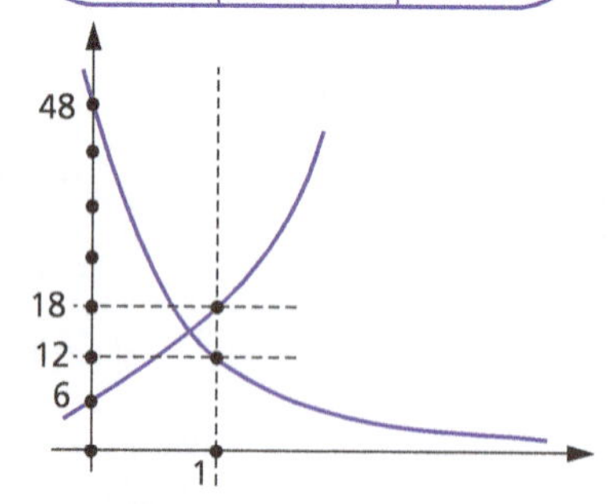

c) 50 minutos e 24 segundos (ou 50,4 minutos)

314. a) 20 anos

b) 84 anos

315. a) $G = 19$ dB

b) $\dfrac{P_2}{P_1} = 0{,}01$

316. a) 0,9 g/L

b) $t = \dfrac{47}{15}$

317. a) R$ 20 800,00

b) vai diminuir R$ 200,00

318. $729 \cdot 10^{13}$ km

319. a) $R_{d\beta} = 120 + 10\log_{10} I$; 10^{-4} W/m²

b) 10^8

320. a) $c = 125$ e $k = 2$

b) $t = \dfrac{3}{2}$ h

c) $t = \dfrac{2}{7}$ h

321. $t = 12$ anos

322. 46

323. 12

Significado das siglas de vestibulares

Acafe-SC — Associação Catarinense das Fundações Educacionais, Santa Catarina
Cefet-SP — Centro Federal de Educação Tecnológica de São Paulo
Cesgranrio-RJ — Centro de Seleção de Candidatos ao Ensino Superior do Grande Rio, Rio de Janeiro
ENCCEJA-MEC — Exame Nacional para Certificação de Competências de Jovens e Adultos
Enem-MEC — Exame Nacional do Ensino Médio, Ministério da Educação
EPCAr — Escola Preparatória de Cadetes do Ar
Escola Técnica Estadual-SP — Escola Técnica Estadual de São Paulo
EsPCEx-SP — Escola Preparatória de Cadetes do Exército, São Paulo
Fatec-SP — Faculdade de Tecnologia de São Paulo
FEI-SP — Faculdade de Engenharia Industrial, São Paulo
FGV-RJ — Fundação Getúlio Vargas, Rio de Janeiro
FGV-SP — Fundação Getúlio Vargas, São Paulo
Fuvest-SP — Fundação para o Vestibular da Universidade de São Paulo
ITA-SP — Instituto Tecnológico de Aeronáutica, São Paulo
Mackenzie-SP — Universidade Presbiteriana Mackenzie de São Paulo
PUC-MG — Pontifícia Universidade Católica de Minas Gerais
PUC-PR — Pontifícia Universidade Católica do Paraná
PUC-RJ — Pontifícia Universidade Católica do Rio de Janeiro
PUC-RS — Pontifícia Universidade Católica do Rio Grande do Sul
PUC-SP — Pontifícia Universidade Católica de São Paulo
Puccamp-SP — Pontifícia Universidade Católica de Campinas, São Paulo
U.E. Londrina-PR — Universidade Estadual de Londrina, Paraná
U.E. Maringá-PR — Universidade Estadual de Maringá, Paraná
U.E. Ponta Grossa-PR — Universidade Estadual de Ponta Grossa, Paraná
UE-GO — Universidade Estadual de Goiás
UE-PA — Universidade do Estado do Pará

UE-RJ — Universidade do Estado do Rio de Janeiro
U.F. Juiz de Fora-MG — Universidade Federal de Juiz de Fora, Minas Gerais
U.F. Lavras-MG — Universidade Federal de Lavras, Minas Gerais
U.F. Ouro Preto-MG — Universidade Federal de Ouro Preto, Minas Gerais
U.F. São Carlos-SP — Universidade Federal de São Carlos, São Paulo
U.F. Viçosa-MG — Universidade Federal de Viçosa, Minas Gerais
UF-AM — Universidade Federal do Amazonas
UF-BA — Universidade Federal da Bahia
UF-CE — Universidade Federal do Ceará
UF-ES — Universidade Federal do Espírito Santo
UF-GO — Universidade Federal de Goiás
UF-MA — Universidade Federal do Maranhão
UF-MG — Universidade Federal de Minas Gerais
UF-MS — Universidade Federal de Mato Grosso do Sul
UF-MT — Universidade Federal do Mato Grosso
UF-PA — Universidade Federal do Pará
UF-PB — Universidade Federal da Paraíba
UF-PE — Universidade Federal de Pernambuco
UF-PI — Universidade Federal do Piauí
UF-PR — Universidade Federal do Paraná
UF-RN — Universidade Federal do Rio Grande do Norte
UF-RS — Universidade Federal do Rio Grande do Sul
UF-RR — Universidade Federal de Roraima
UFF-RJ — Universidade Federal Fluminense, Rio de Janeiro
UFR-PE — Universidade Federal Rural de Pernambuco
UFR-RJ — Universidade Federal Rural do Rio de Janeiro
Unesp-SP — Universidade Estadual Paulista, São Paulo
Unicamp-SP — Universidade Estadual de Campinas, São Paulo
Unicap-PE — Universidade Católica de Pernambuco
Unifesp-SP — Universidade Federal de São Paulo
UPE-PE — Universidade do Estado de Pernambuco